超大断面盾构下穿运营
轨道交通风险管控研究与实践

仲建平　主编

中国建筑工业出版社

图书在版编目（CIP）数据

超大断面盾构下穿运营轨道交通风险管控研究与实践 /
仲建平主编. —北京：中国建筑工业出版社，2022.10（2024.3重印）
ISBN 978-7-112-27569-4

Ⅰ. ①超… Ⅱ. ①仲… Ⅲ. ①大断面地下建筑物—盾
构法—影响—轨道交通—交通运输安全—风险管理—研究
Ⅳ. ① TU929

中国版本图书馆 CIP 数据核字（2022）第 111526 号

本书是一本技术性总结图书，由具有多年的盾构施工经验的工程师编写而成。全书具有较好的技术创新
性、适用性、普及性。书稿通过文字讲述，辅以插图、表格、公式，向广大盾构施工的从业人员讲述了技术
难点，以及克服技术难点的思路、保障措施。

本书内容包括：第 1 章绪论，第 2 章盾构穿越轨道交通风险管控组织，第 3 章风险管控应急响应工作和
管理措施，第 4 章超大直径盾构穿越运营轨道交通关键技术，第 5 章示范工程，第 6 章总结与展望。

本书适合广大从事盾构施工的工程师、设计人员阅读使用。

责任编辑：张　健
责任校对：赵　菲

超大断面盾构下穿运营轨道交通风险管控研究与实践
仲建平　主编
＊
中国建筑工业出版社出版、发行（北京海淀三里河路 9 号）
各地新华书店、建筑书店经销
北京建筑工业印刷厂制版
建工社（河北）印刷有限公司印刷
＊
开本：787 毫米×1092 毫米　1/16　印张：14¾　字数：261 千字
2023 年 3 月第一版　　2024 年 3 月第二次印刷
定价：**72.00 元**
ISBN 978-7-112-27569-4
（39743）

前　言

随着国内超大直径盾构技术的不断成熟，超大直径盾构单次掘进断面大、空间利用率高的优点逐渐体现。城市中心区由于建筑密集，地下空间资源也日益紧张，在城市中心城区建设地下道路、铁路或地铁，线路选线可行性非常重要，相较于以往采用双线小直径盾构实施的方案，采用单线大直径盾构实施时总体平面宽度更小，更易于在狭窄的空间内穿越通过。空间宽度节约的优点让在城市中心区建设的地下道路、铁路或地铁更倾向于采用大直径盾构来实施。同时出于单次建设利益最大的考虑，工程实施更倾向于采用直径更大的盾构机。上海地区大直径盾构隧道的建设过程很好地体现了超大直径盾构隧道发展历程，2004年通车复兴路隧道，采用了11.36m的隧道外径，实现了双层3车道的道路规模，2009年通车的上中路隧道，采用了14.5m的隧道外径，实现了双层4车道的道路规模，到了2021年通车的北横通道西段，采用15m的隧道外径，实现了双层6车道的道路规模。

城市轨道交通网络的日益完善，线网密度进一步增加，以上海为例，已建轨道交通总长度超800km，运营线路达19条，城市中心城区已实现了全覆盖。在城市中心区实施超大直径盾构隧道，不可避免会与密布的城市轨道交通网络交叉，如上海的北横通道工程，作为贯穿上海中心城区北部东西向的主干地下道路，全线共13次穿越了轨道交通线路。由于城市中轨道交通承担着超过50%公共交通通勤运能，一旦出现影响运营的问题对于城市的影响可能是灾难性的，其运营保障的重要程度无疑是关系到交叉穿越工程成败的关键。

超大直径盾构穿越运营轨道交通实施过程中，由于盾构直径大、周边环境复杂、地质情况多变，要确保盾构穿越安全是一项系统工作，不但需要盾构隧道建设单位组织相关设计、施工、监理、监测等单位精心施工，减少盾构施工影响，更为重要的是需要轨道交通运营管理单位、公交等相关配合单位共同参与穿越节点的保障，把盾构穿越运营轨道交通的风险控制到最小，这就需要政府层面形成管理框架，组织相关主管部门、运营管理单位形成风险管控组织体系，建立联运机制，制定分级应急预案，各司其职，在盾构穿越过程中，根据不同情况，采取不同的措施，确保轨道交通运营安全，把穿越对运营的影响降低。同时，随着穿越节点日益增多，穿越管理日益常态化的背景下，也对穿越风险防控管理的规范化、标准化提出了更高的要求。

本书通过对上海市北横通道穿越运营的轨道交通 11 号线、7 号线、10 号线的工程实践经验的研究，分析了超大断面盾构下穿运营轨道交通的事前、事中和事后的各种风险因素，系统总结出了超大断面盾构下穿运营轨道交通的风险管控框架、穿越变形控制经验以及各项应急预案，形成了超大直径盾构穿越运营轨道交通的成套组织管理体系，为今后超大直径盾构穿越运营的轨道交通、高架以及铁路等敏感环境的建设管理和风险管控提供技术支撑和范例参考。

本书在编写过程中得到了关心北横通道建设工程的市、区领导和参建各方的大力支持和无私帮助，在此一并致以诚挚的谢意和敬意！

限于作者水平和实践经验，不妥之处在所难免，热诚希望广大读者和同行批评指正。

编者

2022 年 2 月

目　录

第1章 绪论

1.1 盾构穿越轨道交通的工程背景及意义

在大规模城市建设及地下空间开发中，盾构法隧道以其机械化程度高、安全可靠、对周边环境扰动小等优点而被广泛采用，并朝着"大断面、深覆土、长距离"方向发展。

随着城市发展的需要，超大断面盾构隧道建设也由跨江越海逐步移位至城市核心区。超大直径盾构由于一次掘进可容纳更多车道，在用地条件紧张的市中心城区也进一步凸显其价值。截至 2021 年 6 月，全国已建成 18 条，在建 22 条 14m 以上超大直径盾构隧道；从上海来看，截至 2021 年 6 月，上海已建成 11 条，在建 5 条 14m 以上超大直径隧道，分别是北横通道东段主线隧道、银都路隧道、龙水南路隧道、上海市机场联络线和漕宝路快速路新建工程，占全国超大直径盾构法隧道总数的 40%。正在建设的北横通道，采用 15m 级外径盾构法，建设双层双向 6 车道地下道路隧道，也将成为今后充分利用地下空间的典范加以推广。

在城市轨道交通建设方面，经过 20 多年的发展，上海城市轨道交通作为大容量、长距离、网络化的公共交通方式，已成为市民出行的重要选择。目前，上海已建地铁共 19 条，总里程达 772km，车站总数 460 座。预计到 2023 年运营里程将突破 1000km。

就盾构法隧道的直径而言，6m 左右直径隧道为小直径隧道，10～14m 直径隧道为大直径隧道，14m 以上直径隧道为超大直径隧道。目前，小直径地铁隧道穿越运营中的轨道交通案例较多，经验比较成熟。随着市中心城区轨道交通网络的日趋完善，线网密度进一步增加，超大直径隧道建设不可避免地会近距离穿越桩基、管线等不同构筑物，其中穿越轨道交通更为复杂。正在建设的北横通道工程全线共 13 次与在建或运营轨道交通区间交叉，计划 2022 年 6 月开工建设的南北通道工程全线共 14 次与运营轨道交通区间交叉，大量的交叉工程将带来巨大的工程风险。轨道交通作为上海城市中心城区的主要交通形式，负担着城市中心区 30% 以上的出行交通，每天轨道交通乘坐人次已超过 1000 万，是城市中心城区正常运行的重要保障，任何一点风险事件的发生都将对城市的正常运行造成重大影响。

尽管盾构法施工技术日趋成熟，但地下工程施工由于地质的复杂多变、地下障碍物等客观情况，也存在诸多不可预见性，直径 14m 以上的超大断面盾构穿越运营中的轨道交通案例较少，风险管控需不断跟踪、分析、研究、总结。同时穿越施工时需严格保证运营轨道交通的安全，面临控制标准严格、穿越施工控制难度高、风险大、轨道交通系统安全保障复杂等诸多问题。如何保证超大直径盾构安全穿越运营轨道交通，除了技术层面的预测分析、施工控制等手段外，在风险管控体系、应急管理机制等方面也有必要进行专门研究并总结经验和成果。

目前，在上海利用超大直径泥水平衡盾构法隧道穿越运营中的轨道交通尚无先例，本书内容将结合已成功完成的北横通道 15.56m 直径盾构穿越轨道交通 11 号线、7 号线及 10 号线工程，着眼于超大直径盾构隧道穿越运营轨道交通的风险管控体系、变形控制指标、施工技术体系、应急管理机制等方面进行总结提炼，以形成完善的超大直径盾构穿越运营轨道交通研究与实践，为今后超大直径盾构穿越运营轨道交通起到示范引领作用。

1.1.1 北横通道工程

北横通道全线长 19.1km，工程总投资约 280 亿元，是上海中心城区北部东西向小客车专用通道，途经长宁、普陀、静安、黄浦、虹口、杨浦六区，共 20 个街道、64 条道路，穿越 13 条轨道交通，11 次上跨和穿越苏州河。主线为双向 6 车道，连续流长 17.8km，其中隧道段长 14.7km，采用 15m 直径单管双层隧道，通行限高 3.2m；高架段长 3.1km，总体路线见图 1-1。

北横通道全线共 13 次与已建或规划轨道交通交叉，包括 7 处已运营轨道交通区间，其中直径 15.56m 盾构将先后 6 次（自西向东依次为轨交 3/4、11、

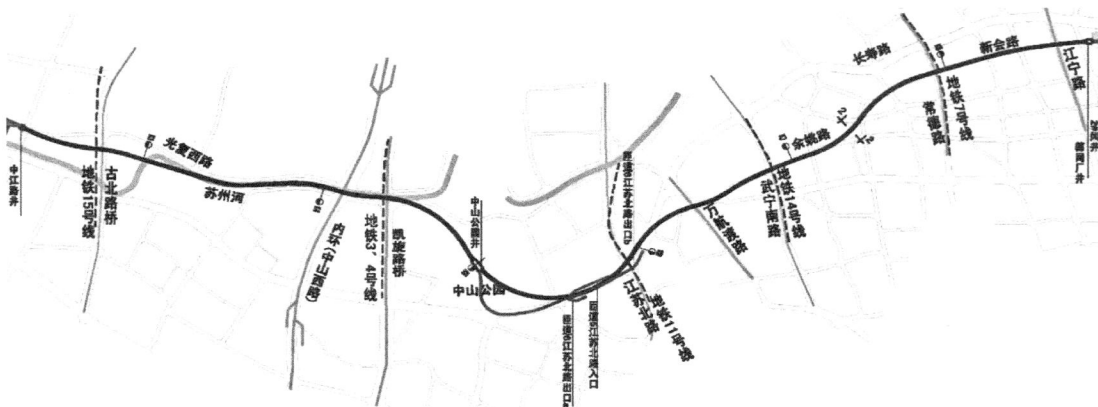

图 1-1 上海市北横通道总体线路

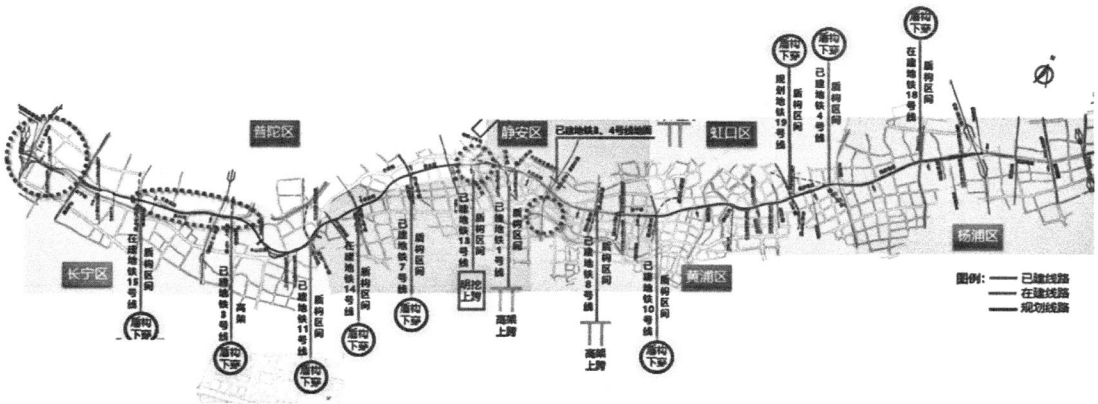

图 1-2　北横通道全线穿越轨道交通平面图

7、4、10、18 号线）穿越运营的轨道交通，1 处穿越已运营高架线路，1 处已运营地面线路，3 条在建线路及 1 条规划线路，目前已完成 9 处，尚需下穿 2 条已运营区间隧道，1 条在建区间隧道及 1 条规划区间隧道，北横通道全线穿越轨道交通平面见图 1-2。

1.1.2　南北通道工程

正在进行项目建议书编制的南北通道工程北起中环大柏树立交，南至中环杨高南路立交，采用原规划控制的曲阳路—临平路—高阳路—浦东南路—浦三路线位，长约 16km。工程全线均采用地下道路形式敷设，隧道外径为 15m。沿线主要经过虹口区以及浦东新区，共 11 次与已建或规划轨道交通交叉，主要穿越运营中的地铁车站 2 处（8 号线、10 号线），穿越运营轨道交通 7 处（4 号线两次，6 号线、2 号线、7 号线、9 号线、12 号线各一次），穿越规划或在建轨道交通 2 次（19 号线、14 号线各 1 次）。南北通道穿越轨道交通关系见表 1-1，穿越轨道交通情况见图 1-3。

南北通道穿越轨道交通关系表　　　　　　　　　　　　　　　　　　　　　　　表 1-1

编号	轨道交通名称	轨道结构形式	相交形式	最小净距（m）
1	已建 8 号线车站（曲阳路）	车站	下穿　交角 85°	2.1（距桩底）
2	已建 10 号线车站（曲阳路）	车站	下穿　交角 77°	切削桩基
3	已建 4 号线区间（临平路）	盾构区间	下穿　交角 73°	18.83
4	已建 12 号线区间（东大名路）	盾构区间	下穿　交角 86°	28.01
5	在建 14 号线（浦东大道）	盾构区间	下穿　交角 88°	27.14
6	已建 2 号线（世纪大道）	盾构区间	下穿　交角 39°	23.43

续表

编号	轨道交通名称	轨道结构形式	相交形式	最小净距（m）
7	已建9号线（商城路）	盾构区间	下穿 交角89°	29.90
8	已建4号线区间（浦建路）	盾构区间	下穿 交角77°	29.47
9	已建6号线（浦三路）	盾构区间	下穿 交角74°	20.18
10	已建7号线区间（高科西路）	盾构区间	下穿 交角78°	15.02
11	已建13号线区间（成山路）	盾构区间	下穿 交角59°	9.48

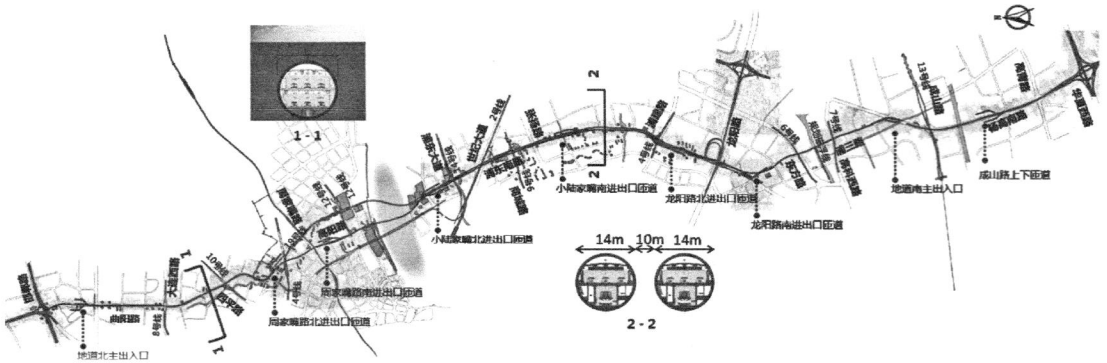

图1-3　南北通道全线穿越轨道交通平面图

1.1.3　市域铁路工程

上海轨道交通市域线机场联络线浦东段线路下穿黄浦江后，在外环高速南侧设三林南站；出站后自西向东依次下穿了杨高南路立交、在建沪南公路、罗山路立交、轨道交通11号和16号线后设张江站；之后线路下穿申江高架路和沪芦高速公路立交后设度假区站；出站后线路往东下穿绕城高速后折向南，沿机场高速往南于P1停车库与交通中心间设浦东机场站，机场线穿越轨道交通关系见表1-2，上海市机场线总体线路见图1-4。

机场线穿越轨道交通关系表　　　　　　　　　　　　　　　　　　　　表1-2

区间	轨道线路/隧道	位置关系
七宝站～华泾站	轨道交通12号线	下穿，隧道距离12号线暗埋段桩基结构竖向净距12m
	轨道交通5号线	侧穿桥墩，与5号线桥桩水平净距离北侧15.9m、南侧15.4m
	轨道交通15号线	下穿，隧道结构底竖向净距离7.5m
三林南站～张江站	轨道交通8号线	地铁8号线隧道，既有隧道直径6.4m，埋深15.5m，北侧为8号线中间风井、旁通道及泵站结构，16.6m×42m，结构距离隧道约18m，机场线与8号线隧道竖向净距7.1m
	轨道交通18号线	机场线穿越18号线隧道外径6.6m，内径5.9m，工作井长44m，宽28m，深2.65m，隧道与隧道之间竖向净距14m，隧道与其风井结构净距6.4m

续表

区间	轨道线路／隧道	位置关系
三林南站～张江站	轨道交通16号线	轨道交通16号线：1、23～25号桩基采用800mm钻孔灌注桩，桩底标高－45.30m；2、22号桩基采用600mmPHC管桩，桩底标高－45.50m。隧道与北侧桩最近处结构水平净距3.4m，与南侧桩最近处结构水平净距3.5m
	轨道交通11号线	轨道交通11号线：桩基采用钻孔灌注桩，桩径800mm，桩长41m，桩底标高－45.0m。隧道与北侧桩最近处结构水平净距4m，与南侧桩最近处结构水平净距3m
浦东机场站～规划航站楼站	浦东机场捷运通道	盾构下穿，浦东机场三期捷运通道（既有）：通道宽6.6m，机场线下穿段底标高－4.08～－4.18m。竖向净距约29.8m；盾构下穿，浦东机场四期捷运通道（规划）：通道宽6.6m，机场线下穿段底标高－19.5～－20.4m。竖向净距约13.6m

图1-4　上海市机场线总体线路

1.2　国内外研究现状

1.2.1　大直径盾构穿越技术发展概况

目前国内穿越运营轨道交通案例中，地铁盾构穿越案例较多，盾构直径与穿越隧道直径相当，一般为土压平衡盾构，控制技术比较成熟，见表1-3。

国内地铁盾构隧道穿越轨道交通工程实例 表1-3

序号	实例	穿越隧道	穿越方式	穿越点最小净距（m）	穿越后短期变形（mm）
1	上海轨道交通2号线	轨道交通1号线	正交下穿	1.0	5
2	上海轨道交通7号线	轨道交通1号线	下穿	1.5	2
3	上海轨道交通7号线	轨道交通2号线	下穿	2.0	4
4	上海轨道交通9号线	轨道交通1号线	斜交上穿	0.83	—

序号	实例	穿越隧道	穿越方式	穿越点最小净距（m）	穿越后短期变形（mm）
5	上海轨道交通 9 号线	轨道交通 2 号线	斜交下穿	1.70	4.27
6	上海轨道交通 10 号线	轨道交通 1 号线	上穿	2.11	1.3
7	上海轨道交通 11 号线	轨道交通 1 号线	下穿	7.48	5
8	上海轨道交通 13 号线	轨道交通 4 号线	上穿	3.00	3
9	上海轨道交通 18 号线	轨道交通 7 号线	下穿	5.19	＋2.78
10	广州轨道交通 7 号线	轨道交通 3 号线	下穿	—	2.50
11	北京轨道交通 14 号线	轨道交通 15 号线	斜下穿	1.90	12.1
12	深圳轨道交通 9 号线	轨道交通 1 号线	下穿	1.80	10.8
13	长沙轨道交通 3 号线	轨道交通 1 号线	斜下穿	5.50	—
14	广州轨道交通 7 号线	轨道交通 3 号线	下穿	1.84	2.5

1．上海轨交 9 号线下穿 2 号线

（1）工程概况

上海轨交 9 号线二期 2 标世纪大道站—民生路站工程，里程为 SDK42＋759.016～SDK44＋931.587，长 2172.571m，纵断面为 V 形节能纵坡，上、下行线间距 10.0～15.0m，隧道拱顶埋深 9.5～21.6m，在 SDK44＋016.041 设源深路风井（埋深最大处）一座，用于盾构施工二次始发，上海轨交 9 号线下穿 2 号线平面关系与纵断面关系见图 1-5 和图 1-6。其中，上行线在 SDK43＋752.375～＋822.13，下行线在 XDK43＋708.453～＋788.008，下穿运营地铁 2 号线。上、下行线与 2 号线最小净距均为 1.70m，平面相交角度为 25°，隧道平面处于 $R＝349.851m$ 小半径左转曲线上，且处于 3.64‰ 下坡。盾构区间隧道始发井设在民生路站车站端头，2 台盾构机同时向世纪大道站掘进，到达源深路风井后，下行线盾构机解体吊出，上行线盾构机在源深路风井二次始发后继续推进上行线，在世纪大道站出洞后，掉头始发继续推进下行线，在源深路风井出洞后解体吊出。

（2）工程地质条件

下穿段地层自地表而下，直至盾构区间隧底，分别为：① 杂填土；②₁ 粉质黏土；③₁ 淤泥质粉质黏土；③₂ 夹砂质粉土；④ 淤泥质黏土；⑤₁₋₁ 黏土；⑤₁₋₂ 粉质黏土；⑥ 粉质黏土；⑦₁₋₁ 砂质粉土；⑦₁₋₂ 粉砂。区间隧道与既有轨交 2 号线间地层主要为 ⑤₁₋₂ 粉质黏土（含云母、有机质、腐殖质、钙质结核，土质较均匀，无摇振反应，土面光滑无光泽，干强度中等，韧性中等）。

图1-5 上海轨交9号线下穿2号线平面关系

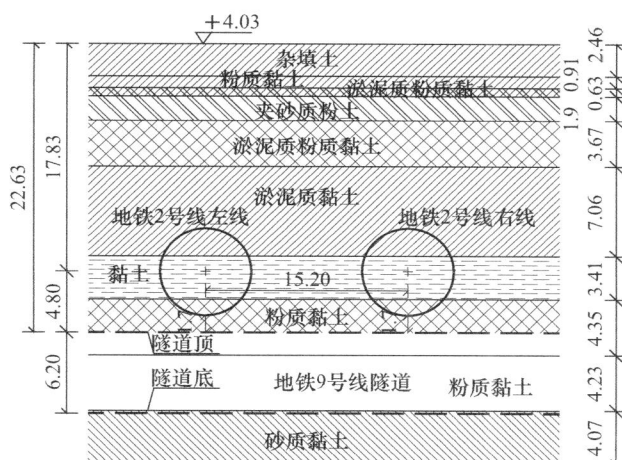

图1-6 上海轨交9号线下穿2号线纵断面关系（单位：m）

（3）沉降情况

上行线下穿施工，轨交2号线结构最大沉降为2.687mm，轨道左右股道沉降差为1.100mm，最大水平位移为1.600mm；下行线下穿施工轨交2号线隧道结构最大沉降为4.273mm，轨道左右股道沉降差为1.250mm，最大水平位移为1.650mm。

2．上海轨交18号线下穿7号线

（1）工程概况

上海轨交18号线11标龙阳路站—迎春路站区间隧道工程，采用2台$\phi6760$mm土压平衡盾构机分别自迎春路站始发，沿上、下行线过中间风井后向龙阳路站推进并进洞。盾构从中间风井二次始发并掘进1006m后连续下穿运营中轨交7号线龙阳路站—芳华路站区间隧道及运营中的轨交2号线龙阳路站车站。穿越总长度约 85m，其中与轨交 7 号线隧道叠交长度约 22m，最小垂直净距 5.19m；与轨交 2 号线龙阳路站叠交长度约 22m，与其围护桩最小垂直净距 1.27m，上海地铁 18 号线下穿地铁 7 号线平面关系见图 1-7。

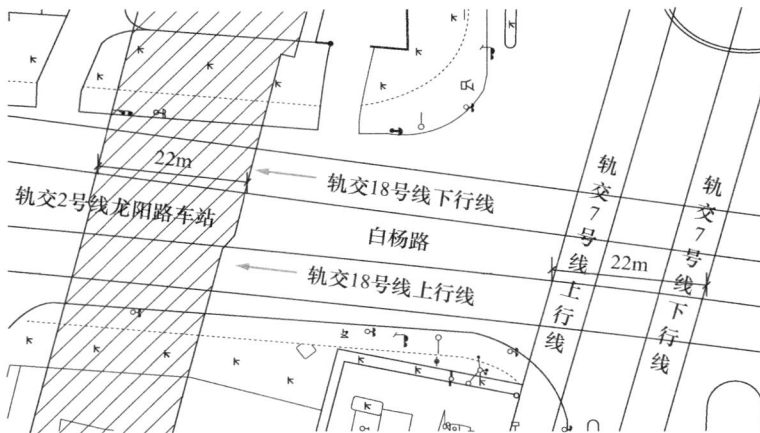

图 1-7　上海地铁 18 号线下穿地铁 7 号线平面关系图

（2）工程地质条件

穿越区域拟建隧道所处地层主要为⑤$_{1-2}$层粉质黏土、⑥层粉质黏土，部分为⑦$_{1-1}$层砂质粉土夹粉质黏土承压含水层。

（3）沉降情况

本次穿越施工分为 2 个阶段进行，2018 年 9～10 月完成了下行线隧道穿越施工，11～12 月完成上行线隧道穿越施工。穿越完成后，轨交 7 号线上行线累积最大变化量＋2.78mm，下行线累积最大变化量＋2.17mm。轨交 2 号线上行线累积最大变化量＋2.54mm，下行线累积最大变化量＋1.77mm。

3. 广州轨交 7 号线下穿 3 号线

（1）工程概况

广州市轨道交通 7 号线一期工程，全长 18.6km，钟村站—汉溪长隆站区间采用土压平衡盾构机从钟村站东端头始发，主要经过市广路、汉溪大道、新光快速路、既有运营地铁 3 号线，掘进至汉溪长隆站西端头吊出。右线全长 1478.57m，左线全长 1471.27m。区间最小平面曲线半径为 350m，线间距 13.4～14m，与既有运营 3 号线盾构隧道斜交 75°，广州轨交 7 号线下穿地铁 3 号线平面关系见图 1-8。

（2）工程地质条件

隧道下穿运营 3 号线地质自地面至隧道底分别是素填土、全风化混合花岗岩、强风化混合花岗岩。下穿前后 30m 范围内均为全断面⑦₂强风化混合花岗岩地层。

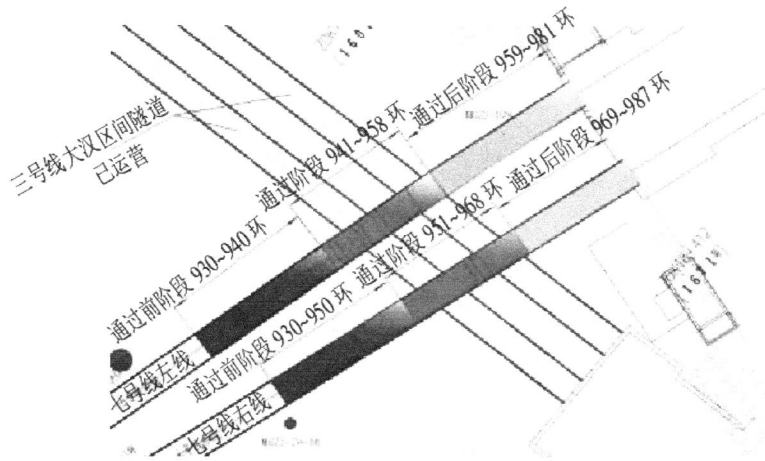

图 1-8　广州轨交 7 号线下穿地铁 3 号线平面关系图

（3）沉降情况

7 号线右线下穿时，3 号线右线结构隧道变形无规律，且累计变形量较小，为监测误差范围；3 号线左线最大累计变化量为第 13 个断面的监测点，变化呈规律性增加，最大值为 8 月 23 日 Y13-3，超过 3mm，并于 8 月 24 日后趋于稳定，数值约为 2.5mm。7 号线左线下穿时，3 号线右线最大累计变化量为第 5、6 断面的监测点，变化呈规律性增加，最大值为 9 月 13 日 Z6-5，超过 2mm；3 号线左线最大累计变化为第 13 断面的监测点，最大值为 9 月 13 日 Y13-3，超过 3mm，而后趋于稳定，数值约为 2.5mm。

大直径盾构穿越运营轨道交通的安全研究相对较少，如西藏南路隧道穿越运营 8 号线、长江西路隧道穿越运营 3 号线、杭州文一路隧道穿越运营 2 号线等。西藏南路及杭州文一路隧道盾构均为 11m 左右，长江西路隧道穿越的 3 号线为高架区间，目前除北横通道直径 15.56m 的盾构穿越了已运营 11、7 号线上，尚未有直径超过 12m 的盾构穿越运营中的轨道交通区间隧道。已有的穿越案例中，西藏南路隧道穿越 8 号线时，8 号线穿越区间采用了临时停运的措施，文一路隧道及北横通道盾构穿越时轨道交通仍维持运营。国外目前尚无超大直径盾构穿越运营轨道交通的案例，具体案例见 1-3 节。

1.2.2　大直径盾构穿越引起既有隧道变形研究方法

根据新建隧道与既有隧道的位置不同，盾构穿越既有隧道工程可以分为以下不同类型：双线盾构隧道平行施工、盾构上穿及下穿既有隧道。在我国，随着城市地铁工程的大规模建设，地下隧道网络频繁交叉，盾构穿越工程越来越多，其中盾构下穿既有隧道工程最为常见。盾构下穿引起既有隧道纵向变形产生的问题逐渐突出，威胁到既有隧道结构安全和线路的正常运营。目前盾构下穿施工对既有隧道的影响研究还较少，且主要集中在对盾构下穿施工引起既有地铁隧道结构变形计算方法的研究上，表现为以下几个方面：

1. 理论分析

上海隧道工程股份有限公司（1999）在外滩观光隧道和地铁 2 号线隧道叠交工程中，通过盾构掘进模拟试验注意到，盾构穿越 2 号线隧道时，地面出现了不同程度的隆起，通过分析隧道的"反弹"运动和土层的位移场，推导出隧道"反弹"及"地面隆起"公式，并通过坐标变换，将 Peck 公式和反弹及隆起公式进行叠加，得到了"三龙过江"盾构掘进时交叠隧道地层移动的数学模型和计算公式。

廖少明、彭芳乐考虑盾构壳体的摩擦作用，应用 Mindlin 弹性解对近距离穿越进行了模拟，认为盾构壳体是影响周围地层的主要因素。廖少明利用边界单元法原理根据弹性理论的小变形假设及弹性边界的变形协调条件，认为地层中的位移是由盾构推进和弹性边界上作用力同时引起的位移场的叠加，研究了弹性边界的存在对位移场的影响。

康庄等（2014）基于 Peck 经验公式，推导了适用于计算盾构斜交下穿既有隧道的情况下水平面上任一点的沉降的修正 Peck 公式，可用于既有隧道纵向沉降计算。

王剑晨等（2014）搜集北京地区 10 个盾构下穿既有隧道工程的 23 组实测数据，对既有隧道实测变形进行拟合，发现绝大多数下穿实例数据符合 Peck 公式趋势，通过讨论不同的隧道结构设计和盾构施工参数，并且结合修正后的 Peck 公式为北京地区的盾构下穿施工提出一个快速且简便的地表沉降预测经验公式。

白海卫等（2014）在弹性地基梁模型及 Peck 经验公式研究基础上提出了计算新建隧道对既有隧道的纵向沉降变形、内力的公式和既有隧道所能承受的极限沉降变形的表达式，并与具体工程实例监测结果进行了对比分析，论证了计算公式的可靠性。

张冬梅等（2014）基于 Kerr 弹性地基梁理论，将新建下穿盾构的作用影响简化为高斯分布荷载，分别用欧拉伯努利梁和铁木辛柯梁对已建隧道进行了简化，建立了新建下穿盾构对已建隧道位移影响的理论解析公式，与离心机试验结果对比，分析了地层损失率、荷载形状参数及隧道与土体相对抗弯刚度对隧道纵向变形的影响。

张琼方等（2015）通过对 Mindlin 解的数值积分，计算出盾构下穿过程中刀盘附加推力、盾壳摩擦力及同步注浆附加压力等多因素作用下的已建隧道轴线处的附加应力；同时利用镜像法理论算出由土体损失引起的既有隧道轴线位置处的附加应力，再将已建隧道视为温克勒地基梁，应用弹性地基梁理论得出上述 4 个参数作用下既有隧道的纵横向变形，最后根据盾构穿越施工的不同工况，将上述各参数作用下的变形进行叠加得出了既有隧道总变形，将理论计算结果与实测结果对比分析，对该计算方法进行了验证。

房明等（2016）基于交叉隧道施工过程所引起的隧道沉降提出了新的理论方法，在分析了隧道交叉施工中应用随机介质理论的原理，从而建立了新建隧道盾构施工引起既有隧道沉降变形的计算模型。

2．数值模拟

Leca（1989）用有限元法研究了两个相邻的新奥法隧道之间的相互影响。其研究结果表明，相邻隧道之间的影响只有在隧道间距 W/D（W 是隧道间距，D 是隧道直径）＜ 1.0 才有意义。

Soliman 等（1993）对近距离隧道进行了二维和三维有限元研究，土体仍为弹性土体，隧道间距 W/D 为 0.25 和 0.5。在不考虑地层损失的情况下，给出了相对于单条隧道的应力、弯矩和位移的变化图，衬砌弯矩的变化被限定在紧邻第二条隧道的一侧；其次相互影响的程度随着间距的缩小而增长，但由于没有考虑地层损失带来的影响，计算弯矩变化小于实测值。

白廷辉、尤旭东、李文勇（2000）基于上海地铁 2 号线近距离穿越 1 号线工程中的大量现场实测数据，采用三维有限元方法对交叉段盾构推进过程进行了模拟，强调了以监测与反环形的等代层来模拟盾尾（盾构机尾部，简称盾尾）空隙处的复杂情况，并应用于黄浦江人行隧道建造模拟中，结果与实测非常接近。这次模拟的关键是等代层的厚度及物理力学参数的合理设置。

Addenbrooke 和 Potts（2001）采用平面应变，耦合固结的非线性有限元方法，对双隧道施工的相互作用进行了模拟。采用水平平行和垂直平行两种计算模型，分析了隧道间距和施工时间的改变对地面变形的影响。研究结果显示：平行和重叠隧道所造成的影响不是单条隧道影响的简单叠加；隧道相对位置和间距对后建隧道引起的地面沉降曲线形状有较大影响；当两隧道轴线距离较近时，后建隧道引起的地面沉降曲线是不对称的。

沈培良（2003）采用三维非线性有限元对相邻长距离叠交隧道的盾构施工过程进行了模拟，研究了叠交隧道共同影响下的地面沉降规律及长距离叠交情况下后建隧道的施工对已建隧道的位移的影响。分析结果表明，叠交隧道共同影响下的地面沉降及后建隧道的施工引起的已建隧道衬砌的位移及变形与隧道间的相对位移密切相关。

张海波等（2005）以上海轨道交通明珠线二期工程浦东南路近距离叠交隧道盾构施工为研究对象，采用三维非线性有限元，对近距离叠交情况下后建隧道盾构施工引起的已建隧道衬砌的应力和变形进行了模拟，并研究了土层性质、隧道覆土厚度，隧道相对位置等因素的影响。计算结果表明，隧道间相对距离对隧道的相互作用影响非常大。

杨广武等（2009）通过对北京地铁 10 号线盾构穿越地铁 13 号线芍药居车站工程盾构施工过程的有限元数值模拟，得出既有车站结构的沉降变形与地基变形模量成反比，并且通过增大开挖面的控制压力的方式可有效减小既有隧道结构沉降。

孙玉永等（2010）采用有限元分析软件 ANASYS 模拟分析不同埋深的既有隧道下方土压力分布规律，表明既有隧道对其下方土压力的影响范围为 $1.5D$（D 为隧道直径）下同，同时既有隧道的最小土压力与隧道底部距离成对数关系。

Li 和 Yuan（2012）通过对深圳地铁下穿实际工程的实测数据进行分析，研究得出了不同下穿位置对既有地铁双线隧道纵向沉降变形的影响规律。

李磊、张孟喜和吴惠明等（2014）针对上海地铁施工中出现的特殊交叉工程实例，运用有限元模拟和现场实测相结合的手段，得到新建盾构隧道掘进的注浆压力及土仓压力对既有隧道沉降变形的影响规律，其结果表明土仓压力和注浆压力对既有地铁隧道沉降变形影响的程度不同。

陈海丰等（2015）通过有限元程序，对软弱地层中双线盾构穿越高铁采用的新型加固保护体系进行了三维仿真模拟，验证了新型方案的可行性，分析了列车车速对地层沉降和各类承载板受力的影响。

3. 现场监测

Peck 等（1969）研究了不同直径隧道在近距离平行、相交、重叠位置的相互影响问题，指出当隧道间距大于 2 倍隧道直径，可以忽略相互影响的作用，但此研究没有考虑土体和衬砌刚度的变化，仅仅对几何因素进行了讨论。

Gording 和 Hansmire（1975）对平行隧道开挖引起的地面实测变形进行

了分析，结果显示，后建隧道施工所引起的地面最大沉降值和沉降槽宽度都大于先建隧道，且地表沉降曲线是不对称的，其最大沉降点偏向先建隧道。

Bartlett 和 Bubbers（1970）对伦敦黏土中平行隧道引起的实测地面变形进行了分析。结果显示，当两隧道轴线距离较近时，后建隧道引起的地面沉降曲线是不对称的，要偏向先建隧道侧，但地面变形曲线仍然可以采用 Peck 公式分别进行计算叠加而得到。

I.Yamaguchi，I.Yamazaki，Y.Kiritani（1998）基于现场实测数据，从多个角度分析了日本京都四条近距离盾构隧道掘进施工的相互影响以及与周围地层的共同作用效应，讨论了隧道间相互"刺入"等不同工况所引起的隧道结构内力、地表位移以及土中应力等的变化。文章指出，对类似工程在设计规划阶段，后建隧道施工所引起的对周围隧道、建筑物的影响必须进行量化，并以此作为可行性分析的基础。

邵华、张子新（2004）对新建盾构隧道穿越上海地铁 2 号线施工监测数据的整理分析，了解盾构近距离穿越已运营地铁隧道时对土体的扰动程度，结果表明：盾构穿越施工对已运营地铁隧道的扰动主要以隧道竖向变形为主，并且随着隧道向前推进，竖向位移分布曲线呈波浪形，且盾尾后隧道段对盾构穿越施工较为敏感。

李东海等（2009）通过大量的工程实例及实测数据，针对新建隧道斜穿既有车站进行深入的研究，其研究结果表明对于穿越位置的不同，既有车站结构的变形也不尽相同，其表现为：结构在靠近位置端表现为悬臂挠曲趋势，在靠近穿越位置的另一端表现为半槽形，同时结合不同的施工工况提出相应的变形控制措施。

李磊、张孟喜和吴惠明等（2014）以上海地铁新建 11 号线隧道上下近距离穿越既有 4 号线工程为依托，结合现场监测和数值模拟的方法，分别对盾构下穿施工时土仓压力和注浆压力、上穿施工时压重范围和压重量对既有隧道变形的影响进行分析，为近距离多线叠交盾构隧道的施工参数调整提供了建议。

李倩倩等（2014）通过对北京地铁六号线下穿既有四号线区间隧道工程现场监测数据分析得到以下结果：非下穿段暗挖隧道地表最大沉降值随其埋深增大而减小，双线隧道间距小于 2.0D 时，地面沉降特征表现为"单凹槽状"，当隧道间距大于 2D 时，地面沉降特征表现为"双凹槽状"，下穿段地表最大沉降值为非下穿段的 24%～27%，地表沉降槽宽度系数是非下穿段的 1.2～

2.3 倍，对于既有隧道采用壁后补浆加固措施可使地表沉降减小，地表沉降槽
的宽度加大。

4．试验研究

Kim 等（1996）分别模拟了近间距平行隧道及上下重叠的隧道，设计了一
种专门模型盾构机和装配了应变计、压力计和孔隙水压力计的隧道衬砌，研究
了在不同 W/D（W 是隧道间距，D 是隧道直径）、衬砌性质和超固结比下隧道
衬砌的位移、应力、应变以及超孔隙水压力的变化规律。结果表明，紧邻平行
隧道和上下重叠隧道的相互影响的机理是不同的，由隧道几何参数、土体和衬
砌的性质、隧道施工方法决定。

西南交通大学地下工程与岩土工程系（1999）在深圳地铁一期工程老街—
大剧院区间双孔交叠隧道工程中，进行了在上洞开挖及二次衬砌全部完成情况
下，开挖下洞对上洞衬砌以及地表沉降的影响的模拟试验，空间模型几何相似
比为 1∶30，测试内容包括衬砌内力和地表沉降，得出了与数值模拟相同的结
论，即先上后下的施工方案优于先下后上的施工方案。

周文波、吴惠明（2000）以上海地铁 2 号线为工程背景，针对外滩观光
隧道从上方成一定角度穿越 2 号线的工况，进行了室内模拟试验，模型几何相
似比为 1∶48，根据实际工况分别进行开挖模拟，得出了地面沉降和土体压力
变化的定性分析结果。

何川等（2008）通过对广州地铁三号线大塘—沥滘区间盾构隧道穿越工程
的模型实验和有限元数值模拟，分析了盾构隧道重叠下穿施工对上方隧道的纵
横向变形以及隧道结构纵横向内力的变化规律，结果表明既有隧道的最大变形
点出现在掌子面 $2D$ 位置，不均匀沉降变形发生于 $2 \sim 3D$ 位置。

叶飞等（2015）通过对通、错缝等相关因素的考虑，进行纵向模型实验研
究发现，隧道的纵向变形与荷载呈线性关系，通缝与错缝隧道的弯曲变形特征
趋于一致，错缝拼接对隧道的纵向变形影响不大。

张晓清等（2015）针对多线叠交盾构隧道垂直上、下穿 2 种典型穿越施工
方式，借助室内模型试验，采用排液法，发现盾构垂直上穿比下穿对地面的影
响大，并对不同情况提出了采用何种穿越形式的建议。

1.2.3　大直径盾构穿越安全控制技术

在城市快速路建设过程中，特别是针对北横通道等超大直径盾构在小转弯
半径条件下近距离穿越既有轨交线路等关键节点时，对环境控制进行专项设计

十分重要，也充满挑战。过往的盾构穿越施工案例中，基本以小直径盾构隧道相互穿越为主。上海市轨道交通 4 号线穿越既有 2 号线的工程中，采用了"分段、跳环、跳孔、单孔分层多次高压劈裂注浆技术"对两隧道间软弱夹层进行注浆加固，有效控制了穿越工程对既有轨交隧道变形的影响。

上海外滩通道工程盾构施工采用一台直径 14.27m 的土压平衡盾构穿越既有运营的地铁 2 号线的过程中，采用了"压重、环纵向钢板连接"等技术措施，有效控制了自身隧道上浮变形。

西藏南路越江隧道下穿运营中的轨道交通 8 号线，西线穿越后，既有隧道变形较大，由于当时技术水平有限，不能保证安全穿越，只能采取列车停运手段，进行东线穿越施工。

长江西路隧道穿越轨道交通 3 号线桩基，穿越前采用"MJS 隔离桩"保护高架基础，穿越过程监测数据平稳，后期沉降变形受控。

杭州文一路隧道下穿地铁 2 号线，采用了"列车限速运行、同步浆液改良"的技术，在上述多种措施的综合作用下，大隧道的稳定性得到了保证，但后期出现缓慢下沉，通过在大隧道内部二次壁后注浆进行恢复。

随着超大直径盾构机施工经验的累计，越来越多的技术也被融入进来：有限元数值分析结合已有案例模拟技术、高质量泥膜技术、壳体注浆技术、微扰动注浆技术、壁后二次注浆技术等。

但在城市中心城区超大断面盾构隧道（15m 左右）多次穿越既有轨交隧道，如何预测既有线的允许变形值和评价在穿越工程的施工扰动下既有线的安全性状，给出相应的控制指标，并对其进行安全分级以便采取相应的应急管理措施，有效控制地铁结构变形数值，确保轨道交通正常运行，对城市地下快速路建设显得尤为迫切和重要。由于直径 15m 左右的超大断面盾构隧道的推进对地层的扰动更大，这对既有轨交隧道的保护和专项设计提出了新的挑战。对地下快速路近距穿 / 跨越既有轨交隧道变形控制标准须展开研究，直接关系到既有轨道交通线路的正常运营，对超大断面盾构隧道工程的施工技术、施工管理、风险管控要求更高。

1.2.4 大直径盾构穿越安全管理技术

工程风险控制和规避是工程界面临的巨大挑战，特别是在地质条件和周边环境较为复杂的区域进行盾构隧道建设，无论采用理论分析还是借鉴类似工程经验，都无法进行风险全面管控，通过现场监测及获取盾构掘进过程中的相关参数，及时修正施工参数对于管控工程安全有着决定作用。目前城市核心区超大直径盾构穿越施工监控一般都由建设单位、施工单位和第三方监测单位进行实施。然而，由于工程监控涉及环境保护及施工控制等，监控项目多、监测范围广，各监测项目自动化和实时性水平参差不齐，各数据相互融合困难，对于大量数据的利用不够充分，很多隐藏在数据背后的知识无法被发现，无法对多源数据进行实时的综合评判，从而对工程风险控制构成巨大挑战。

近年来，信息化和自动化技术推动传统土木工程的改造与发展，物联网技术、现代自动化量测技术已逐步应用到工程建设和管理中，其对工程风险控制的重要作用也逐渐被人们所认知。将上述技术应用到监控终端及发布平台建设中，进行多元监控信息快速融合，可有效提高工程安全管控的自动化和信息化水平，提升施工风险管控的水平。目前，超大直径盾构穿越既有轨道交通施工过程中，对于盾构掘进参数及其背后隐含的关系的挖掘不足，对施工参数与周围环境扰动性关系研究不够深入，缺乏盾构施工全过程系统管理，从而对工程风险控制带来巨大挑战。

Forcada 等人开发了一个基于网页版的主动信息管理系统，主要用来在研究人员之间的信息分享和传播，加强了施工管理领域研究人员的交流合作，但没有涉及现场工程师的应用方面。胡向东等人针对盾构联络通道人工冻结法施工过程，研发了一套名为 GeoFreezer 的自动化监测系统，实现了温度监测数据的自动化收集和展示，但缺乏信息的交互功能。李晓军和朱合华实现了上海长江隧道工程的信息管理系统，基于 Web-GIS 技术采用数据库管理、2D&3D 图像可视化、地理空间分析等手段，实现盾构施工的数据管理、图片展示等功能。

华中科技大学丁烈云团队，提出了基于物联网技术的实时安全预警系统，主要在盾构隧道联络通道施工中应用，该系统实现了隧道中施工工人与地面现场工程师之间的实时信息通信，见图 1-9。其团队针对武汉地铁施工，开发了网页端的安全风险预警平台，该系统能够支持整个城市地铁建设的信息管理，采用人工上传的方式更新数据，存在输入低质量数据或错误数据的可能，系统适用于工程整体风险管控，对于复杂节点工程的施工作用不大，工程参与人员的信息交互离不开 PC 端平台，无法实现移动端的信息交互。

德国鲁尔波鸿大学的研究团队开发了一套隧道掘进交互平台，重点关注于盾构掘进参数与地面沉降的力学关系，该平台采用不同的模型展示盾构施工过程中的各类数据，对于研究人员和有经验的工程师大有裨益，见图 1-10。

图 1-9　丁烈云院士团队开发的武汉地铁风险管理系统

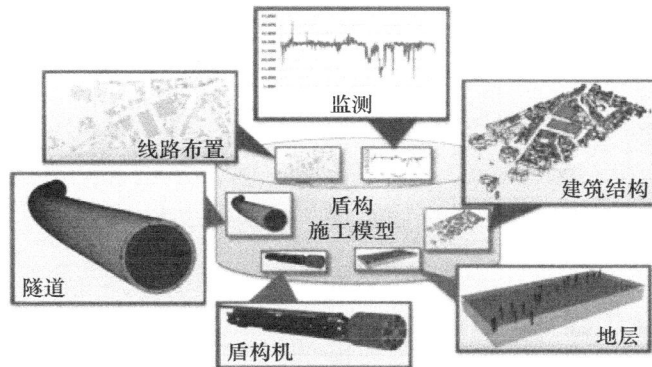

图 1-10　德国鲁尔波鸿大学开发的盾构施工信息管理系统

　　实际的针对地下道路的交通安全管理工作可以分为紧急事件下的应急管理和常态下的安全管控两个方面。对于类似北横通道这种体量大、距离长、埋深大的工程，在设计施工过程中，如何制订有效的安全施工方案，将对周边环境的影响降到最低，对实际工程进行实时监控与安全预警，成为工程建设者最关心的问题。综合运用信息技术和管理技术解决复杂地下空间开发利用中的技术难题，成为全球热门研究方向。1999 年，孙钧主持了城市地下工程施工安全的智能预测与控制及其三维仿真模拟系统研究。欧盟 TUNCONSTRUCT 研究计划（2005）的一个核心内容就是建立隧道工程建设信息系统 UCIS（Underground Construction Information System），实现隧道工程全寿命周期的信息化管理。随着地理信息系统（GIS）的快速发展，许多学者尝试将 GIS 应用于工程当中。上海长江隧桥工程（2005）开发了盾构隧道三维可视化全寿命周期信息系统，用以管理隧道全寿命周期信息。近些年基于网络化的 GIS 系统有着开发维护费用低、数据来源丰富、用户界面友好、系统兼容性好等优点，逐渐被人们接受利用。李晓军等（2013）采用 WebGIS 技术，建立盾构隧道施工期间数据管理、数据可视化与数据分析的综合平台。近年来，建筑信息模型（BIM）得到工程界的高度重视，BIM 模型能够连接建筑生命期不同阶段的数据、过程和资源，是对工程对象的完整描述。BIM 的概念在地下工程中应用尚少，GIS 与 BIM 技术的集成与融合尚无成熟经验，结合 GIS 与 BIM 技术两者的优势，打造智慧基础设施的理念，成为地下工程建设领域未来发展的必然趋势。此外，现有的工程施工安全监测数据采集技术布置不够灵活方便，自动化程度有待提高，在施工安全预警、分析与辅助决策上不够及时与智能，且对工程安全的协同管理缺乏有效的支撑。拟在现有技术的基础上，建立城市超深地下快速路智慧监控软硬件系统，开发网格化协同管理技术和智慧分析与决策技术，打造智慧基础设施的成功案例，推进地下空间开发利用和城市超深地下快速路建设的智慧化与协同化技术的发展。

通过以上国内外现有安全管理技术研究总结，超大直径盾构穿越运营中的轨道交通实践经验相对较少，相关变形影响、施工控制、管控体系及相关应急预案的研究尚不充分，这是本书重点研究的方向和内容。

1.3　相关工程案例

1.3.1　上海西藏南路隧道下穿轨交 8 号线

1. 工程概况

上海西藏南路隧道分为西线隧道和东线隧道，隧道管片外径 11.36m，内径 10.36m，壁厚 500mm，中心环宽 1.5m，采用单面楔形钢筋混凝土管片错缝拼装成环，两线间净宽 12.06m。盾构自浦东工作井出洞后分两次下穿运营中的地铁 8 号线周家渡站—西藏南路站区间，8 号线上、下行线间净距 4.54m。两对隧道呈井字形交叉，平面夹角为 56°。西线隧道与 8 号线最小净距 2.73m，东线隧道与 8 号线最小净距 3.57m。两者相对位置关系如图 1-11 所示。盾构类型为泥水加压平衡盾构，盾构机外径 11.58m，内径 11.44m，全长 11.3m，盾尾建筑间隙 11cm。盾构灵敏度 0.97，刀盘转速 0.47r/min，刀盘开口率 25%。

2. 工程地质条件

穿越段 8 号线隧道顶部覆土厚度约 19.5m，断面土层主要为⑤$_{1-2}$、⑥层。

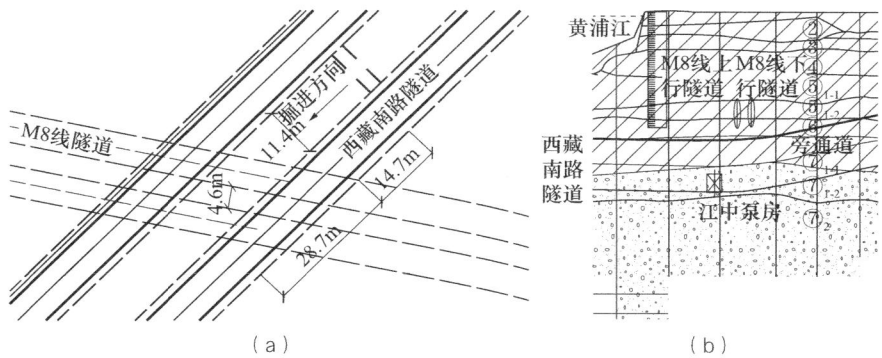

图 1-11 西藏南路隧道下穿 8 号线示意图

（a）平面示意图；（b）剖面示意图

穿越段西藏南路隧道顶部覆土约 29m，盾构穿越土层主要为⑦$_{1-1}$、⑦$_{1-2}$ 层。具体土层如下：⑤$_{1-2}$ 灰色粉质黏土；⑥ 暗绿色粉质黏土；⑦$_{1-1}$ 草黄色砂质粉土；⑦$_{1-2}$ 灰黄色粉砂；⑦$_2$ 灰黄色～灰色粉细砂。物理力学参数如表 1-4 所示。

3. 施工期间穿越竖向位移监测

西藏南路隧道首先开始西线施工，2007 年 11 月 5 日西线盾构推进至 8 号线影响区内，盾构刀盘距 8 号线下行线约 30m。8 日刀盘推至 8 号线下行线，9 日刀盘出 8 号线下行线，10 日刀盘至 8 号线上行线，11 日盾尾出 8 号线上行线，13 日隧道西线穿越 8 号线完成。

自 11 月 5 日西藏南路隧道盾构刀盘到达 8 号线下行线影响区，8 号线下行线有轻微的隆起趋势，上行线总体上几乎不受影响，在盾构刀盘进入 8 号线下行线影响区后至刀盘到达 8 号线下行线期间，8 号线隧道明显下沉，推至下行线后累计沉降量达到约 13.5mm。在盾构下穿下行线期间隧道沉降量基

穿越区主要地层物理力学参数 表 1-4

| 土层 | 层顶标高（m） | 直剪固快 | | 含水量（%） | 重度（kN/m³） | 渗透系数（10⁻⁷cm/s） | | 侧压力系数 K_0 | 比贯入阻力（MPa） |
		黏聚力 c（kPa）	内摩擦角 φ（°）			K_V	K_H		
⑤$_{1-1}$	−9.62	14	13.5	40.9	17.4	6.41	14.4	0.50	0.70
⑤$_{1-2}$	−15.72	13	22.0	34.3	18.0	37.5	57.9	0.39	0.99
⑥	−20.02	49	18.5	23.5	19.7	2.50	3.36	—	2.69
⑦$_{1-1}$	−23.92	5	32.0	27.5	18.9	726	1490	0.31	7.01
⑦$_{1-2}$	−29.72	1	35.0	25.8	18.9	6090	8190	—	15.11
⑦$_2$	−38.85	1	35.0	26.0	19.0	4180	6420	0.30	23.22

本稳定，下行线累计沉降量最大值达到约 14mm，上行线沉降达到最大值约 15mm，后续进行跟踪注浆，8 号线下行线出现隆起趋势，隆起量约 11mm，最终沉降累计值约 3mm，8 号线上行线逐渐隆起，至盾构机尾部脱离 8 号线影响区后，8 号线上行线累计隆起约 12mm，最终沉降约 3mm。在第 1 次穿越中，8 号线上、下行线隧道沉降量最大位置均出现于和西藏南路隧道投影线相交处，隧道沿穿越中心大致呈正态分布曲线，从峰值向两侧逐渐减小，主要影响范围超过 2D（D 为盾构直径），这和 Peck 公式基本一致，见图 1-12。

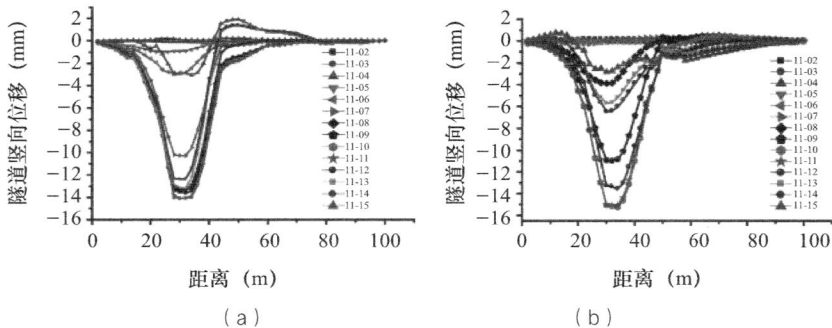

图 1-12　西藏南路隧道西线穿越 8 号线隧道竖向位移变化曲线
（a）下行线；（b）上行线

2008 年 1 月 22 日隧道东线盾构进入 8 号线下行线影响区。1 月 24 日盾构刀盘推至 8 号线下行线，26 日刀盘出 8 号线下行线，27 日刀盘至 8 号线上行线，29 日盾构机尾部出 8 号线上行线，30 日隧道东线穿越 8 号线完成。

自盾构刀盘推至 8 号线下行线时，与西藏南路隧道交叉的 8 号线区域开始沉降，下行线沉降量约 3mm，上行线区域沉降量约 4mm，同时第 1 次穿越时受扰动的 8 号线沉降下行线区域亦出现较明显的沉降，沉降量约 3mm，上行线出现先沉降后隆起，沉降量约 3mm，后期隆起量超过 2mm。至盾构机尾部脱离 8 号线过程中，8 号线下行线沉降迅速增加，最大累计沉降量超过 27mm；上行线迅速下沉，累计沉降量达 20mm；但此过程中第 1 次穿越受扰动的区域沉降趋于稳定。在盾尾脱离 8 号线下行线后，后续注浆使 8 号线逐渐隆起，下行线最大隆起量约 27mm，上行线最大隆起量超过 16mm。在第 2 次穿越中，8 号线上、下行线隧道沉降量最大位置均出现于和西藏南路隧道投影线相交处，隧道沿穿越中心大致呈正态分布曲线，从峰值向两侧逐渐减小，主要影响范围超过 3D。沉降量产生的主要时间范围在隧道下穿 8 号线上、下行线过程中，该段时间内沉降约占最大沉降量的 60% 以上，见图 1-13。

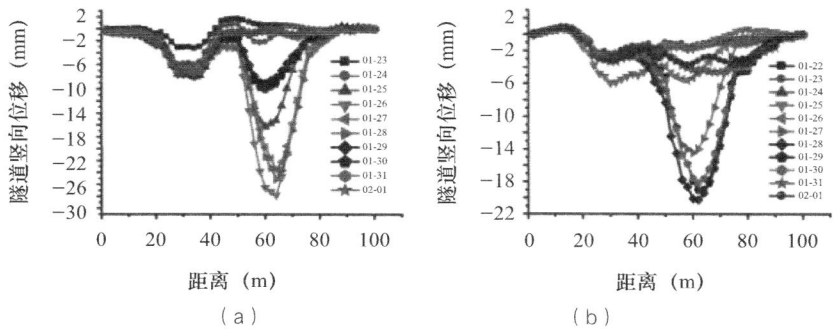

图 1-13　西藏南路隧道东线穿越 8 号线隧道竖向位移变化曲线

（a）下行线；（b）上行线

1.3.2　杭州文一路地下通道下穿轨交 2 号线

1．工程概况

杭州文一路地下通道工程是杭州"一环、三纵、五横"城市快速路系统中"一横"德胜路—文一路的重要组成部分。文一路地下通道西段盾构在文一西路古墩路路口近距离需要下穿已建成轨道交通 2 号线丰潭路站—文华路站区间隧道，区间隧道相交范围约为 SK2＋106.78～SK2＋122.56（文一路隧道南线）、NK2＋104.17～NK2＋119.95（文一路隧道北线）、SDK31＋514.29～SDK31＋532.77（2 号线上行线）、XDK31＋530.13～XDK31＋548.62（2 号线下行线）。文一路隧道在穿越位置北线隧道顶标高约 -17.694m，南线隧道顶部标高约 -19.483m，2 号线上下行线隧道与文一路隧道西段北线最小竖向距离分别为 5.2m，5.1m，2 号线上下行线隧道与文一路隧道西段南线最小竖向距离分别为 6.9m，6.8m。文一路地下通道南北线盾构均推进至 407～437 环为穿越段，与 2 号线夹角约为 81°。本次穿越两层隧道的位置关系见表 1-5、图 1-14 和图 1-15。

本次穿越的位置关系　　　　　　　　　　　　　　　　　　　　　　　表 1-5

平面		剖面	
环数	线型	环数	线型
376～461 环	左转 $R1500$	179～403 环	-19.8‰
		404～465 环	竖曲线 $R3500$

注：407～435 环为穿越段

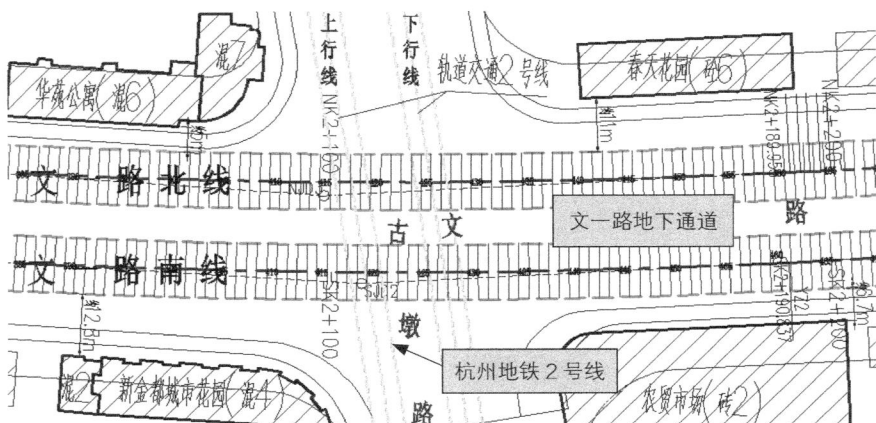

图 1-14　杭州文一路地下通道盾构穿越轨道交通 2 号线平面示意图

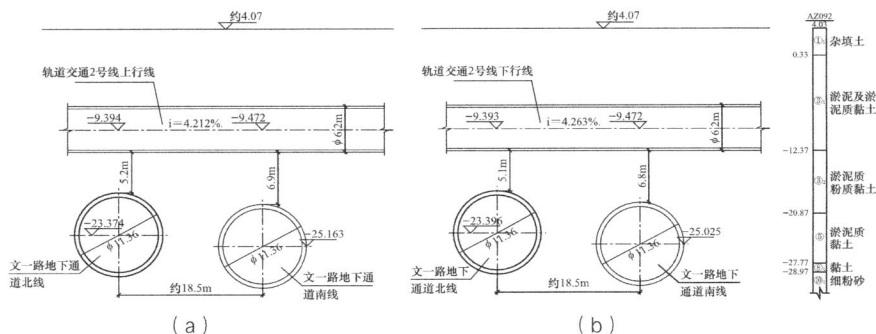

（a）　　　　　　　　　　　　（b）

图 1-15　杭州文一路地下通道与轨道交通 2 号线位置关系（立面）

（a）上行线；（b）下行线

文一路地下通道西段盾构隧道外径 11.36m，内径 10.36m，环宽 2m，管片厚度 500mm，线路最大纵坡 3%，最小转弯半径 1200m，竖曲线的曲率半径为 3500m。采用 1 台直径 11660mm 的大型泥水平衡式盾构掘进施工。盾构在北线 1 号井先始发，于丰潭路 2 号工作井到达。随后运至 1 号工作井，在南线 1 号井始发后，于丰潭路 2 号工作井到达。

盾构穿越段位于文一路与古墩路交叉口，周围主要是新金都城市花园、华苑公寓等公寓楼及裙房、骆家庄农贸市场、春天花园房屋建筑。

2．穿越施工过程

（1）北线盾构穿越 2 号线

2017 年 5 月 2 日中午，文一路地下通道西段北线盾构推进至 408 环，正式进入地铁 2 号线隧道影响范围内。5 月 3 日凌晨推进至 411 环，盾构机切口正式进入地铁 2 号线下行线边线。5 月 4 日中午推进至 420 环，盾构机盾尾顺利脱出 2 号线下行线边线同时进入了 2 号线上行线的影响范围。5 月 6 日上午，文一路地下通道 430 环推拼完成，盾构机盾尾脱出 2 号线上行线影响范围。2017 年 5 月 18 日，文一路地下通道盾构推进至 513 环，盾构脱出 2 号线上行线 80 环，盾构已脱离地铁 2 号线影响范围，西段北线穿越施工完成。西段北线穿越过程中主要施工参数见表 1-6。

西段北线盾构穿越施工参数表 表 1-6

推进环数	切口压力（kPa）	推进速度（cm/min）	注浆量（m³）	坍落度（cm）	开始推进时间	结束推进时间	备注
406	375	25	11.9	12	5 月 2 日 04：50	5 月 2 日 08：20	
407	375	20	11.9	14	5 月 2 日 08：19	5 月 2 日 09：45	
408	380	20	11.9	12	5 月 2 日 11：31	5 月 2 日 13：08	北线进入影响范围
409	380	20	11.9	13	5 月 2 日 17：14	5 月 2 日 19：08	
410	370	20	11.9	11	5 月 2 日 21：24	5 月 2 日 23：10	
411	370	25	11.9	14	5 月 3 日 00：43	5 月 3 日 02：06	切口进入下行线西侧边线
412	370	25	11.9	14	5 月 3 日 03：41	5 月 3 日 05：35	
413	370	25	11.9	12	5 月 3 日 11：20	5 月 3 日 12：38	
414	370	25	11.9	13	5 月 3 日 14：16	5 月 3 日 15：35	
415	370	25	11.5	12	5 月 3 日 17：13	5 月 3 日 18：31	
416	370	25	11.5	14	5 月 3 日 20：31	5 月 3 日 21：48	
417	370	25	11.5	12	5 月 4 日 00：11	5 月 4 日 01：29	
418	360	15	10.7	13	5 月 4 日 03：05	5 月 4 日 05：11	
419	360	15	10.9	12	5 月 4 日 07：23	5 月 4 日 09：31	盾尾出下行线东侧边线、切口进入上行线边线
420	350	20	11.7	13	5 月 4 日 11：03	5 月 4 日 12：40	
421	335	20	11.7	12	5 月 4 日 14：01	5 月 4 日 16：17	
422	340	20	11.7	10	5 月 4 日 17：59	5 月 4 日 20：48	
423	340	20	11.7	14	5 月 5 日 00：11	5 月 5 日 02：28	
424	340	20	11.7	12	5 月 5 日 06：37	5 月 5 日 08：15	
425	370	20	11.7	13	5 月 5 日 10：18	5 月 5 日 11：45	
426	370	25	11.7	14	5 月 5 日 13：09	5 月 5 日 15：29	
427	360	25	11.1	12	5 月 5 日 16：51	5 月 5 日 18：11	
428	360	20	11.1	13	5 月 5 日 20：00	5 月 6 日 00：11	盾尾脱出上行线东侧边线
429	360	25	11.1	12	5 月 6 日 01：48	5 月 6 日 03：05	
430	360	25	11.1	13	5 月 6 日 04：37	5 月 6 日 05：56	
431	360	30	11.1	12	5 月 6 日 08：19	5 月 6 日 09：25	

根据管片上浮监测，西段北线隧道穿越段 407～430 环均出现上浮，上浮量在＋35～＋46mm。根据管片上浮监测，西段北线隧道穿越段 407～430环均出现上浮，上浮量在＋35～＋46mm。管片上浮带动了上方既有隧道的隆起。监测数据显示上行线后期隆起量大于下行线。地铁隧道的位移情况见图 1-16。

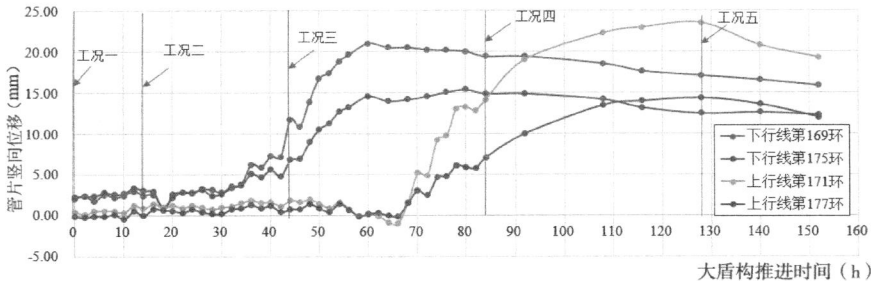

图 1-16 地铁隧道竖向位移曲线

（2）南线盾构穿越 2 号线

为了对西段北线穿越后总结出的优化措施进行检验，在西段南线设置试验段，试验段范围为＋40～＋100 环（推进＋35～＋102 环）。

在试验段布置分层沉降监测点，试验段分层沉降监测点布置在第 40 环、第 50 环、第 60 环和第 75 环。通过试验段测点，了解盾构机采用优化后的推进施工措施对周边环境的影响。另外，在＋310 环上布置分层沉降点、监测在与 2 号线穿越段最为接近的工况条件下盾构推进施工对上部土体沉降的影响，验证推进措施的效果，进一步为南线穿越提供施工经验和依据。407～435 环推进时间见表 1-7：

西段南线 407～435 环掘进记录 表 1-7

环号	407	408	409	410	411	412
日期	2018.2.1	2018.2.2	2018.2.2	2018.2.2	2018.2.2	2018.2.2
开始推进时间	20：40	00：58	04：48	08：42	11：41	14：37
结束推进时间	22：34	02：21	06：10	10：03	13：04	16：09
环号	413	414	415	416	417	418
日期	2018.2.2	2018.2.2	2018.2.3	2018.2.3	2018.2.3	2018.2.3
开始推进时间	18：05	21：21	00：35	05：02	08：21	11：27
结束推进时间	19：32	22：49	02：25	06：42	09：56	13：02

续表

环号	419	420	421	422	423	424
日期	2018.2.3	2018.2.3	2018.2.3	2018.2.4	2018.2.4	2018.2.4
开始推进时间	14：47	18：00	21：06	01：27	04：52	10：18
结束推进时间	16：05	19：21	22：59	02：52	07：50	11：45
环号	425	426	427	428	429	430
日期	2018.2.4	2018.2.4	2018.2.4	2018.2.5	2018.2.5	2018.2.5
开始推进时间	13：53	17：07	20：40	00：34	04：14	08：20
结束推进时间	15：14	18：30	22：07	02：13	05：47	09：45
环号	431	432	433	434	435	
日期	2018.2.5	2018.2.5	2018.2.5	2018.2.6	2018.2.6	
开始推进时间	12：09	16：58	21：17	00：44	03：44	
结束推进时间	13：31	18：23	22：42	02：09	05：11	

2 号线隧道竖向变形累计值见图 1-17 及图 1-18：

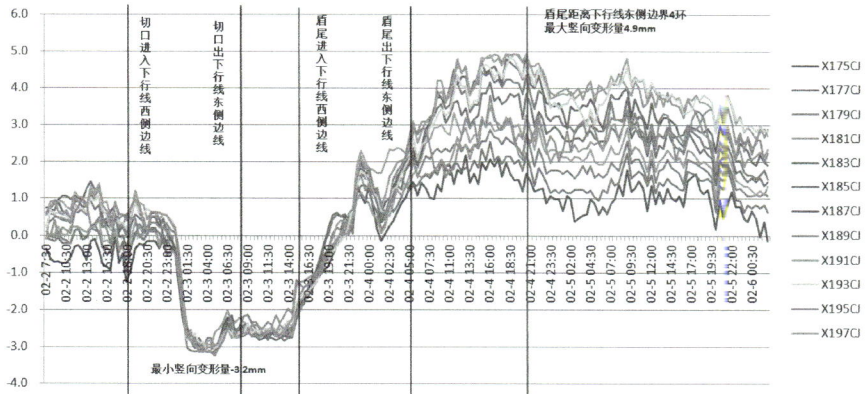

图 1-17　西段南线穿越地铁 2 号线下行线隧道竖向位移图

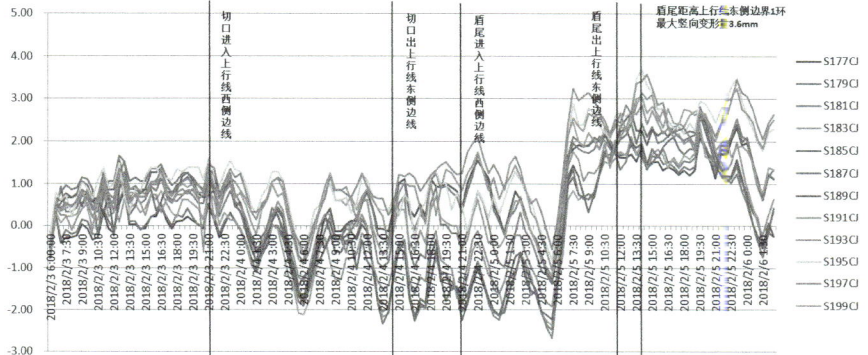

图 1-18　西段南线穿越地铁 2 号线上行线地铁隧道断面竖向位移图

（3）穿越过程中地铁隧道的变形特征及原因

通过西段南北线穿越地铁 2 号线施工，了解了盾构机在软土地层中下穿地铁隧道的地铁隧道变形规律，以及采用施工措施的效果。对西段南北线穿越施工进行分析后，得出以下结论：

1）地铁隧道变形规律

大型泥水平衡盾构机在软土地层中下穿地铁隧道，在盾构机切口到达及穿越过程中，地铁隧道竖向变形较为稳定。在盾尾开始通过地铁隧道过程中，地铁隧道开始隆起。盾构机整体穿越后，地铁隧道将持续隆起，到达隆起量最大值。之后地铁隧道会缓慢沉降。

2）隧道变形原因分析

结合穿越过程中盾构机与地铁隧道不同的位置关系，泥水盾构机穿越施工对地铁隧道变形影响的原因如下：

切口到达及穿越过程中，切口水压力设定是影响隧道变形的主要因素。由于盾构机在后期穿越过程中会引起地铁隧道的隆起，在切口通过地铁隧道过程中，宜降低切口水压，控制地铁隧道不产生隆起。本次文一路西段盾构机切口环、支撑环及盾尾的外径均为 11.66m，穿越地铁 2 号线施工中，在盾构机切口处，盾尾未进入地铁隧道过程中，地铁隧道变形基本稳定。

在盾尾通过地铁隧道过程中，地铁隧道开始出现隆起。在盾尾穿越地铁隧道过程中，地铁隧道隆起主要原因是由于同步注浆压力。通过控制同步浆液的坍落度和黏度，可以降低注浆压力，减小盾尾穿越过程中的地铁隧道隆起。

在盾构机完全通过地铁隧道后，地铁隧道会持续隆起，到达竖向变形的最大值。盾构机通过后的隧道隆起，主要原因为大隧道自身上浮带动上部地铁隧道，以及卸载导致土体回弹。西段南线同步注浆改善了配比，掺入水泥，大隧道平均上浮量控制在了 2.4mm。对比北线穿越上下行线最大竖向变形量 23.5mm、20.8mm，南线穿越地铁隧道上下行线最大竖向变形为 3.6mm、4.9mm，表明通过控制大隧道自身上浮，地铁隧道隆起最大值显著减小。

1.3.3 上海长江西路盾构隧道穿越轨交 3 号线

1. 工程概况

上海长江西路越江隧道工程采用双管双向 6 车道规模，每管单向 3 车道隧道段纵断面竖曲线最大半径 15000m，最小半径 1800m。隧道段采用最大纵坡 4.0%，最小纵坡 0.3%，最大坡长为 950m，最小坡长 139.717m；相邻竖曲线间均设置了一定长度的直线段。圆隧道管片内径 13.7m，外径 15m，厚 0.65m，混凝土等级 C60，环宽 2m。采用直径 15430mm 的超大型泥水气压平衡式盾构掘进机进行施工。南线自 736 环开始穿越逸仙路高架，盾构穿越期间平面为直线段，竖向坡度为 +4.0%，北线自 10 环开始穿越逸仙路高架，盾构穿越期间平面为 R1250m 的右曲线，竖向坡度为 -4.0%。盾构区间穿越轨道交通当时的保护标准为 1cm。穿越逸仙路高架时隧道顶部埋深为 16.5m，穿越 3 号线高架时隧道顶部埋深为 15.7m，进洞时埋深为 13.75m。超大直径盾构穿越 3 号线高架横剖面见图 1-19。

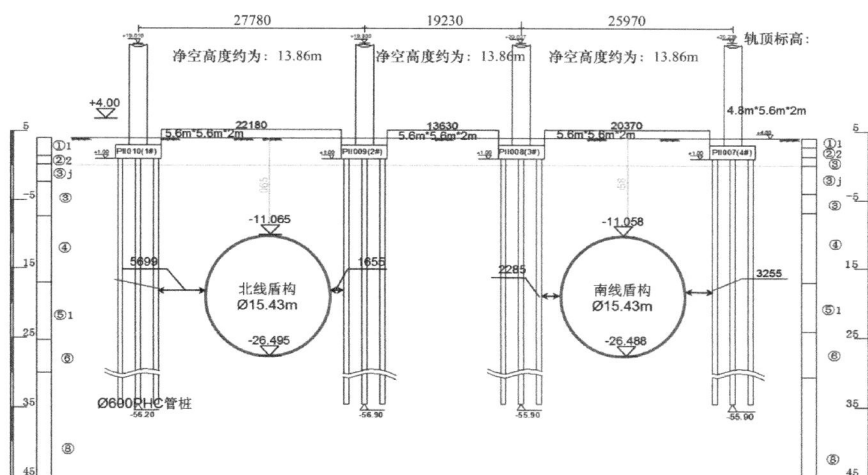

图 1-19 超大直径盾构穿越轨交 3 号线高架横剖面（单位：mm）

2．工程地质条件

沿线场地埋深 80.45m 范围内土层由第四系全新统至上更新统沉积地层组成，按成因类型、土层结构及其性状特征共划分为 10 层。沿线场区为上海市正常沉积土层，各土层分布较稳定。场地处于滨海平原，地形较为平坦，区域地质构造较稳定，且不存在有直接危害的不良地质作用，属稳定场地，适宜本工程建设。

3．穿越施工过程

针对长江西路越江隧道工程穿越 3 号线及逸仙路高架桩基的施工影响，主要通过数值模拟、现场试验及 MJS 工艺在高架承台周边施工隔离桩保护措施等方法确保盾构超近距离穿越高架桩基施工安全，见图 1-20。

4．轨交 3 号线高架结构的扰动情况

对轨交 3 号线高架的扰动包括两部分，由 MJS 隔离桩保护施工引起的和

由盾构掘进引起的，其中，MJS 施工阶段最大变化 1mm，穿越阶段最大变化 3mm，最终隆起＋2mm。整个穿越施工过程中 3 号线高架的变形时程曲线见图 1-21。

图 1-20　对桩基采取 MJS 隔离保护措施

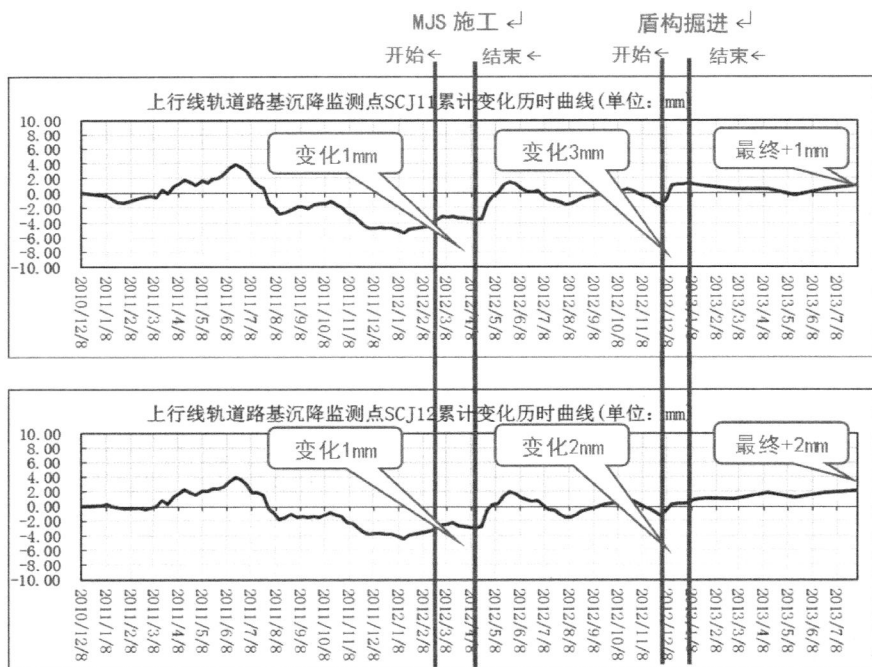

图 1-21　穿越施工过程中高架变化时程曲线

1.4　穿越轨道交通风险管控主要特点和问题

1.4.1　主要特点

北横通道工程穿越轨道交通的过程非常复杂，穿越难度高，对于盾构隧道的施工以及对既有隧道的安全问题都存在大量风险。

（1）轨道交通人流大，关闭交通，社会影响大。

（2）超大直径盾构穿越运行轨道交通属新问题，会成为常态。

（3）穿越施工控制标准严格、控制难度高、风险大。

（4）轨道交通系统安全保障复杂。

（5）地下工程施工存在诸多不可预见性，影响因素复杂多变。

1.4.2 主要问题

超大直径盾构穿越既有地铁隧道的工程是超大直径盾构施工所面临的技术难题，给工程师们带来了新的挑战和问题。

（1）穿越地铁隧道变形控制标准

超大断面盾构下穿运营轨道交通目前国内尚无控制标准，带来了一定的挑战，结合北横通道穿越运营轨道交通的工程实践经验，对控制标准进行探索，研究出一套超大断面盾构下穿运营轨道交通的控制标准。

（2）实时监测数据与相应施工技术参数的协调

超大断面盾构下穿运营轨道交通，涉及周边环境复杂以及营运轨道本身，需要盾构施工技术参数与推进过程中营运轨道和周边环境的监测数据相互配合，可以起到实时反馈、及时调整盾构的施工技术参数，需要研究一整套实时监控系统。

（3）超大直径盾构的技术参数

虽然盾构技术日趋成熟，但超大断面盾构的技术参数还需不断完善，尤其是穿越敏感环境的建筑物和构筑物时，如何控制变形需要进一步研究，完善超大断面盾构推进中的施工技术参数。

（4）穿越风险及应急预案

超大断面盾构下穿运营轨道交通，给营运轨道交通带来一定的风险，针对异常情况下的预警机制以及隧道结构应急抢修等需要进一步地研究和深化。

1.5 本书主要内容

超大直径盾构穿越运营轨道交通所涉及的关键技术和管理问题在我国乃至国际上都面临着很大的挑战，为强化超大断面盾构下穿运营轨道交通的事前、事中和事后的风险管控，提升盾构穿越运营轨道交通的风险管控水平，有效防范和遏制事故发生，为以后超大断面盾构下穿越运营轨道交通、高架以及铁道等敏感环境提供技术支撑和有价值的范例。本书作者在系统总结和归纳北横通道大直径盾构隧道穿越运营轨道交通风险管控及关键技术等研究成果的基础上，具体围绕以下章节展开。

第 1 章主要针对现代交通对隧道的新需求，介绍了我国大直径盾构隧道穿越轨道交通工程的建设与发展，并总结了穿越轨道交通风险管控的主要特点和问题。

第 2 章结合上海北横通道超大直径盾构穿越 11 号线、7 号线及 10 号线工程经验，从管理体系总体架构，建设条线和运营保障条线，建立了盾构穿越轨道交通的总体风险管理体系。

第 3 章针对盾构穿越运营轨道交通施工风险高的特点，制定了完善的具有可操作性的轨道交通应急保障体系，建立了完善风险管控的应急管理机制和配套措施。针对超大直径盾构穿越运营轨道交通可能引起的结构变形及运营风险，建立了风险管控应急体系，制定了不同级别应急措施的标准。

第 4 章针对盾构机的选型、衬砌管片的设计、盾构掘进施工参数的优化与匹配及穿越过程中的信息化施工与管控进行具体阐述，确定了超大直径盾构穿越轨道交通时相关允许的控制指标，形成了超大直径盾构穿越施工技术体系。

第 5 章结合政府相关机构、管理部门、设计与施工单位及运营保障单位等各方的保障工作及方案，从风险管理机构设置、应急措施、盾构机穿越过程控制和沉降分析等几个方面，对北横通道大直径盾构穿越 11 号线、7 号线及 10 号线等 3 个工程案例进行了总结，为今后类似工程的施工提供参考。

第2章 盾构穿越轨道交通风险管控组织

随着城市化进程不断加速，地下工程规模越来越大，在中心城区超大隧道建设越来越密集，盾构穿越轨道交通工程已成为常态化。工程风险大、环境复杂、工期长、技术要求高、社会影响大；在建设过程中，需不断破解难题，攻坚克难，推进工程建设，需成立一支由政府牵头，全面负责"协调、监督、推进"的指挥机构。

2.1 盾构隧道穿越轨道交通的风险分析

2.1.1 盾构隧道工程的风险理论

1. 地铁施工安全风险管理基本流程

常规地铁施工安全风险管理依据不同建设阶段分步实施，基于风险分析流程，将地铁施工安全风险管理分为以下部分：风险界定、风险辨识、风险估计、风险评价及风险控制，风险管理过程又是风险沟通及交流的过程，并伴随着数据记录及操作检查，其基本流程图如图2-1所示。

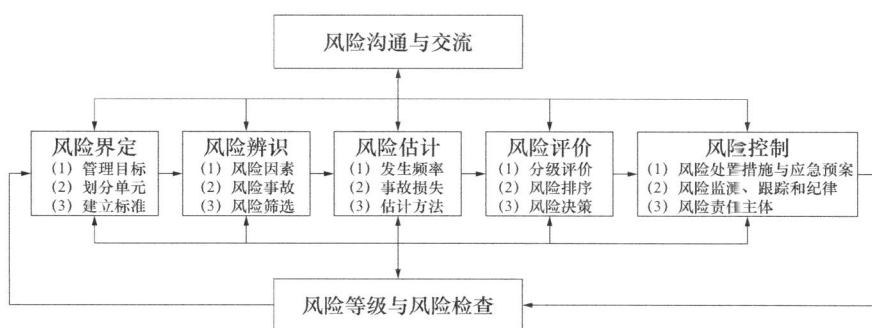

图2-1 地铁施工风险管理流程

风险管理贯穿于地铁建设全过程中，每一步都影响着施工是否安全。其中，风险辨识是基础，风险评估是关键，风险控制则是核心。

2. 施工安全风险辨识依据

施工安全风险辨识，即对工程项目中存在的风险因素（事件）进行确认、分类或总结，其目标是归纳所有可能的风险因素。要进行有效的风险辨识应具有某领域丰富经验并采取正确的识别方法。风险分析的客体是地铁建设工程，完整真实的工程资料是能否全面进行风险辨识的基础。针对这些工程资料进行认真系统分析，风险辨别的主要依据包括以下几方面：

（1）国家、行业规范与标准

国家的相关规范对盾构隧道穿越轨道交通的风险辨识评估有明确的规定，如《城市轨道交通地下工程建设风险管理规范》GB 50652—2011 中规定了城市轨道交通地下工程风险管理内容、实施流程，重点说明了风险界定、风险辨识、风险分析方法等，为施工期动态风险管理实施提供基础，是风险辨识的重要依据之一。

（2）工程资料

工程建设依托于自身所在的自然社会环境，地貌、周边建（构）筑物等，自然环境决定了工程的实施。地质及水文勘察报告、周边环境调查报告、可行性研究报告、规划方案设计图纸等都是风险辨别的依据。如上海北横通道工程，作为贯穿上海中心城区北部东西向的主干地下道路，面临地质复杂多变、穿越大量构筑物等风险问题，工程资料提供的风险辨别依据显得更为重要。

（3）施工方案

施工组织计划、专项施工方案、施工安全预案、组织机构方案等都是风险辨识的重要依据。项目目标、进度、造价及质量都将影响施工的进展，项目进程中计划及方案的变更也为风险辨识提供了相应信息。

（4）工程经验

以往类似工程成功的案例及相关文献、成果都将是风险辨识的重要依据，统计类似安全事故工程概况，总结事故产生的原因，归纳风险控制措施将对现有风险辨识提供重要依据。具有丰富专业知识及相关经验的管理人员、专家也可提供风险辨识清单作为参考。

3. 施工安全风险评估方法

目前，进行风险评估的途径分为三种：第一种是缺少现场数据及施工经验时通过决策者及相关专家进行主观判断，召开专家会听取专业人士的建议见解，做出主观估计，在隧道施工起步阶段大多采用这种定性分析的方法；第二种则是具有丰富数据与经验的前提下，通过公式计算或软件模拟得到风险权重等风险参数，进行风险评估，这种定量计算法得出的结论具有一定说服力；第三种则是定性定量相结合的综合分析方法，结合历史经验数据及专家意见进行风险评估。常用的施工安全评估相关方法见表 2-1。

施工安全风险评估方法　　　　　　　　　　　　　　　　　　　　　　　表 2-1

分类	名称
定性分析法	检查表法
	专家调查法
	风险指数矩阵法
定量分析法	层次分析法
	模糊综合评价法
	神经网络法
综合分析方法	模糊层次分析法
	贝叶斯网络法
	模糊事故树法

2.1.2　盾构隧道穿越轨道交通的施工风险分析

盾构隧道穿越轨道交通不仅会使自身施工风险加大，同时会影响既有地铁隧道的运行安全。结合西藏南路隧道及杭州文一路地下快速路隧道穿越轨道交通实施情况，对北横通道隧道工程穿越轨道交通进行风险分析。

1．大直径盾构穿越地铁隧道实施情况分析

（1）上海西藏南路隧道穿越轨交 8 号线

西藏南路隧道外径 11.36m，采用直径为 ϕ11.58m，内径 ϕ11.44m，全长 11.3m 的泥水平衡盾构下穿地铁 8 号线"西藏南路站—中华艺术宫站"区间隧道，西线隧道与 8 号线最小净距 2.73m，东线隧道与 8 号线最小净距 3.57m，盾构机刀盘面积与穿越隧道面积比为 3.48。2007 年 11 月 5 日至 10 日，西线隧道下穿 M8 线，引起隧道产生 15mm 沉降；2008 年 1 月 19 日至 28 日，在 M8 线耀华路站—西藏南路站区间进行东线隧道穿越施工，停运情况下产生沉降约 30mm。西藏南路隧道下穿施工对既有隧道的沉降影响曲线见图 2-2。

（2）杭州文一路地下隧道穿越轨交 2 号线

杭州文一路地下快速路隧道外径为 11.3m，采用直径 ϕ11.66m 的泥水平衡盾构下穿轨道交通 2 号线"文新路站—丰潭路站"区间隧道，北线隧道与 2 号线最小净距 5.2m，南线隧道与 2 号线最小净距 6.9m，盾构机刀盘面积与穿越隧道面积比约 3.54。北线隧道下穿未运营 2 号线，由于大隧道不稳定，出现上浮现象，最终引起 2 号线隧道产生 23.5mm 隆起；南线穿越时地铁已运营，采用列车限速的方式进行施工，列车限速 30km/h，穿越引起隧道产生约 16mm 沉降。

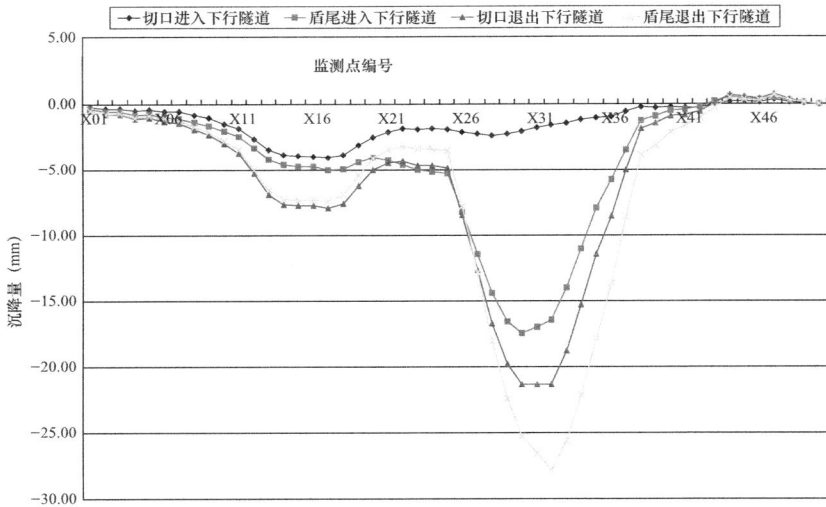

图 2-2 西藏南路隧道下穿施工对既有隧道的沉降影响曲线

2．上海北横通道穿越轨道交通风险分析

根据北横通道的设计线路，盾构将先后穿越已建的轨交 7 号线、轨交 11 号线等。盾构穿越将不可避免对周边土体产生扰动，由于盾构穿越不能影响地铁的正常运行，因此穿越的难度和风险巨大。

（1）与所穿越地铁隧道截面差异大

北横通道盾构直径达 15.56m，横截面面积大，与所穿越隧道的面积比为 6.29。超大直径盾构隧道施工过程存在开挖面稳定性较差，注浆效果差等问题。根据以往的经验，隧道断面越大隧道上浮的风险就越大，北横隧道上浮将会带动上方的土层及地铁隧道上浮，影响近距离的轨道交通安全是以往穿越案例的 1.8 倍，风险极高。

（2）超大直径盾构连续急曲线掘进施工

盾构掘进段多次出现半径 500m 平面圆曲线（根据相关规范，隧道轴线平面曲线半径小于 $60D$ 即为急曲线，D 是隧道直径）。超大直径盾构连续急曲线掘进施工中姿态不稳定，不易控制。曲线段的掘进施工，易引起管片环间高差增大、隧道侧向位移、管片磨损盾尾、盾尾间隙不均造成渗漏、车架擦碰管片内弧面等问题。

（3）穿越隧道净距小

北横通道与既有隧道的净距小，施工难度大。北横通道与轨道交通 11 号线竖向最小净距仅 7.06m，与 7 号线竖向最小净距为 7.16m，与 10 号线竖向最小净距为 7.5m。北横通道与既有隧道最小净距不到 $0.5D$，对运营轨道交通的影响范围相对较大，隧道发生不均匀沉降，管片张开量和错台量增大，出现渗漏水，接缝安全性出现问题，穿越区段管片结构表观现状见图2-3。此外，北横通道与既有隧道的最小净距，使得轨道出现差异沉降，产生轨道不平顺，影响运营地铁的安全。

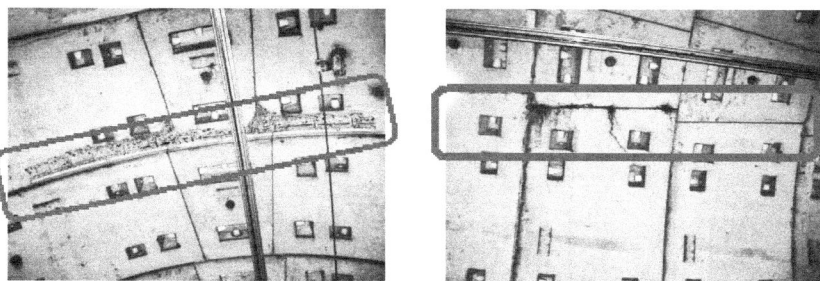

图2-3　穿越区段结构表观现状

（4）地铁列车振动与穿越耦合效应

盾构穿越对地铁运营的不确定性大，且地铁列车振动对盾构开挖面的稳定性及泥膜形成的影响情况不明。

（5）系统性与不确定性

对既有隧道运营现状难以全面掌握，缺少耐久性评估，缺少相应隧道结构评估分析，评估不够系统，不够全面。

3. 上海北横通道穿越轨道交通风险防范针对性措施

针对盾构穿越轨道交通的重大风险源拟采取以下针对性措施：

（1）穿越施工前对轨道交通的状态进行全面详尽调查（结构形式、运营年限、健康状况、运营时间段等）。

（2）对以往的穿越案例进行全面深入调研与总结，"成功经验为我所用"（外滩通道穿越轨交2号线等）。

（3）针对特殊情况开展有针对性的研究与分析（包括数值分析、模型试验等多措并举）。

（4）通过试验推进全面系统掌握新盾构的性能与特点，优化掘进参数系统。

（5）"一事一议"编制专项方案（掘进参数、保护措施、自动监测、应急反应体系与预案），经专家评审相关部门批准后实施。

（6）信息化施工。对拟穿越的轨道交通进行实时自动化监测并及时反馈。根据监测结果及时调整盾构掘进穿越参数，根据需要利用地铁停运的时间间隙在地铁隧道内实施扰动注浆。

（7）项目经理带队、精锐力量组织实施，应急反应队伍待命，确保方案落实不打折扣。

（8）穿越后一定时间范围内对隧道穿越的影响区段继续跟踪监测与注浆。

2.2 盾构穿越轨道交通风险管控组织的架构与职责

市重大工程指挥部组织关系见图2-4。

图2-4 市重大工程指挥部组织网络图

2.2.1 市级应急组织的架构与职责

1. 市应急组织领导小组

市指挥部第一副总指挥担任组长，市指挥部副总指挥担任副组长。市应急组织领导小组组织关系见图2-5。

市应急组织领导小组下设三个工作小组：

（1）公交应急保障小组

市交通委分管领导任组长。成员包括：市交通委轨道交通处、道路运输处、社会宣传处、市交通指挥中心、市运管处、区交警、轨交权属单位、公交运营单位分管领导。指定地点值守，接到指令，立即启动应急预案。

（2）工程实施指挥小组

市交通委分管领导任组长，成员包括：市交通委交通建设处、市重大工程指挥部办公室、建设单位、施工单位分管领导。指导协调，研判风险，信息汇总上报。

（3）联合监测小组

建设单位分管领导任组长，成员包括：市重大工程指挥部办公室、建设单位、施工单位、轨交权属单位、监测单位等相关单位分管领导。提供数据，正确研判，数据汇总上报。

市应急组织工作小组组织关系见图 2-6。

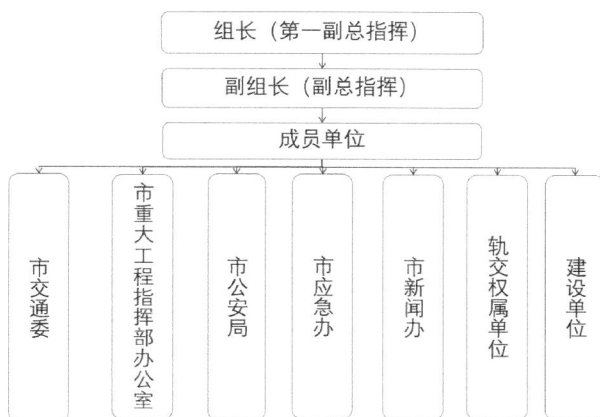

图 2-5　市应急组织领导小组组织网络图

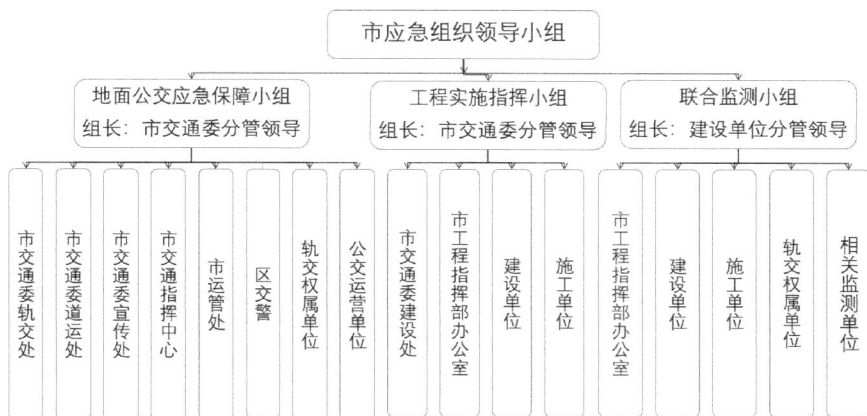

图 2-6　市应急组织工作小组组织网络图

2. 市交通委（行业主管部门）应急指挥架构

（1）应急指挥领导小组

应急指挥小组全面监督、指挥、协调各类事项。

组长：主任（主要领导）

副组长：分管副主任（各分管领导）

组员：市重大工程指挥部办公室、交通建设处、轨道交通处、道路运输处、社会宣传处、市运管处、指挥中心分管领导

应急指挥领导小组组织关系见图2-7。

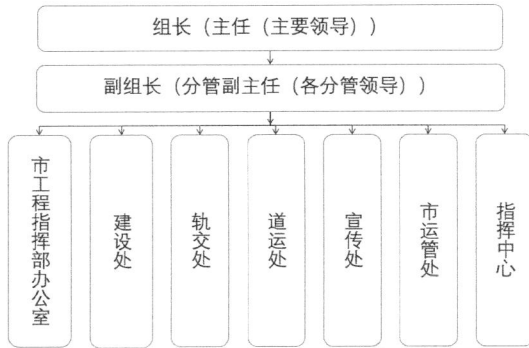

图2-7　应急指挥领导小组组织网络图

（2）现场应急指挥小组

现场应急指挥小组负责突发情况信息汇总和上报；接到指令，协调指导启动相应专项应急预案。

组长：市重大工程指挥部办公室、交通建设处

组员：轨道交通处、道路运输处、社会宣传处、市运管处、指挥中心、轨交权属单位、建设单位、施工单位、公交运营单位

现场应急指挥小组组织关系见图2-8。

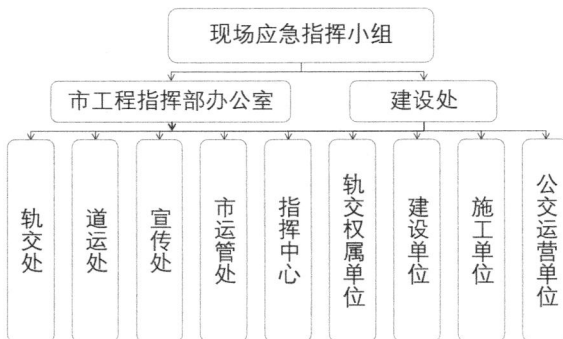

图2-8　现场应急指挥小组组织网络图

3. 市级应急组织职责

市政府为确保穿越施工安全顺利，统一指挥、协调、监督，设市级层面应急组织。职责如下：

（1）市应急组织领导小组职责

1）统一指挥、协调、监督，全面掌控工程进展情况，听取各方汇报，下达工作指令。

2）一旦发生险情，根据险情报警级别，及时下达应急指令。

3）完成穿越后，听取各应急小组汇报，下达解除指令。

（2）公交应急保障小组

1）接领导小组指令，启动相应地面公交短驳应急预案。

2）每日上报领导小组地面公交短驳具体情况。

3）地面交通一旦出现客流积压等问题，立即采取措施，调度处理，保证交通畅通。

4）完成穿越后，接到领导小组解除指令，停止地面公交短驳应急预案，配套公交和人员可以撤离现场。

（3）工程实施指挥小组

1）穿越期间，在施工现场 24 小时办公，实时掌握工程进展情况。

2）当天组织听取各相关单位汇报工程进展情况，研究和分析，上报领导小组。

3）一旦发生险情，及时上报领导小组；接到指令，立即下达各相关单位启动相应应急预案。

（4）联合监测小组

1）穿越期间，在施工现场 24 小时办公，实时掌握远程监测数据和现场监测情况。

2）组织各监测单位，会同工程实施指挥小组，对当天监测数据进行分析研究汇总，上报领导小组。

3）一旦监测数据超过极限报警值，立即联合工程实施指挥小组召开紧急会议，研究分析汇总，即刻上报领导小组。

4．市交通委（行业主管部门）应急指挥组职责

（1）应急指挥领导小组

1）在各工作现场 24 小时办公，监督、协调、推进。

2）每天听取现场应急指挥小组工作汇报，及时掌握施工现场进展情况。

3）一旦发生险情，对社会发布舆情信息前，做好信息监督和协调工作，报市应急组织领导小组审核，同意后，向社会发布。

（2）现场应急指挥小组

1）现场 24 小时办公，实时掌握施工现场进展情况。

2）每天参加由市领导小组组织召开的工程进展情况汇报会，及时上报市交通委应急指挥领导小组。

3）负责穿越期间信息汇总和上报；一旦发生险情，立即组织紧急会议，研究分析，统一信息，上报市交通委应急指挥领导小组。

4）配合区相关部门做好穿越期间周边社会维稳工作。

2.2.2 主要参建单位

1. 建设单位

建设单位作为工程实施主体责任单位，全面负责工程实施全过程风险识别、管控，督促各参建单位开展各项风险管控工作落实情况。一旦出现险情，按规定和程序及时报告，采取有效措施；根据指令，立即组织各参建单位，启动相应专项应急预案。

（1）现场应急联合指挥小组架构

1）领导小组

负责协调应急情况下的重大问题。

组长：建设单位、轨交权属单位、施工单位分管领导

成员：建设单位、轨交权属单位、施工单位相关部门负责人

2）工作小组

负责在应急预案启动的情况下组织实施相关的应急措施。

组长：建设单位、轨交权属单位、施工单位相关部门负责人

成员：建设单位、轨交权属单位、施工单位现场负责人

3）应急专家小组

负责对应急情况下重大技术问题提出建议意见，提供强力的技术支撑。

组长：上海市建委科技委技术总监

成员：若干名上海市资深行业专家

4）监测数据分析小组

负责盾构穿越过程中，监测信息的即时采集、整理和分析，对环境监测、视频监控、盾构掘进施工的数据做出科学合理的分析，研判和报警，数据汇总上报。

组长：各专业监测单位分管领导

组员：各参建单位技术负责人、各监测单位现场负责人

建设单位风险管控组织关系见图2-9。

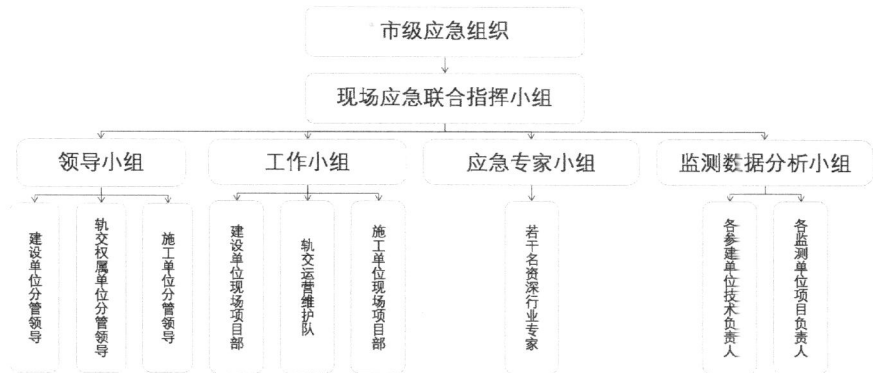

图 2-9　建设单位风险管控组织网络图

（2）现场应急联合指挥小组职责

建设单位作为工程实施主体责任单位，全面负责工程实施全过程风险识别、管控，督促各参建单位开展各项风险管控工作落实情况。

1）领导小组

① 组织参建单位对盾构穿越轨道交通施工的风险进行梳理，组织盾构穿越相关工作，并落实轨道交通保护的各项措施。

② 负责协调应急情况下的重大问题。一旦出现险情，及时向市级工程实施指挥小组、现场应急指挥小组汇报；接到指令，立即传达工作小组，启动相应应急预案。

2）工作小组

① 组织各参建单位对于应急抢修相关配套单位和应急物资、设备进行专项检查，督促相关配套单位合同签订和物资、设备到位。

② 梳理确认各级的应急响应部门的联系人及方式，确定各级应急响应组织和职责分工，并根据应急方案组织相关单位进行应急演练。

③ 监督施工单位、监测单位等相关单位严格按专项方案落实工作。

④ 对过程中发现的重大问题，积极与领导小组和应急专家小组沟通，及时解决。

⑤ 实行领导 24 小时电话值班，安排相关人员现场合署办公。

⑥ 一旦出现险情，现场组织施工、设计、监测、监理以及配套抢修单位进行应急处置。同时，立即向领导小组汇报；接到指令，启动相应等级的应急预案。

⑦ 负责在应急预案启动的情况下组织实施相关的应急措施。

⑧ 督促相关单位做好穿越施工总结评估工作。

3）应急专家小组

① 负责审核施工单位盾构穿越轨道交通施工组织方案及应急预案，提出意见建议。

② 负责对应急情况下重大技术问题提出建议意见，提供强力的技术支撑。

4）监测数据分析小组

① 利用远程监控、盾构管控平台以及专项信息管理平台的开通作为穿越的必要条件，并使其发挥数据分析、趋势研判、异常提醒、风险预警和应急处置的关键作用。

② 负责盾构穿越过程中，监测信息的即时采集、整理和分析，对环境监测、视频监控、盾构掘进施工的数据做出科学、合理的分析，研判和报警，数据汇总上报。

2．施工总承包单位

施工总承包单位负责工程主体具体实施，穿越前制定施工安全及保护专项方案和应急预案，组织实施盾构穿越运行中的轨道交通施工管理工作。一旦出现险情，按规定和程序及时上报，根据指令，立即启动应急预案，采取有效措施。

（1）应急响应组织架构

1）领导小组

组长：总承包单位分管领导

组员：总承包单位宣传部负责人，总承包单位项管部经理，总承包单位项目经理，盾构分公司、机械分公司、地基基础分公司、各监测单位分管领导

2）盾构推进应急处置分队

由盾构施工技术人员组成。

3）设备故障应急处置分队

由机械分公司相关人员组成。

4）注浆加固应急处置分队

由地基基础分公司相关人员组成。

5）物资保障应急处置分队

由现场项目书记、材料管理人员等组成。

6）信息发布应急处置分队

由总承包单位宣传部、项目技术负责人、相关技术人员、各监测单位分管领导等组成。

施工单位风险管控组织关系见图 2-10。

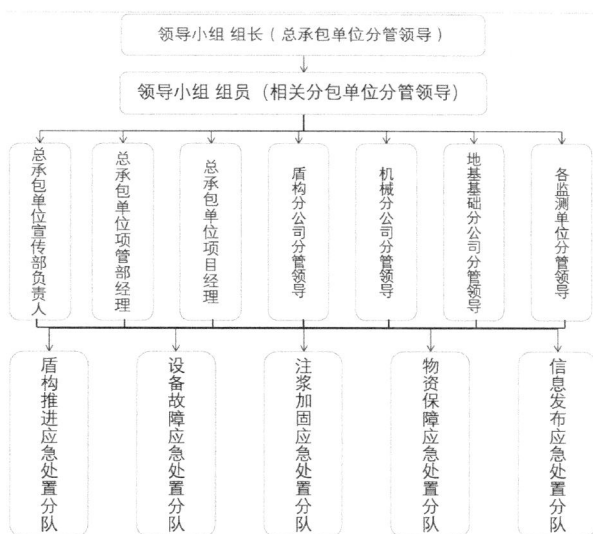

图 2-10　施工单位风险管控组织网络图

（2）应急响应组织职责

施工总承包单位负责工程主体具体实施，穿越前制定施工安全及保护专项方案和应急预案，组织实施盾构穿越运行中的轨道交通施工管理工作。

1）领导小组

① 组织编制、评审盾构穿越轨道交通施工的专项施工及保护性方案、监测专项方案、应急响应预案等。

② 梳理确认各级的应急响应部门的联系人及方式，确定各级应急响应组织和职责分工；并根据应急方案组织相关单位进行应急演练。

③ 根据穿越过程中的监测情况及时调整施工参数，精心组织施工，控制轨道交通隧道变形。

④ 对过程中发现的重大问题，积极与建设单位工作小组和应急专家小组沟通，及时解决。

⑤ 实行领导 24 小时电话值班，安排相关人员现场合署办公。

⑥ 一旦出现险情，现场采取有效措施应急处置。同时，立即向市级工程实施指挥小组、现场应急指挥小组、建设单位工作小组汇报；接到指令，启动相应等级的应急预案。

⑦ 做好穿越施工总结评估工作。

2）盾构推进应急处置分队

① 根据领导小组的指令，对盾构推进的各类参数做出快速响应与调整。

② 对盾尾渗漏、盾构姿态不佳、轴线偏差超标进行应急处置。

③ 根据应急处置的需要进行二次壁后注浆、壳体注浆。

④ 确保应急处置阶段盾构的后勤补给，负责隧道内部的组织与协调工作。

3）设备故障应急处置分队

① 对设备的故障及时处置，保障盾构设备运行状态良好。

② 应急响应阶段对设备系统保障与维护。

4）注浆加固应急处置分队

① 根据需要进行地面补偿（或抬升）注浆。

② 地面沉降过大情况从地面进行补偿注浆。

③ 地层扰动引发结构渗漏进行堵漏。

④ 对管线受损情况进行配合抢险。

5）物资保障应急处置分队

① 对应急抢险所需的材料、物资、设备进行协调保障。

② 对盾构或泥水设备所需的备品、备件进行协调保障。

③ 抢险人员所需的材料物资进行保障。

6）信息发布应急处置分队

① 对外进行联络、协调。

② 对监测信息进行分析和研判，并对信息进行汇总、上报。

③ 安排和组织相关会议。

3．监测单位

（1）专项监测应急组织架构

实时掌握超大直径盾构施工过程中对周边环境影响，及时采集地面变形数据，汇总分析，为调整盾构推进参数提供依据。施工总承包单位委托专业监测单位，负责超大直径盾构施工地面变形专项监测。主要内容为地表沉降（轴线、断面），地铁上方地表沉降。应急组织机构组成如下所示。

组长：监测单位分管领导

负责组织协调各项管部人员、仪器的调集，贯彻工程抢险监测的要求；负责对上协调工作。

副组长：监测单位总工程师

按照抢险需要具体安排监测工作，制定现场抢险人员值班表（包括交班时间、交接班各类事务交接注意事项，人员联系电话等），协调落实总指挥的抢险措施、要求等具体工作。

成员：监测单位总工办、市场部、项目负责人、技术负责人等相关监测人员

按照抢险统一要求针对监测内容、时间、频率、类别等开展工作，具体实施时进行分工负责，将现场数据采集汇总并形成报表，按照具体要求统一格式上报。

专项监测单位风险管控组织关系见图 2-11。

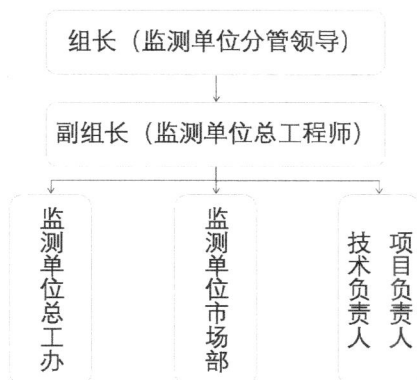

图 2-11 专项监测单位风险管控组织网络图

（2）监护监测应急组织架构

针对超大直径盾构穿越运行中的轨道交通，特实施轨道交通监护检测，评估影响范围内运营中的轨道交通隧道状态，为信息化施工及必要时的施工措施提供既有隧道相关数据；根据各类监测数据，综合分析以预估变形发展趋势，及时采取必要的防范措施，保障轨道交通安全运行。主要内容：隧道垂直位移监测；隧道水平位移监测；隧道直径收敛监测；隧道纵向剖面电水平尺垂直位移自动化监测；隧道直径收敛激光自动化监测；隧道高清视频监控。应急组织机构组成如下所示。

组长：监测单位分管领导

负责组织协调各部门及监测项目部相关人员、设备，满足正常情况、紧急情况的监测工作要求；负责对上协调工作。

副组长：监测单位总工程师

配合落实组长的相关工作；具体安排各部门及项目部人员工作任务，督促制定、落实专项方案和应急预案。

组员：技术部、作业部、设备部、安全和环保部、监测项目部相关人员

按照抢险统一要求针对监测内容、时间、频率、类别等开展工作，具体实施时进行分工负责，将现场数据采集汇总并形成报表，按照具体要求统一格式上报。

监护监测单位风险管控组织关系见图2-12。

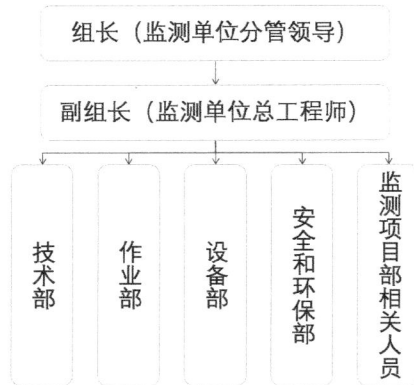

图2-12　监护监测单位风险管控组织关系图

（3）专项监测应急组织职责

1）掌握盾构穿越轨道交通沿线施工环境，按照监测规范和设计要求，编制有针对性的专项监测方案，监测方案应包括相关应急处置措施，并完成评审和申报流程。

2）建立完善监测工作质量、安全保证体系，配备合格监测人员和相关监测设备仪器，根据施工进度和场地移交进展，及时布设监测点并采集初始数据，并报监理审查。

3）严格执行经批准的监测方案，按照监测方案规定监测频率，在施工正常情况每日按频率进行监测，按监测管理制度每日提交报表给相关方，在监测信息平台上及时更新数据，并进行相应的情况说明。

4）当实测数据达到报警限值时，应立即向市级联合检测小组、建设单位监测数据分析小组进行汇报，按规定监测频率加密监测，并将加密监测数据及时上报信息平台和上报监测报表，进行相应报警情况说明。

5）提供阶段性监测情况和趋势分析说明，便于监测数据分析小组根据监测情况进行趋势研判、异常提醒、风险预警。

6）一旦发生险情，根据指令启动相应应急预案，配合进行应急处置工作。

7）做好穿越施工监测分析总结报告。

（4）监护监测应急组织职责

1）评估影响范围内运营中的轨道交通隧道状态，按照监测规范和设计要求，编制有针对性的监护监测方案，监测方案应包括相关应急处置措施，并完成评审和申报流程。

2）建立完善监测工作质量、安全保证体系，配合合格监测人员和相关监测设备仪器，根据施工进度和场地移交进展，及时布设监测点并采集初始数据，并报监理审查。

3）严格执行经批准的监测方案，按照监测方案规定监测频率，在施工正常情况每日按频率进行监测，按监测管理制度每日提交报表给相关方，在监测信息平台上及时更新数据，并进行相应的情况说明。

4）当实测数据达到报警限值时，应立即向市级联合监测小组、建设单位监测数据分析小组进行汇报，按规定监测频率加密监测，并将加密监测数据及时上报信息平台和上报监测报表，进行相应报警情况说明。

5）提供阶段性监测情况和趋势分析说明，便于监测数据分析小组根据监测情况进行趋势研判、异常提醒、风险预警。

6）一旦发生险情，根据指令，启动相应应急预案，配合进行应急处置工作。

7）做好穿越施工监测分析总结报告。

4．轨道交通权属单位

轨道交通权属单位通过对既有隧道沉降数据、沉降速率、隧道表观三方面进行监测，决定采取的工程应对策略，并启动相应的行车调整应急预案。

沉降数据：通过数据监测，如地铁结构变形在 10mm 范围内，进行观察；10～20mm 进行正常夜间停运后的隧道内微扰动注浆治理；超过 20mm 则视情况进行停运抢修。

沉降速率：如盾构工作面进入投影面后，结构变化速率发生突变，则进行停运抢修。

隧道表观：通过高频视频监控和夜间结构检查，穿越段出现管片结构掉角掉边、渗漏水、道床脱开、渗泥渗沙等严重结构病害，则视情况进行停运抢修。

（1）现场联合指挥决策体系架构

1）决策层

组长：轨交权属单位副总裁、总工程师、副总工程师

若监测数据达到限定值或发生紧急情况，及时上报，同时根据数据分析和

现场情况作出相应决策，启动相应应急预案。

2）现场地铁监护小组

组长：地铁监护现场负责人

成员：地铁监护单位、维保公司、监护检测单位、抢险施工单位、运营单位、公交运营单位、集团党办等

一旦发生险情，及时汇报；接到指令，立即启动相应的应急预案。

配合单位风险管控组织关系见图 2-13。

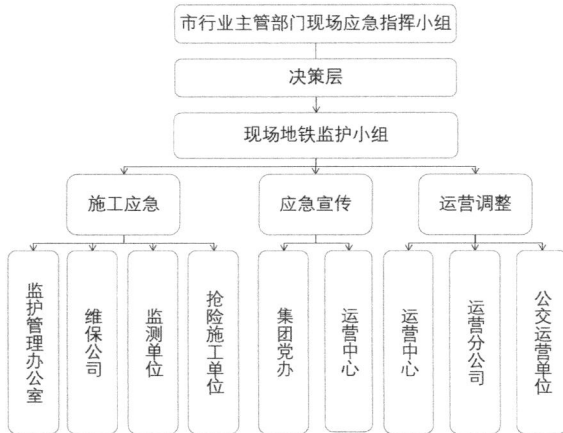

图 2-13　配合单位风险管控组织关系图

（2）轨交权属单位职责

轨交权属单位作为轨道交通监护责任主体，盾构穿越过程中负责轨道交通监测、隧道内应急响应以及相关轨道交通运营应急预案启动等工作。

1）决策层

① 督促现场地铁监护小组完成各阶段相关工作。

②若监测数据达到报警值或发生紧急情况，及时上报，根据指令，指导启动相应应急预案。

2）现场地铁监护小组

① 针对轨道交通不同的变形情况制定专项应急预案，编制轨道交通应急保障方案，包括各相关部门值守方案、专项运营调度方案、应急抢险方案、对外宣传方案等。

② 委托专业单位编制地铁监测施工专项方案，正式穿越前完成方案要求的监测布点，读取初值，对监测布点以及监测设备进行维护保养。

③ 实行 24 小时领导电话值班，安排相关人员现场合署办公。

④ 根据轨道交通变形监测数据，及时对轨道交通运行的安全性进行评估。

⑤ 一旦达到应急预案启动标准，及时报市级现场应急指挥小组，接到指令后，立即启动应急预案。

5．其他参建单位相关职责

（1）设计单位

1）对隧道穿越轨道交通进行专项设计，合理设计盾构平、纵线型，线路平面应避免小半径曲线，纵坡应优选小纵坡，避免竖曲线，减小盾构穿越纠偏，降低盾构穿越变形影响，合理控制穿越点间距，减少盾构穿越对轨道交通的影响。

2）应通过数值模拟、经验公式等手段，分析盾构穿越对轨道交通的影响情况，针对盾构隧道穿越施工控制标准提出要求。

3）结构设计中应考虑增设注浆孔等手段，方便穿越过程中采取注浆加固等应急预案；合理采用控制隧道后期变形的结构加强手段，如增设剪力销等，减小盾构穿越后变形。

4）在工程施工前设计单位应当向施工、监理单位说明勘察、设计意图，解释勘察、设计文件，并对施工、监理单位提出的问题进行答疑，配合施工单位落实各应急预案。

5）盾构穿越过程中参与数据分析，数据报警时参与制定应急措施。

6）对工程发生险情时，根据应急响应预案要求，项目组负责人和相关成员第一时间赶赴现场，配合建设单位进行应急处置，对工程险情涉及勘察、设计情况进行介绍，对需要进行设计变更处置内容及时进行验算复核，确认处置措施符合性和可靠性。

7）穿越期间实行 24 小时电话值班。

（2）监理单位

1）按规定程序审核施工单位提交的专项方案，包括风险评估、针对性的安全技术措施、应急救援抢险预案、维稳措施等，并上报建设单位审批。

2）组织设计交底，明确穿越过程中的各项设计控制标准。

3）按程序组织分部、分项工程开工条件审核，对关键工序或节点组织参建各方进行验收，并报建设单位审批。

4）检查施工单位的质量、安全和环保等保证体系，落实穿越各项应急预案。

5）应检查施工单位使用的测量仪器是否按规定进行校验，审查其提交的施工测量放线数据、图表及放线成果并予以批复。其中应对全部的控制桩点进行 100% 平行复测检查，对第三方监测单位监测点初始值进行确认审查，监控监测单位是否按监测方案进行监测，监测频率是否满足方案和规范要求，督促及时上报监测数据。

6）穿越过程中做好施工旁站，定期巡视检查工程情况，复核监测数据，对穿越过程中的数据报警情况及时提交指挥部决策。

7）穿越期间实行 24 小时值班，施工现场一旦发生险情时，按程序第一时间通报相关单位。

（3）公交运营单位

1）做好地面公交短驳预案。

2）保证备用车辆配备完整，随时待命。

3）实行 24 小时领导电话值班，相关工作人员 24 小时在指定地点值守。

4）一旦发生险情，接到应急指令后，立即启动地面公交短驳应急保障预案。

2.2.3 专家团队

1．专家团队架构

根据工程的特点和难点，结合实际，由建设单位牵头聘任各相关单位技术负责人及相关行业资深专家，组成专家团队，其架构图见图 2-14。针对重大技术问题，提供建议意见，提供强有力的技术支撑。

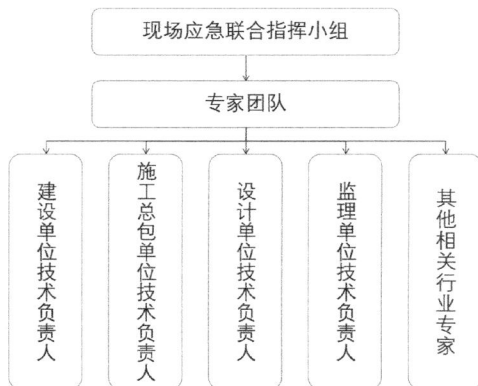

图 2-14 专家团队架构图

2．专家团队职责

1）参与相关专项方案评审，提供建议意见，使方案更加科学、更加完善。

2）参与轨交变形控制标准制定，指导各专业领域相关工作。

3）针对重大技术问题，提出建议意见，提供强有力的技术支撑。

4）对应急预案启动条件给出判断，向领导小组提供合理、科学的建议。

2.2.4　信息共享中心

1．信息共享中心架构

由建设单位牵头施工总承包单位、轨交权属单位、各监测单位实行现场合署办公，成立信息共享中心。施工总承包单位实时获取轨交结构表观质量的远程监控情况，实时获取沉降远程监测数据，及时反馈现场施工，及时调整盾构施工参数，确保轨交结构沉降在控制标准范围内，确保轨交隧道结构安全。信息共享中心风险管控组织图见图 2-15。

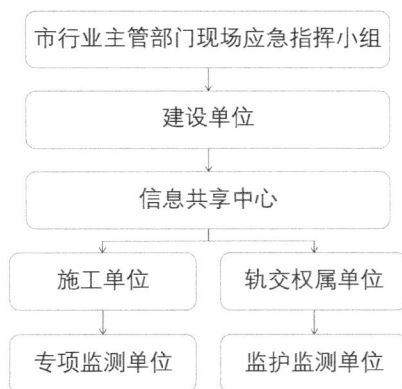

图 2-15　信息共享中心风险管控组织图

2．信息共享中心职责

1）实时提供轨交结构表观质量的远程监控情况。

2）实时提供沉降远程自动化监测数据。

3）及时提供人工监测数据。

4）当实测数据达到报警限值时，应立即向市级联合监测小组、建设单位监测数据分析小组进行汇报，按规定监测频率加密监测，并将加密监测数据及时上报信息平台和上报监测报表，进行相应报警情况说明。

5）提供阶段性监测情况和趋势分析说明，便于监测数据分析小组根据监测情况进行趋势研判、异常提醒、风险预警。

6）一旦发生险情，根据指令，启动相应应急预案，配合进行应急处置工作。

2.3 信息处理与发布

盾构穿越过程中的信息处理与发布是确保盾构成功穿越的关键，需要建立完善的信息处理与发布机制，确保信息及时采集、送达，并能根据信息情况及时启动预案，进行信息化施工，保障穿越地铁运营安全。

2.3.1 监测数据采集

盾构穿越过程中，需要全面的监测数据来反映盾构穿越过程中的变形情况，主要包括3方面：穿越盾构相关数据；运营地铁相关数据；周边环境相关数据。

穿越盾构相关数据主要由盾构建设单位委托监测单位开展监测，以人工测量为主，测量内容包括：盾构轴线偏差、成形隧道结构变形、隧道地表沉降等。

运营地铁相关数据由于需要保障地铁的运营，通常采用自动测量仪器取得，由地铁权属单位委托监测单位开展监测，主要测量内容包括：地铁运营沉降变形、运营地铁隧道结构变形、隧道视频等。

周边环境相关数据是反映穿越节点周边建筑物和管线情况的监测数据，由盾构建设单位委托监测单位开展监测，以人工测量为主，各专业单位完成监测数据采集后，通过信息管理平台进行整理和上传，自动监测数据通过相应数据传输平台进行自动传输，提交由轨交权属单位、建设单位现场项目部、施工单位、设计单位、监理单位等每日现场联合值班人员成立的监测数据分析小组，对监测数据做出科学、合理的分析，进行研判与报警，及时向应急指挥小组汇报，以便正确决策下一步的工作方向。

2.3.2 监测数据发布

监测数据采集完成后，需要通过信息处理中心进行数据发布，数据发布网络图如图2-16所示，专家团队、决策小组根据实时监测数据作出判断决策，根据需要启动相应预案。

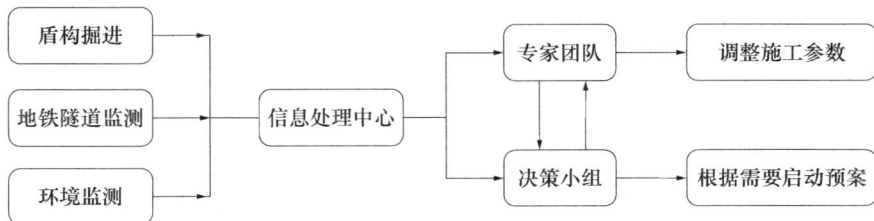

图2-16 数据发布网络图

同时盾构推进数据需要及时向行业主管部门现场应急指挥小组报告，采用一日两报，具体内容及形式如下：

每晚汇总当日相关信息，形成每日一报（12 小时），各方汇总后由建设单位现场工作小组确认后，报送市行业主管部门现场应急指挥小组。

每早汇总前日相关信息，形成每日一报（24 小时），各方汇总后由建设单位现场工作小组确认后，报送市行业主管部门现场应急指挥小组。

每日一报样式见图 2-17，内容应包括但不限于穿越工程概况，盾构推进信息，现场踏勘情况以及监测数据处理图表。

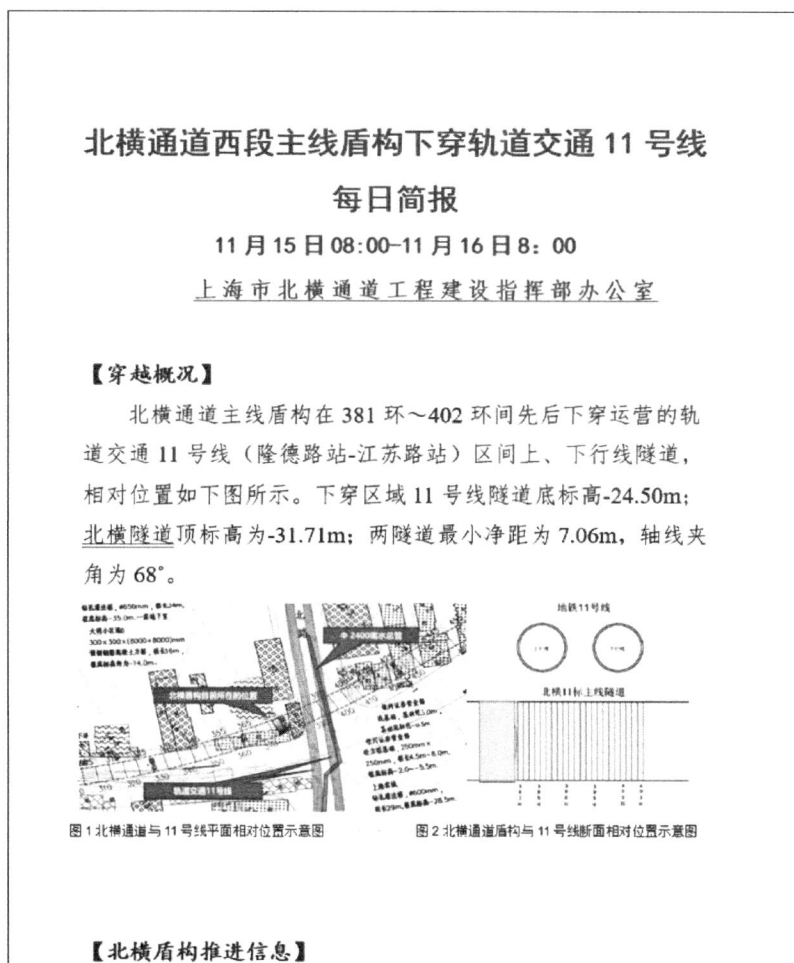

图 2-17　每日一报样式

当推进出现异常情况时，也可根据具体推进情况绘制成曲线形成每环速报，第一时间汇报至市级相关领导处，具体格式参见图 2-18。

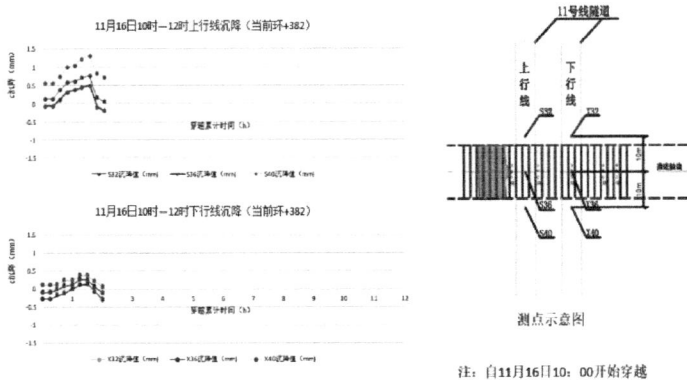

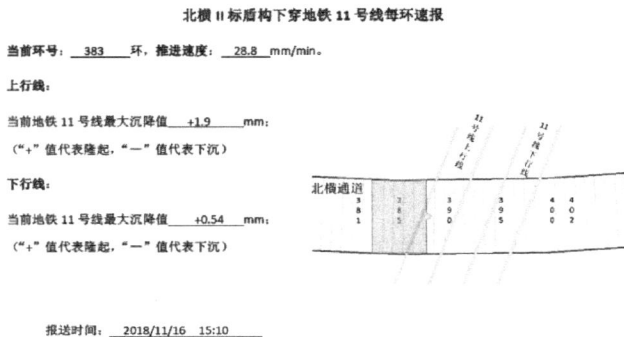

图 2-18　每小时及每环速报模板

2.3.3　信息化施工

整个穿越施工过程中，监测数据除了应急指挥小组作为启动应急预案的依据外，还需要及时提供给盾构推进施工单位，以作为后续施工参数调整的依据，从而通过进行信息化施工，最大限度地保障运营轨道交通的安全。

在穿越施工中工程的主要信息包括：盾构掘进施工的相关数据信息、被穿越地铁的变形监测数据以及环境的变形监测数据。其中，盾构掘进施工的相关数据信息由盾构专用的信息系统采集并传输到云端，地铁隧道监测则由第三方专业监测单位负责，实现对地铁隧道的位移及变形情况进行实时采集并传输到云端，环境变形监测则由指定的专业单位布点监测，并将数据报表报送至信息处理中心，一般在盾构穿越施工过程中监测的频率往往要增加。

上述所有信息均需要汇总到信息中心，信息中心主要负责定时对数据进行整理、分析并给出初步的研判，将相关结果汇报给专家团队和决策小组。专家团队根据数据对盾构掘进参数做出优化与调整。如果相关指标触发报警，决策小组将在专家团队的支持下做出包括启动应急预案在内的重大决定。

2.4　风险管控体系建立流程

由于盾构下穿运营地铁隧道风险大，技术难度高且涉及的责任单位多，穿越施工的技术方案需要多方共同参与来完成，穿越施工的总体风险管控体系建立可按以下流程进行：

（1）相关方建立沟通与联系的机制。

（2）穿越施工的行政许可。

（3）地铁现状的调查。

（4）关键技术的比选与论证。

（5）穿越施工方案的编制与报审。

（6）地铁监护方案的编制与报审。

（7）应急预案编制与应急响应体系的建立。

（8）应急演练。

整个技术体系建立的操作流程图如图 2-19 所示。

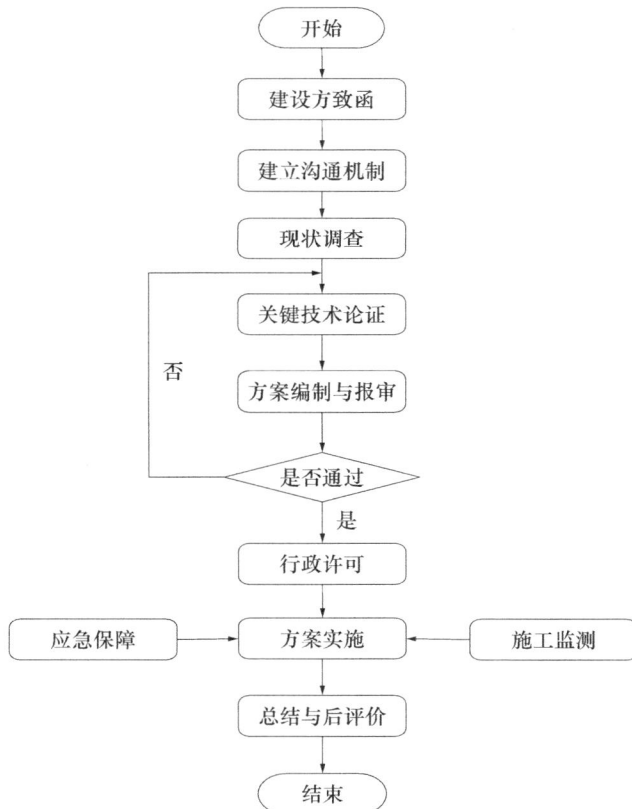

图 2-19　整个技术体系建立的操作流程图

（1）建设方致函

在方案启动前，首先由建设方向地铁权属单位致函，明确本次穿越的位置、涉及的地铁线路与区间、目前工程的进展情况、大致的穿越时间、沉降控制指标以及需配合事项等事宜进行说明。

（2）建立沟通机制

通过致函取得联系的基础上，各方明确对口联系人，并建立定期沟通机制（如月例会、周例会以及专题会议等），重要的会议需要形成会议纪要，作为方案制定与重大决策的依据。

（3）关键技术的论证

由于穿越施工的工程案例较少，相关的可供参考的经验与资料就较少，因此许多关键技术需要通过专题论证进行确定。主要的关键技术包括：扰动控制标准的确定、穿越施工方式的比选、穿越时间窗口选择、地铁施工监护等。

（4）方案编制与报审

超大盾构下穿运行地铁施工属于风险性较大的分部分项工程，应编制专项施工方案，并且要经过组织专家评审后实施。专项方案包括：穿越施工专项方案；穿越施工环境监测专项方案；穿越施工地铁监护专项方案；专项应急预案。

上述方案首先要完成总包承单位审批，并经企业技术负责人（总工程师）签字，然后上报监理工程师审批签字，并报业主进行审批签字。上述审批程序完成后再委托相关咨询机构（如上海市建委科技委、上海市土木工程学会等）按相关规定组织专家评审。

由于穿越施工的复杂性与风险性，在审批和专家评审过程中通常都需要对方案进行专题汇报，并就大家关心的问题进行详细说明。项目团队对审批及专家评审过程中提出的意见与建议应逐条回复并闭合。

（5）颁发行政许可

方案的审批程序完成后，需要按地铁权属单位的要求提交相关的资料清单，申请获得权属单位颁发的技术审查文件（即行政许可）。不同权属单位资料清单及要求可能不同，但施工专项方案是最重要的文件资料。在审查过程中，权属单位可能再次组织专家论证，并就关注的问题进行咨询、专题论证，并提出新的意见与要求。项目团队对审查意见与要求进行逐条回复与响应。

在权属单位颁发的行政许可文件中，对关键的技术指标、要求、穿越时间等予以明确。因此，行政许可文件也成为指导穿越施工的重要文件。

第 3 章　风险管控应急响应工作和管理措施

3.1　总体应急响应体系

3.1.1　应急处置流程

盾构穿越施工过程中，通过现场监测数据、监测视频及现场查看等手段，当达到应急响应启动条件时，需要启动应急处置流程。首先由技术分析专家组对监测数据情况进行分析判断，确定风险等级，并给出决策建议。然后上报现场应急指挥办公室，办公室根据风险等级情况上报市政府相关领导，对于一级风险需要轨道交通停运时，由市政府进行决策是否启动停运预案，其余相关盾构推进及地铁隧道加固等应急预案根据风险等级由建设单位、施工单位及轨交运营单位相应启动，应急处置流程见图 3-1。盾构穿越施工过程中，通过现场监测数据、监测视频及现场查看等手段，当达到应急响应启动条件时，需要启动应急处置流程。首先由技术分析专家组对监测数据情况进行分析判断，确定风险等级，并给出决策建议。然后上报现场应急指挥办公室，办公室根据风险等级情况上报市政府相关领导，对于一级风险需要轨道交通停运时，由市政府进行决策是否启动停运预案，其余相关盾构推进及地铁隧道加固等应急预案根据风险等级由建设单位、施工单位及轨交运营单位相应启动。

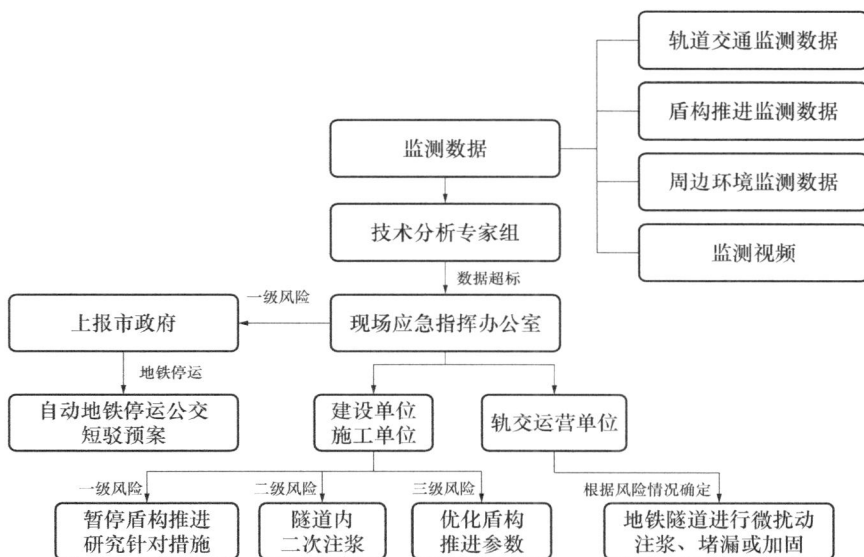

图 3-1　应急处置流程

3.1.2 应急响应启动条件及内容

盾构穿越轨道交通的应急响应根据轨道交通隧道变形监测数据、相关结构情况以及穿越盾构推进情况，分为一级、二级、三级。应急响应分级及响应内容见表3-1。

应急响应分级及响应内容 表3-1

应急响应等级	启动应急响应的条件（符合条件之一）	应急响应的措施与内容	相关单位					
			建设单位	轨交运营单位	施工	设计	监理	公交运营单位
一级	地铁隧道累计变形超过2cm；地铁隧道出现管片碎裂、隧道渗漏水等严重情况；地铁隧道需要停电抢修；穿越盾构隧道内出现重大险情	领导小组现场24小时值守，相关部门及人员予以配合支持	√	√	√	√	√	√
		抢险以及应急所需设备与物资到位		√	√			
		应急处置分队及现场工作小组24小时待命		√	√			√
		盾构暂停推进，召开紧急会议讨论解决措施	√	√	√	√	√	
		对地铁隧道继续进行微扰动注浆、堵漏或加固等	√	√	√	√	√	
		根据需要启动停运及公交应急接驳预案		√				√
		一级险情速报（见样件1）	√	√	√			
二级	地铁隧道累计变形超过1.5cm；地铁隧道出现局部碎裂、隧道局部渗漏水等情况；穿越盾构隧道内出现盾尾渗漏等险情	工作小组现场24小时值守，相关部门及人员予以配合支持	√	√	√	√	√	√
		抢险以及应急所需的设备与物资到位		√	√			
		应急处置分队及现场工作小组24小时待命		√	√			√
		对穿越盾构掘进参数进行调整与优化或者管片二次注浆等	√		√	√	√	
		对地铁隧道进行微扰动注浆		√				
		每日报告（见样件2）	√	√	√			
三级	地铁隧道累计变形超过1cm；地铁隧道出现裂缝发展的趋势；穿越盾构隧道内出现盾构姿态不佳及隧道不稳定等情况	工作小组现场24小时值守，相关部门及人员予以配合支持	√	√	√	√	√	√
		应急所需的设备与物资到位		√	√			
		应急处置分队24小时待命		√	√			√
		穿越盾构掘进参数进行调整与优化	√		√	√	√	
		对地铁隧道进行微扰动注浆		√				
		每日报告（见样件2）	√	√	√			

样件 1：突发情况速报见图 3-2

XXXX 工程盾构穿越轨交 XX 号线
突发情况速报
年　月　日

　　XX 月 XX 日：XXX，XXXX 工程盾构下穿轨道交通 XX 号线施工过程中，推进至 XX 环，轨道交通 XX 号线累积沉降 XXX，目前情况为 XXX。根据目前情况判断，经应急指挥小组协商，建议指挥部采取如下措施，以免险情扩大：

　　1、

　　2、

图 3-2　突发情况速报

样件 2：每日报告见图 3-3

XXXX 工程盾构穿越轨交 XX 号线
日　报
年　月　日

今日穿越情况：□正常　□异常

【进展情况】

　　截止 XXXX 年 11 月 XX 日 XX 时，盾构已完成第 XX 环推进拼装，距穿越结束剩余 XXX 环。盾构设备系统及主要施工参数正常。

【XX 号线监测信息】

　　地铁 XX 号线隧道监测数据　正常/报警，监测范围内：

　　地铁隧道单次最大沉降量为 xx mm，累计最大沉降量为 xx mm，单次最大沉降速率为 xx mm/d；单次最大收敛变形量为 xx mm，累计最大收敛变形量为 xx mm，单次最大收敛速率为 xx mm/d。

【现场踏勘情况】

　　未见异常，地铁隧道内未出现明显渗漏水及管片破损。

【其他】

　　无。

图 3-3　每日报告

3.1.3　市级应急组织预案

1．专项推进

发挥行业主管部门现场指挥部平台作用，定时或不定时组织召开推进专题会议，督促各参建单位、配合单位抓紧制定专项方案，签署合作协议，确定联络机制，建立保障体系等。

2．社会维稳

穿越前，会同区相关部门、建设单位、施工单位等，研究穿越方案计划和应急保障方案，取得区交警、维稳办、信访办、街道办等相关部门支持，重点做好穿越期间周边社会维稳工作，保障外部环境稳定，降低社会影响。

3．信息发布

一旦发生险情，经市级应急组织领导小组审核舆情信息后，向全市各大媒体包括传统媒体、新媒体等发送信息，并要求各单位在自己的平台以最快速度向市民发送相关换乘信息。同时，由市委网信办启动专题网络舆情监测，必要时进行舆情疏导。信息对外发布后，还应及时对外发布应急预案启动的缘由、造成的影响等，尽最大可能消弭市民的疑虑和不满。

4．地面公交

由行业主管部门现场应急指挥小组，会同公交运营相关管理部门、建设单位、轨交权属单位及地面公交运营单位，针对突发轨交区间停运情况，制定路面公交短驳的应急预案。一旦发生险情，市公交应急保障小组接到应急指令后，立即启动保障预案。

3.1.4　社会舆情发布

市行业主管部门现场应急指挥小组与市级应急组织领导小组保持 24 小时信息畅通。一旦发生险情，对社会发布舆情信息前，做好信息监督和协调工作，报市应急组织领导小组审核，同意后再向社会发布。

运营调整期间发生突发大客流时，相应站台车站要加强与市区公安部门的应急联动和信息传递，快速有效引导客流疏散，并将信息立即报 OCC、地铁服务监督热线，便于后续应急指挥与处置。同时，加强相关信息提示，包括站内所有公告栏内提前张贴；车站出入口、换乘通道 LED 录入相关停运信息；预录相关宣传广播，车站值班员做好广播提示；轨交站厅进站闸机处、站台换乘楼梯口设置临时导向，加强信息告知。

3.2　建设方应急预案及响应机制

3.2.1　主要参建单位应急响应机制

1．建设单位

（1）制定管理办法

针对盾构穿越轨道交通，建设单位制定专项管理办法，成立风险管控组织机构，明确职责分工，执行监督检查制度，建立应急管理组织，实行信息化管理措施，梳理应急物资与设备，指导工程建设，为实行盾构穿越过程管理提供保障。

（2）建立应急处置流程

通过现场轨交隧道变形监测数据、监测视频、现场踏勘记录及穿越盾构推进情况，应急响应分为一级、二级、三级，并启动相应应急处置流程。

（3）工程管理系统

在施工现场设置综合管控中心，全力打造数字化工地，采用工程综合管控系统，强化建筑施工现场动态监管，全面提升工程质量和安全生产监管效率。同时，综合管控中心数据可同步至移动端，实现管理者异地实时查看工程进展情况，有效提升工作沟通效率和信息化管理水平。

综合管控系统由设备监控和管理监控两部分组成。该系统集隧道盾构施工全范围的"全球眼"高品质实时视频监控系统、出入口通过人员的权限鉴别、隧道盾构施工过程中盾构设备信息的数据采集管理及隧道姿态测量管理、整体工程的内部与外部电话通信等功能为一体，统一存储、统一管理，为信息化施工提供技术上的保障。

（4）工程例会制度

由建设单位牵头组织施工、设计、监理、轨交权属及监测等相关单位，每日召开工程推进情况例会，汇总与会各方信息，有效共享，综合研判，全面分析。

（5）专家团队

由建设单位牵头，成立由建设单位、施工总承包单位、设计单位、监理单位技术负责人及相关行业的资深专家共同组成的专家团队，在穿越全过程中提供技术支持。针对重大技术问题，及时向行业主管部门现场应急指挥小组、建设单位应急指挥小组给出判断与建议。

2．施工总承包单位

（1）应急处置流程

施工总承包单位应急处置流程具体见图3-4。

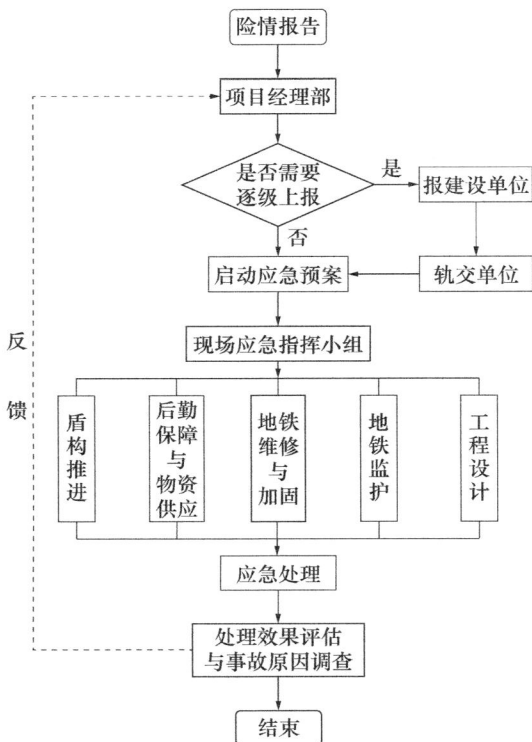

图3-4 应急处置流程

（2）制定施工安全及保护专项方案

由施工总承包单位制定相应施工安全及保护专项方案。对以往案例分析提炼，在详尽调研拟穿越轨交现场基础上，总结推进试验段经验，科学制定盾构穿越施工总体筹划，采取盾构穿越施工系列保护措施，提高信息化施工水平，建立应急保障体系，确保盾构顺利穿越。

（3）制定应急预案

作为超大盾构施工的总承包单位，重点针对以下常见的异常工况（供参考）制定相应的应急措施，并负责落实，包括但不限于以下工况：成环隧道管片上浮；盾尾密封渗漏；地铁隧道隆沉超标；设备故障停机；盾构机壳体压注克泥效；隧道内二次注浆。

注：克泥效由合成钙基黏土矿物、纤维衍生剂、胶体稳定剂和分散剂构成，主要用于隧道工程外充填材料，能有效止水、充填和支撑。

（4）应急演练

为检验施工总承包单位盾构穿越施工应急救援预案的科学性、可行性及可操作性，提高对事故应急救援的能力，做好盾构穿越施工事故应急救援工作，由建设单位牵头、监理单位监督、施工总承包单位组织实施应急演练，进一步检验各部门的应急处置能力，确保有效处置突发事件。应急演练在盾构穿越前1个月左右进行，根据应急演练的效果对应急预案做进一步的调整与优化。

（5）物资准备

由施工总承包单位成立物资保障应急处置分队，对应急抢险所需的材料、物资、设备，及抢险人员所需的材料物资进行协调保障；同时，对于盾构主机及辅助系统设备上的易损、易耗部件，做好充足的备品备件准备，可及时更换，保障盾构推进的连续性。

（6）试验段施工

在盾构掘进初期设立盾构推进试验段，通过试验段的推进，掌握穿越段区间盾构推进土体沉降变化规律及土体性质对地面和轨道交通的沉降影响规律，对相关参数做进一步试验、调整与优化，摸索出最合适的盾构推进参数设定值，确保穿越段轨交安全运行。

（7）互联网＋信息共享

在施工现场隧道内的控制室安装1台井下计算机用于采集盾构PLC数据，同时盾构机PLC和数据交换PLC通过光纤将数据传到地面计算机，通过云服务可以利用电脑或者手机App软件，实时查看盾构施工数据及历史数据，指导盾构推进。

3.2.2 隧道现场踏勘响应机制

1. 现场应急指挥小组巡检

由市应急现场指挥小组、各参建单位、轨交权属单位等人员，每晚进行既有隧道现场踏勘，确认隧道结构状态。既有隧道轨交运营时间结束后，均安排相关人员每晚现场踏勘，形成每日现场踏勘记录。若发现问题，及时上报、处置，必要时联合工程测量进行人工复测。

2. 轨交权属单位自检

由轨交权属单位下属专业公司相关人员按工作安排，分别下隧道区间进行夜间检查和确认，共分为三部分：

（1）相应区间的接触网高度检测及工作状态检查，由供电分公司负责。

（2）相应区间轨道高度的检测和轨道状态检查，由工务分公司轨道部门负责。

（3）相应区间隧道结构及病害（管片破损、渗漏水等）的检查，由工务分公司监护工程部负责。

检查完成后，当场填写检查记录，由工务人员汇总交指挥部。若夜间确认时发现问题，及时上报至现场指挥部，并采取相应措施进行治理。一旦沉降数值达到或超过允许值时，根据应急预案要求和上级指令，采取相应措施。

3.2.3 联合值班响应机制

1. 领导电话值班

（1）建立由市应急指挥小组、市主管部门应急指挥小组、主要参建单位各应急指挥小组、轨交权属单位应急指挥小组和地面公交应急保障小组领导24小时电话值班制度。

（2）一旦发生险情，根据上报情况，研判决策，发布指令，启动相应的应急响应处置机制。

2. 施工现场联合值班

（1）建立由市主管部门现场指挥小组，会同建设、施工总承包、监理、设计、专项监测等单位联合现场值班响应机制。

（2）实时掌握工程进展情况，一旦发生险情，及时上报；根据指令，启动相应的应急响应处置机制。

（3）完成穿越后，接到领导小组解除指令，各小组可以撤离现场。

3. 轨交权属单位值班机制

（1）工务专业值守机制

1）轨交权属单位工务专业相关工作人员24小时现场值班。

2）每天按照规定次数通过网络平台向维保总调室及相关领导汇报情况。

（2）通号专业值守机制

1）穿越期间各班组设置一名现场负责人（原则上为班组长），手机24小时待命。

2）除正常值守人员外，现场组织副班长、班组长、主管、副经理、经理等骨干组成临时抢修、值守组，一旦工务调度发布紧急通知，人员1小时赶到新增的折返点站并开始24小时保驾工作；OCC驻勤抢修协调。

3）各班组重要值班点（折返点）早晚高峰设置双岗。

4）穿越期间保驾时维护部安排助理以上（含助理）人员在地铁运行控制中心（OCC）实行 24 小时值守，可视情况扩展至主管或工程师。

5）穿越前，对所辖轨交组织两次设施设备全面大检查，重视新增折返点站道岔设备（由维护部中层及 1＋1＋3 参与）。

6）加强车载设备的巡检，保障穿越期间正线列车的使用。

7）做好停运后列车不能按计划回库后的维护维修工作的处理。

（3）供电专业值守机制

1）供电分公司设立 24 小时临时值守点，值守点内至少 4 人同时在岗。值守点内配备常用工器具和 2 个刚性定位点备品备件。配置三辆专用抢修车随时待命。

2）在夜间检查过程中，如发现既有接触网零部件损坏，由供电分公司现场施工负责人派作业人员到值守点内领取材料，并立即进行更换。

3）如备件不足或需长大材料时由供电分公司现场施工负责人派作业人员立即将备件调至现场进行更换。

4）夜间检查中发现接触网零部件损坏，更换作业时间不足时，由供电分公司现场施工负责人向运管中心总调度所提出申请延点，并办理延点手续。

5）夜间检查中发现或排故过程中造成轨旁设备损坏时，由供电分公司现场施工负责人向运管中心总调度所及相关设备管理单位联系汇报损坏情况，立即启动相关单位应急处理预案。

3.2.4　联合监测响应机制

建立由市联合监测小组、建设、施工总承包、轨交权属、专项监测、监护监测等单位联合监测响应机制。

由施工总承包单位委托专项监测专业单位，进行地面沉降（轴线、断面）及既有隧道上方地表沉降监测，以人工监测为主要方式，定时提供报表及分析报告，及时掌握盾构施工对周边环境影响。结合轨交权属单位委托监护监测相关信息。

由轨交权属单位委托专业监测单位，在受盾构施工影响期间，对既有隧道进行监护监测，包括视频监控、自动化监测、人工监测，为评估运行中的轨交隧道状态提供依据。

3.3 轨道交通及公交运营应急预案

地铁监护现场负责人为主要执行者，地铁监护现场负责人以监测数据和视频监控情况为依据，若监测数据达到限定值或发生紧急情况，第一时间将现场情况汇报至技术分析专家组，技术分析专家组分析判断后报相关部门决策，当经市政府决策需要停运时，立即启动停运相应的应急预案，同时根据隧道变形情况启动结构抢修相关预案。本节以北横通道盾构下穿11号线为例进行阐述。

3.3.1 轨道交通保障及应急预案

1. 制定保障方案

根据建设单位函告，掌握盾构穿越轨交施工背景情况，从运营应对策略、工程应对策略及抢险预案、现场准备、组织指挥体系和值守方案等方面，制定专项应对保障方案。同时，根据市公交应急保障小组相关工作安排，积极与地面公交运营单位对接，配合突发情况下行车调整，做好配套公交短驳工作。

2. 应急处置流程

北横盾构穿越地铁11号线期间，轨交权属单位应根据现场情况，人员调度安排以及紧急情况抢险策略等设计应急处置流程，轨交权属单位应急处置流程见图3-5。

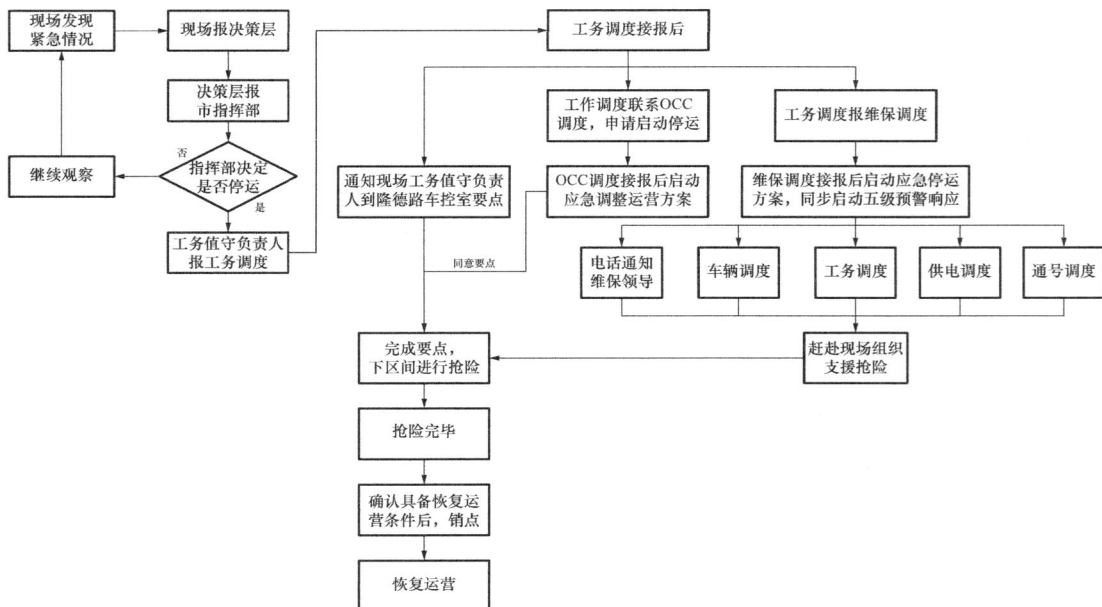

图3-5 轨交权属单位应急处置流程

3．联合办公、监控

轨交权属单位提供视频图像至车控室、施工现场中控室、地铁线网指挥中心（COCC），自动化监测数据至施工现场中控室。现场联合值班人员通过远程监控实时了解隧道结构情况；通过实时沉降监测数据，反馈盾构施工，及时调整施工参数。

4．监护监测

由轨交权属单位委托专业监测单位，在受盾构施工影响期间，对既有隧道进行监护监测，包括视频监控、自动化监测、人工监测，为评估运行中的轨交隧道状态提供依据。

5．轨道交通应急预案

当险情发生在运营期间时，根据线路配置及交路等情况编制专项列车运行图，并开展后续运营组织及公交短驳方案。在列车停运后，第一时间发布信息，组织乘客引导。通过对沉降数据、沉降速率、隧道表观三方面进行监测，决定采取的工程应对策略，并启动相应的行车调整预案。

6．应急停运指挥流程

现场工程信息经指挥部判断后，需进行停运，则相关信息及指令经由调度系统发布。具体参见轨交运营单位应急处置流程。

7．应急演练

轨交权属单位应根据制定的应急预案开展应急演练，实际模拟事故工况发生时的应急组织流程，明确各岗位应开展的工作，切实落实各级汇报及决策流程，明确工作职责，确保在应急情况出现时可以第一时间执行应急预案，确保轨道交通运营安全。

3.3.2　地面公交运营应急预案

超大直径盾构穿越运营轨道交通时，一旦引起轨道交通变形异常，可能造成轨道交通停运，此时需要根据轨道交通的停运情况启动公交短驳应急预案，应急预案应包括以下内容：

1．公交短驳方案

根据轨道交通运营调整的方案制定相应公交的配套调整方案，以北横通道盾构下穿 11 号线为例，根据轨道交通 11 号线穿越时轨道交通变形情况的不同，制定了不停电及停电两套方案，轨道交通停运范围有所不同，针对两套方案，需要制定不同的公交短驳方案，具体如下：

方案 1：不停电方案，真如至江苏路站运营中断。公交配套方案：启动真如至曹杨路站公交短驳。停靠站点：真如、曹杨路站。停靠位置见表 3-2。

应急响应分级及响应内容   表 3-2

地铁站名	行驶方向	
	向花桥站方向（嘉定北站方向）	向迪士尼方向
曹杨路	曹杨路近白玉路（近曹杨路 450 号）	曹杨路近凯旋北路（近曹杨路 589 号）
真如	曹杨路近铜川路（铜川路曹杨路路口以北 200m）近曹杨路 1602 号	曹杨路近铜川路（铜川路曹杨路路口以北 200m）近曹杨路 1405 号

方案 2：停电方案，真如至龙耀站运营中断（云锦路折返）。公交配套方案：启动真如至曹杨路站、龙耀路至徐家汇站公交短驳方案。停靠站点：真如至曹杨路站区段公交短驳停靠真如、曹杨路站；龙耀路至徐家汇站区段公交接驳停靠龙耀路、徐家汇站。停靠位置见表 3-3。

应急响应分级及响应内容   表 3-3

地铁站名	行驶方向	
	向花桥站方向（嘉定北站方向）	向迪士尼方向
曹杨路	曹杨路近白玉路（近曹杨路 450 号）	曹杨路近凯旋北路（近曹杨路 589 号）
真如	曹杨路近铜川路（铜川路曹杨路路口以北 200m）近曹杨路 1602 号	曹杨路近铜川路（铜川路曹杨路路口以北 200m）近曹杨路 1405 号
龙耀路	停靠公交 1222 路云锦路龙耀路站	停靠公交 1222 路云锦路龙耀路站
徐家汇	华山路近广元西路公交车站点	华山路近广元西路公交车站点

公交短驳方案确定后，应明确各站联系人，以确保短驳方案顺利实施。

2．车辆配置需求

轨道交通停运后，建议结合工作日运营轨道交通相应区段的断面客流数据以及客流出行特征进行配置公交短驳车辆。按每辆公交接驳车载客估计 80 人计算。

以 11 号线为例，断面客流见表 3-4，根据断面客流情况，初步确定需要短驳车辆约 30 辆。

3．发布临时中断运营公告

一旦发生轨道交通运营调整，需要及时发布临时中断运营公告，可按图 3-6 形式发布。

11 号线断面客流

表 3-4

区段	上行		下行	
	工作日	双休日	工作日	双休日
真如—枫桥路	54351	17354	10020	13416
枫桥路—曹杨路	56087	17917	10821	13768
曹杨路—隆德路	45527	13878	10360	11093
隆德路—江苏路	41236	13617	12928	10623
江苏路—交通大学	24931	9428	17186	7505
交通大学—徐家汇	21485	8295	22884	8465
徐家汇—上海游泳馆	9172	6192	23608	8226
上海游泳馆—龙华	8177	6206	23932	8273
龙华—云锦路	8251	6291	25339	8758
云锦路—龙耀路	7279	6216	25897	8760

公　告

　　因市政工程上海北横通道施工，下穿 11 号线隆德路站至江苏路站区段下方，对地铁运营安全造成较大影响。2018 年 11 月 ╳ 日运营开始至**另行通知止**，11 号线运营生产计划做了调整，具体内容如下：

　　1、北段运营交路：嘉定北站/花桥站至真如站；

　　2、中断运营区段：真如站至江苏路站区段停运；

　　3、南段运营交路：江苏路站至迪士尼站。

　　请乘客及时调整出行方案，可改乘地面应急公交接驳线或其他交通方式，具体情况可在上海地铁官网、服务监督热线（64370000）等官方渠道查询，或现场询问车站工作人员。为乘客出行带来不便，敬请谅解！

　　现予公告！

　　　　　　　　　　　　　　　　　　　　　加盖站印章

　　　　　　　　　　　　　　　　　　　　　2018 年 ╳ 月 ╳ 日

图 3-6　临时中断运营公告样式

3.4　工程应对策略及抢险预案

3.4.1　总体策略及报警指标

结构专业人员牵头监测单位与建设方、施工方共同于北横通道指挥部进行联合值守，通过对沉降数据、沉降速率、地铁设施状态三方面进行监测并报警，决定采取的工程应对策略，启动相应的应急行车调整预案。

具体流程为：报警信息书面报北横通道指挥部，指挥部决策后上报，得到明确命令后发出停运指令，地铁结构专业人员报 OCC，由 OCC 按集团内部流程启动相应的应急行车调整预案。

沉降数据：通过数据监测，如地铁结构变形在 10mm 范围内，进行观察；10～20mm 进行正常夜间停运后的隧道内微扰动注浆治理；15mm 向指挥部进行报警提示；超过 20mm 则应报警供指挥部决策是否进行停运抢修。

沉降速率：如盾构工作面进入投影面后，结构变化速率发生突变（监测数据在 12 小时内，单方向变化 6mm），则应报警供指挥部决策是否进行停运抢修。

设施状态：通过视频监控或夜间检查，穿越段新出现管片结构掉角掉边、渗漏水、道床脱开、渗泥渗沙等严重结构病害以及地铁设施设备异常，则应报警供指挥部决策是否进行停运抢修。

3.4.2　应急响应组织机构

针对本次穿越，施工方将成立专门的应急响应与处置机构，见图 3-7：

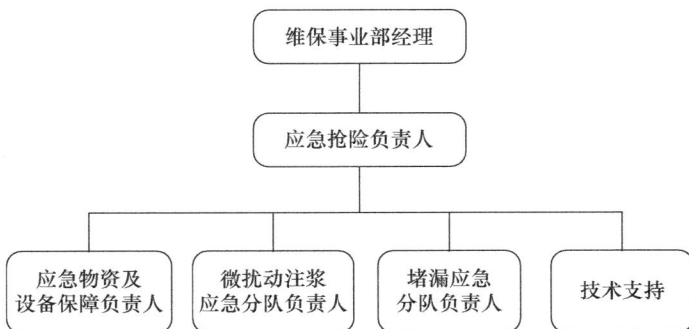

图 3-7　应急响应组织机构

北横盾构穿越地铁 11 号线期间，施工方根据地铁工务发布的指令进行应急抢险施工，应急响应抢险具体流程见图 3-8：

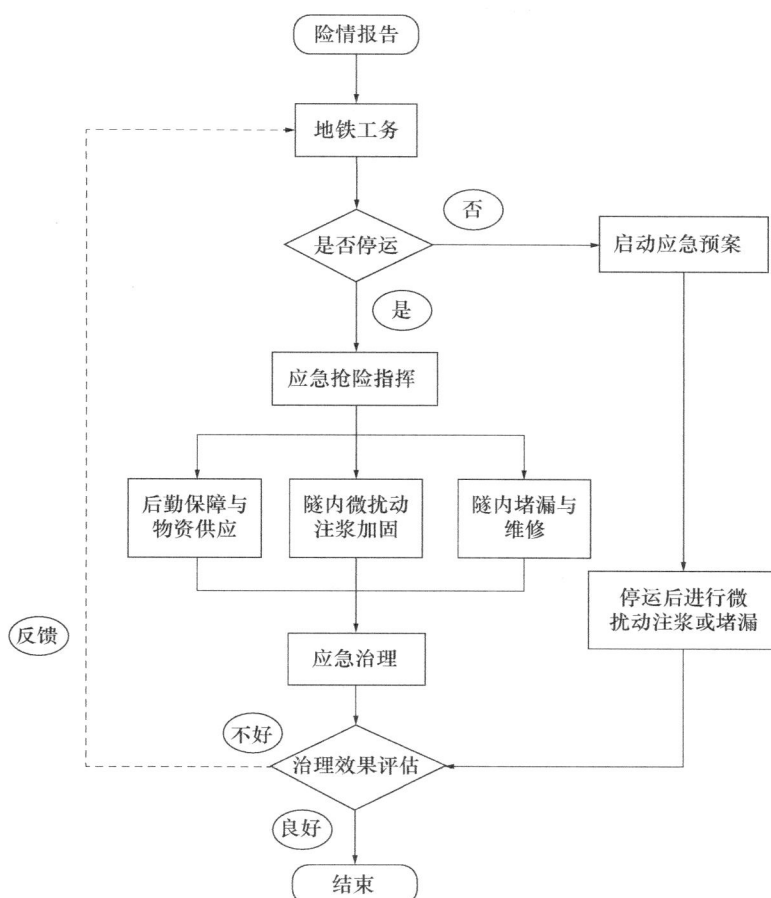

图 3-8 应急响应抢险流程

3.4.3 抢险前期准备

本应急方案施工区域暂定为北横通道主线隧道穿越 11 号线既有隧道的正投影区域（上行线 S595～S610 环以及下行线 X580～X595 环区域）并外扩各 12 环，即上行线 S583～S622 环以及下行线 X568～X607 环，共计 80 环，需开孔 160 个注浆孔。

为确保隧道出现沉降时能够第一时间进行施工治理，需提前进行相关施工准备工作：

1. 应急抢险设备及物资准备

本应急方案暂定按照 4 组应急微扰动注浆班组同时进行施工，上下行各安排 2 组，并根据实际情况随时调整班组数量。在正式穿越前确保所有应急抢险设备功能完好，数量齐全；并采购足够数量的袋装普通硅酸盐水泥、泡化碱、聚氨酯、双快水泥等应急抢险可能用到的材料。

在有条件时，部分设备及材料提前进场存放于车站端头井或车站附近，确保发生险情能第一时间开展应急抢险施工。

2．隧道内现状确认

于穿越前提前进入隧道，对隧道病害现状进行记录并拍照留存，并确认道床形式、电源位置、电源容量、与端头井距离等，为后续应急抢险施工做好准备。

3．隧内微扰动注浆第一次开孔

（1）根据道床形式及管片配筋图确定开孔位置，并计算开孔深度。

（2）根据实际管片加工一个孔位定位件进行放样，以保证每块管片孔位的一致性，孔位放样误差小于1cm。

（3）先采用多功能电锤钻孔并安装膨胀螺丝，安装钻孔系统，并用锥尖杆进行钻孔定位。

（4）采用钻孔系统进行开孔，孔径60～62mm，要求保证开孔的垂直度。

（5）成孔后，先进行清理烘干，灌入植筋胶，采用无缝钢管作为孔口管与管片连接，并在上方安装连接管。

4．一次开孔参数

（1）首选方案开孔位置

根据管片布筋图，选定管片钢筋间距最大的合适位置作为首选开孔位置，开孔位置与隧道中心水平距离1388mm，与封底块接缝水平距离为448mm，沿管片内壁弧长距离为555mm。一次开孔直径为62mm，深度为301mm，管片预留厚度为100mm（竖直距离113mm），安装的防喷装置高度为250mm。若开孔位置上有后浇的混凝土结构，采用150mm直径的套筒切割混凝土结构至管片表面后，再进行管片开孔施工，具体见图3-9（a）。

（2）备选开孔位置

根据管片布筋图，选定管片钢筋间距较大的位置作为备选，开孔位置与隧道中心水平距离1198mm，与封底块接缝水平距离为638mm，沿管片内壁弧长距离为771mm。

一次开孔直径为62mm，深度为286mm，管片预留厚度为100mm（竖直距离109mm），安装的防喷装置高度为250mm。

若开孔位置上有后浇的混凝土结构，采用150mm直径的套筒切割混凝土结构至管片表面后，再进行管片开孔施工，见图3-9（b）。

（a）

（b）

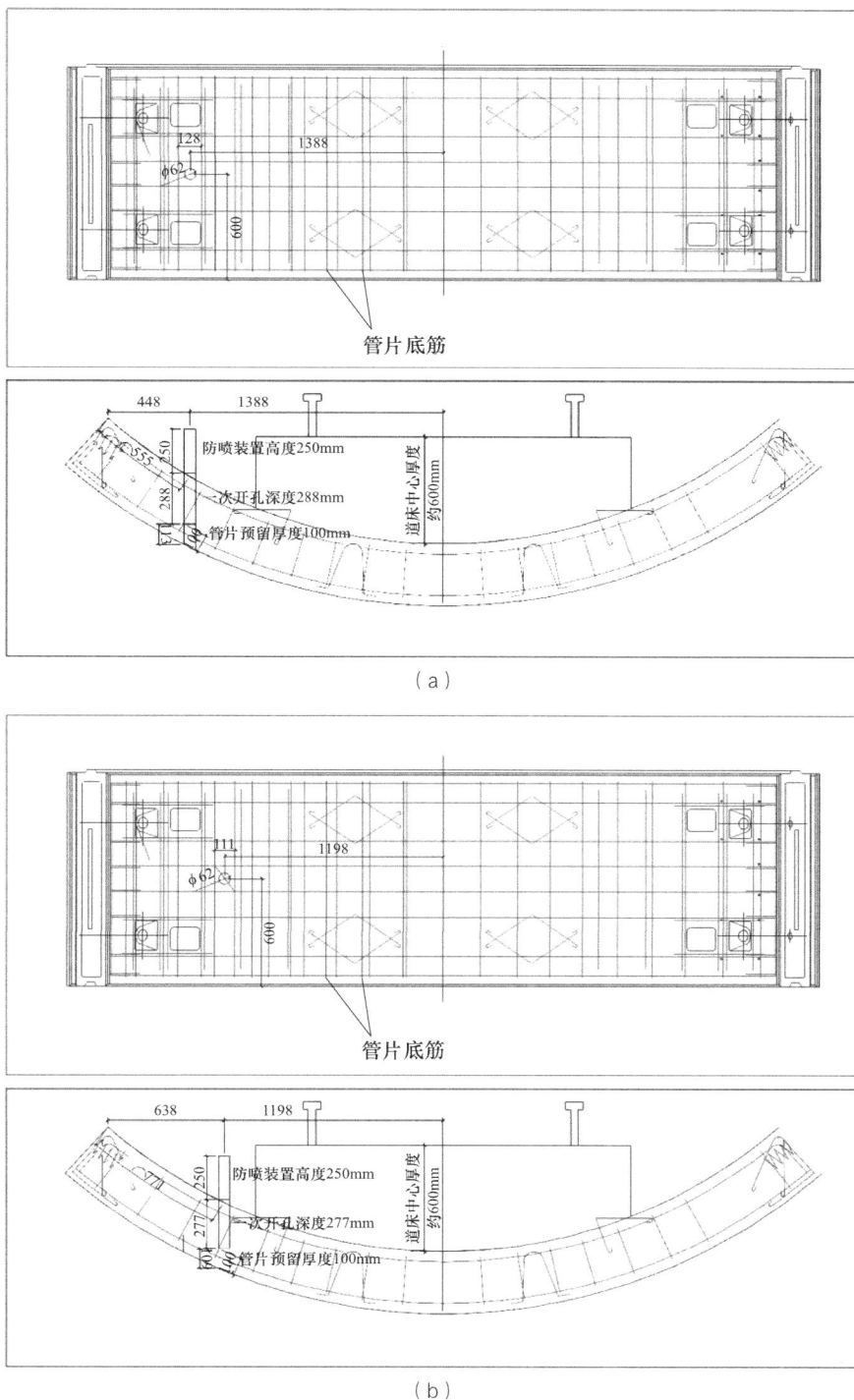

图 3-9　一次开孔方案示意图（单位：mm）

（a）首选方案；（b）备选方案

第4章 超大直径盾构穿越运营轨道交通关键技术

超大直径穿越运营轨道交通要确保穿越安全，除了要建立全面的风险管控组织架构、制定完善的应急预案外，在穿越前应通过现状调查了解运营轨道交通隧道的结构安全状况，通过经验总结、计算分析，确定合理的穿越距离、合理的穿越保护标准，通过针对性的盾构设备选型，减少穿越施工对运营轨道交通的扰动，在穿越施工中，需要根据穿越施工的影响特点，针对性地优化掘进施工参数，同时辅以各种监测手段，通过综合设计、施工、监测等各单位的专项技术，形成确保顺利穿越的风险管控的关键技术体系。

4.1 既有隧道及周边环境的调研评估

既有隧道的现状评估是制定超大直径盾构穿越运营地铁隧道安全控制指标的前提，正确认识既有运营地铁隧道的建设历史、运行状况，结构现状，周围环境等因素，对于制定既有隧道结构安全控制指标至关重要，因此需要制定穿越前既有隧道现状调研和评估的基本要素，为指导现场调研提供依据。

4.1.1 既有运营地铁隧道历史资料调研内容

1. 既有运营地铁隧道结构基础资料调研

在盾构穿越既有运营地铁隧道前，需要对穿越影响范围内既有隧道的基础资料进行调研。通过调查，要掌握隧道的体型和几何尺寸、隧道的功能和重要性、隧道的结构形式、隧道周边的土体特性以及隧道的建造年代和使用情况（包括现有损坏情况、历史沉降、维修的难易程度以及历史上是否出现过重大事故等）。同时还要确认建筑物的设计条件、设计方法等。

2. 运营轨道交通的运营现状调研

需要了解被穿越运营地铁的运营情况，了解所穿越区段的运营时刻表，客流量情况（历史最大、最小和均值），历年穿越窗口期客流量情况，列车运行速度以及各时速下列车对轨道、道床、管片及列车车厢的振动影响等。还需要调研既有地铁隧道的运维历史和历史病害记录，运营期间发现的其他问题等。要明确既有运营地铁隧道安全保护的重要性。

3．明确穿越相对位置关系

根据既有隧道的设计图纸等资料，明确被穿越区段在整个盾构隧道的位置，是否靠近端头井还是联络通道等结构的重要敏感区域，需要精准掌握新建隧道与既有隧道的相对位置关系。

4．穿越场地修建工程历史及地质资料调研

需要调研穿越场地历史修建工程的状况，了解穿越场地土体的扰动历史。除了新建隧道在施工前组织的地质勘察，还要掌握穿越区段的历史地质勘探孔位置、用途、是否封孔等。需要了解既有地铁隧道在修建过程中出现的问题和主要工程风险以及应急措施，明确穿越正投影范围内的管片注浆孔的位置，以便应急抢险时进行隧道内微扰动注浆。

历史勘探孔的调查囿于各阶段场地施工勘探资料的缺失，难以从既有文献资料中获得钻孔位置、是否封孔等信息，需要借助物探的方法来对历史勘探孔进行探查。参考煤矿中对于不良钻孔的探测和处置方法，可以对超大直径盾构穿越运营轨道交通场地内的潜在不良钻孔进行处理。

场地内开展勘探工作，有部分钻孔在施工结束后封闭时，因封堵材料量不足，或深孔封堵技术不够，出现事故遗留钻具，后期技术验收不达标等诸多要素造成封孔不合格，形成"表面封闭"了的不良钻孔。目前封闭不良钻孔的处理方法最安全最有效的为地面启封。但由于诸多原因，封闭不良钻孔的封堵参数、偏斜参数不清，造成探测和处理的效果不佳。

钻孔地面启封技术主要是通过寻找既有钻孔（老孔）轨迹，沿着老孔中心进行取心透孔。如取上完整砂浆样后可继续正常钻进，如发现取出的已非砂样，说明已经偏离原孔，需要适当调整钻进参数进行钻进，直至取心透孔至设计孔深，然后进行重新注浆封闭。

瞬变电磁法是常用的非启封物探历史不良钻孔方法，封堵不良钻孔导通含水层会造成地层电阻率的降低，表现为低阻异常。相比较于其他方法，瞬变电磁技术对低阻反应灵敏、施工效率高、指向性强、不受高阻层屏蔽。瞬变电磁法是利用不接地回线抑或接地线源供以方波脉冲电流，向地下发射一次脉冲电磁场（简称一次场），在一次场间歇期，利用回线、磁探头或接地电极来观测由地质体感应产生的二次涡旋电流场的衰变特征，即二次场，对观测数据进行处理分析可得出地下介质体的电性分布特征，进而实现解决相应地质问题的一种人工地球物理探测方法。

4.1.2　既有运营地铁隧道结构现状内容

既有运营地铁的结构状况是前期调研的重点，也是确保后期盾构能够顺利穿越的基础，需要调研既有地铁结构的位移、变形、管片的碎裂以及渗漏水等情况，地铁的结构现状调查需要地铁权属单位、工程参与各方共同参与，形成书面报告，各方签字确认。

1. 调查内容

利用三维激光扫描技术和数码摄像技术，对施工穿越前既有隧道结构的收敛和病害进行调查：

（1）通过采用激光扫描仪，对交叉点左右各50环范围内进行高密度激光扫描量测，并采用由同济大学开发的点云分析程序，提取扫描区域的隧道每环管片全断面收敛及错台量。

（2）通过照片及人工检查方式，获取交叉点左右各50环范围内的渗漏水、裂缝及混凝土掉块等病害情况的调查结果。

2. 基于三维激光扫描的隧道收敛变形测量

三维激光扫描技术又称为"实景复制技术"或"高清晰测量（HDS）技术"。它是利用激光测距原理，通过记录被测物体表面大量密集点云的三维坐标信息及灰度信息，将各种物体实景的三维形态数据完整地采集，并可通过一定算法将点云信息转化成网格信息或面、体信息，从而得到被测物体的线、面、体特征。

按照三维激光扫描测量的一般流程进行（图4-1），包括外业和内业两部分。外业即在交叉点隧道现场进行三维激光扫描测量工作，包括测站和标靶位置的布设、使用三维激光扫描仪进行扫描以及记录测量过程等工作（图4-2）。内业是对采集到的三维激光扫描数据（称为"点云"）进行分析处理，主要过程包括将点云数据导入到专业的三维激光扫描数据处理软件Cyclone，将各个测站的点云通过标靶进行拼接，通过自行开发的算法程序提取隧道衬砌的横断面和纵断面剖面图等。图4-3为隧道管片三维收敛变形云图。

3. 衬砌病害调查

利用数码相机，对穿越段隧道管片的裂缝开展情况、渗漏水情况、接缝开合和错台等病害进行拍照，并按照每环为基本单位记录病害情况，并制作既有隧道管片病害展开图，见图4-4、图4-5。

4. 调查结果

将激光扫描测量数据进行处理分析，绘制如图4-6的隧道区段收敛云图，统计出如表 4-1 所示的隧道各环收敛变形统计表。将衬砌病害调查情况汇总，统计出如表 4-2 所示的病害统计表，绘制如图 4-5 所示的隧道衬砌病害展开图。

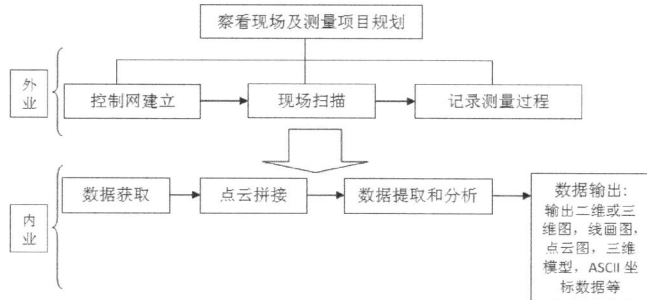

图 4-1　三维激光扫描测量的一般流程

图 4-2　三维激光扫描现场测试图

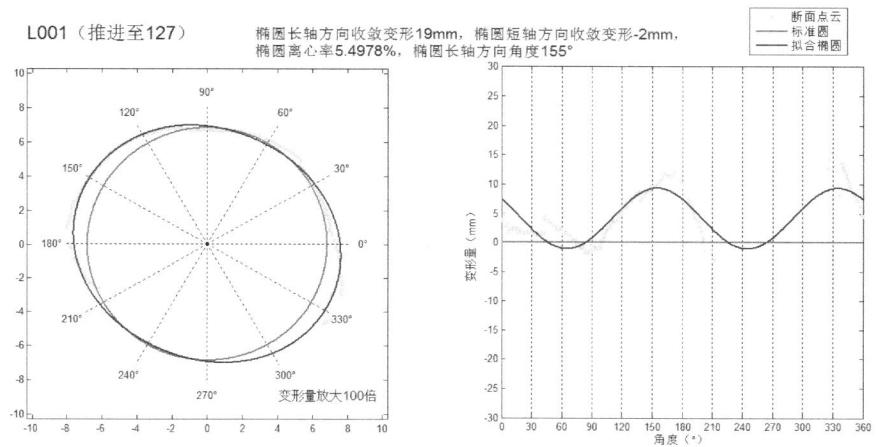

图 4-3　隧道管片三维收敛变形云图

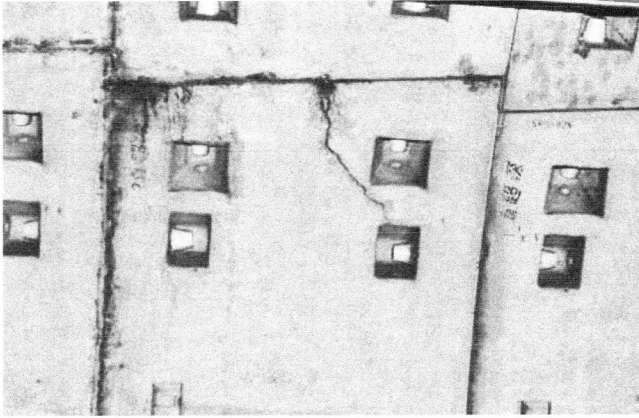

图 4-4　衬砌病害现场记录方法示例

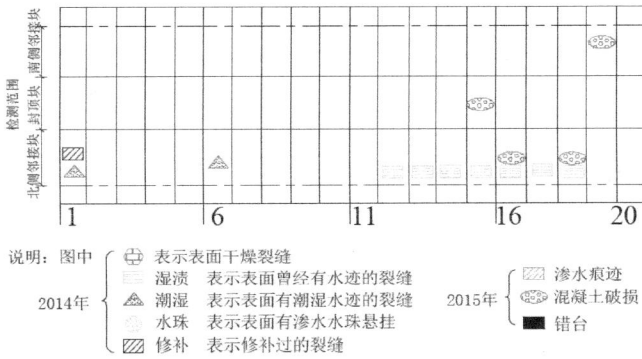

图 4-5　隧道衬砌病害展开图

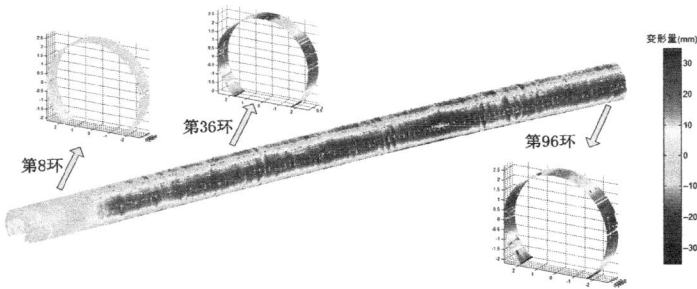

图 4-6　区段收敛整体变形云图示意图

各环收敛变形统计表样表　　　　　　　　　　　　　　　　　　　　表 4-1

环号	长轴收敛量	短轴收敛量	倾斜角
（列出 100 环的数据）			

病害统计表样表　　　　　　　　　　　　　　　　　　　　　　　　　　　　　表 4-2

环号	修补裂缝	错台	接缝渗水	管片破损	裂缝
376	0	0	0	0	0
377	1	0	0	0	0
378	0	0	0	0	0
379	0	0	0	0	0
380	0	0	0	0	0
381	0	0	1（整环漏水）	0	0
382	0	0	0	0	0
383	0	0	0	0	0
384	0	0	0	0	0

4.1.3　穿越节点周边环境调查

周边环境调查需要对穿越节点周边的相关情况进行详细排摸，具体包括：地层情况摸排；环境条件调查。具体要求如下：

（1）地层调查：结合本工程以及被穿越地铁工程的详勘资料对地层的分布情况进行相互核实与确认，要准确确定被穿越地铁所在的地层、下穿隧道所在的地层以及两层隧道中间的地层情况，根据需要可以做补充勘探。此外，对新老勘探孔的位置及封堵情况进行详细确认，防止勘探孔成为泥浆逃逸通道。

（2）环境调查：紧邻的管线情况，包括埋深、走向、结构现状以及运行状态等；对紧邻的房屋及其他构筑物等需要委托独立第三方开展现状调查并出具报告。建议对重要管线及隧道边线进行地面标识。

4.2　超大直径盾构掘进对运营轨道交通的影响分析

与常规地铁盾构穿越运营地铁隧道相比，超大直径盾构穿越施工对运营地铁隧道的扰动要大得多。由于超大直径盾构穿越运营地铁隧道的工程案例并不多见，截至目前仅有上海北横通道盾构下穿地铁 11 号线和 7 号线，且两次穿越呈现的特点基本一致，本报告通过对北横盾构下穿地铁 11 号线和地铁 7 号线情况总结的基础上，介绍穿越施工对地铁变形的特点。工程实践表明，盾构穿越对运营地铁的扰动发生在穿越施工过程中以及穿越完成后较长的一段时间内。

4.2.1 盾构穿越过程中运营轨道交通结构的位移变化

1. 盾构穿越过程中运营地铁隧道纵向变形特征

将整个穿越过程划分为 3 个阶段：刀盘进入地铁隧道投影范围前；盾体穿越投影范围；盾尾离开投影范围后。整个盾构穿越过程中地铁隧道特征点位移的时程曲线见图 4-7。

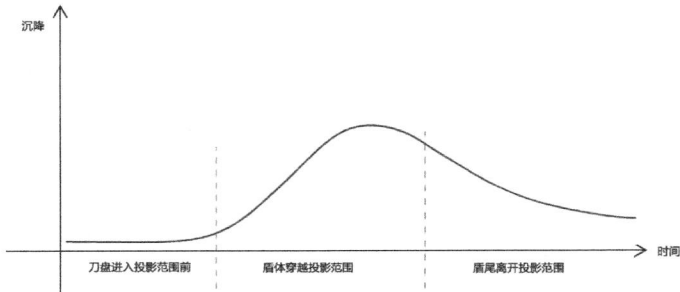

图 4-7　盾构穿越过程中地铁隧道位移变化曲线

在刀盘进入地铁投影范围前，对地铁隧道的扰动是十分有限的，地铁隧道的位移基本在 ±1mm。当刀盘进入投影范围后，地铁隧道微微隆起，直到盾尾离开投影范围，地铁隧道处于持续隆起的过程。盾尾离开投影范围约 20m 后，盾构掘进对地铁隧道的影响基本消失。地铁隧道进入一个缓慢下沉的阶段，并持续较长时间。图 4-8 为盾构离开穿越节点后地铁隧道位移变化曲线。

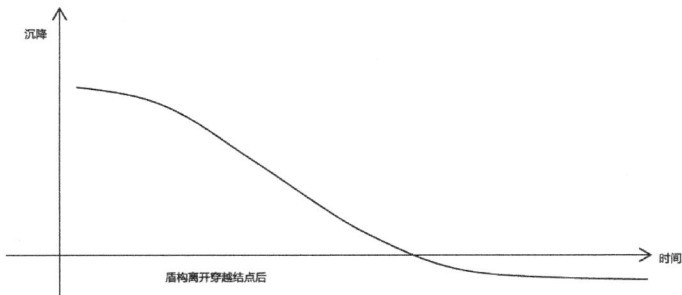

图 4-8　盾构离开穿越节点后地铁隧道位移变化曲线

考虑到后期的长期沉降，因此在穿越过程中保持地铁隧道呈隆起趋势是合理的，但要控制变化量在允许的范围内且尽可能地小以确保隧道的安全。

2. 盾构穿越过程中运营地铁隧道的变形特点分析

在盾构推进过程中收敛变化表现为横径先增大后减小。以盾构穿越 11 号线为例，穿越过程中上行线收敛值最大变化量为＋4.8mm，穿越后收敛值又减小为＋0.7mm；下行线穿越过程中收敛最大变化量为＋6.4mm，穿越后收敛值又减小为＋1.1mm。在穿越过程中收敛数据变化比较明显。说明地铁隧道的变形以弹性变形为主。

工程实践表明，超大直径盾构下穿运营地铁隧道的过程中对被穿越地铁隧道的扰动是明显的，主要包括地铁隧道的位移（包括隆起或下沉）、地铁隧道结构的变形。工程实践表明，在穿越过程中地铁隧道呈现小幅度隆起，隆起量基本控制在 20mm 内，盾尾离开投影范围后掘进施工对地铁隧道的扰动仍然存在，盾尾离开投影范围大于 20m 后，掘进施工的影响基本消失。穿越过程中隧道变形主要呈现横鸭蛋的特点，盾尾离开后变形基本可以恢复，地铁隧道的变形以弹性变形为主，地铁隧道的变形总体可控。

4.2.2　盾构穿越后运营轨道交通结构的位移变化

盾构穿越完成后，通过点水平尺对地铁隧道的位移情况进行长期跟踪监测。图 4-9 为地铁隧道的沉降时程曲线。以穿越 11 号线为例，地铁隧道投影范围后（即 412 环后，2018 年 11 月 24 日），隧道变形开始回落。监测结果表明在 1 个月内，上行线回落了 8.17mm，而且有收敛的趋势。下行线回落了 10.51mm，且尚未达到收敛。

截至 2019 年 7 月 9 日，11 号线上行隧道最大绝对沉降为 -9.58mm，下行隧道最大绝对沉降为 -7.29mm。

为了控制地铁隧道的后期沉降，于 2019 年 7 月 12 日开始进行后期微扰动注浆。到 8 月 2 日后期微扰动注浆结束，成功实现了对地铁隧道变形的精准控制。

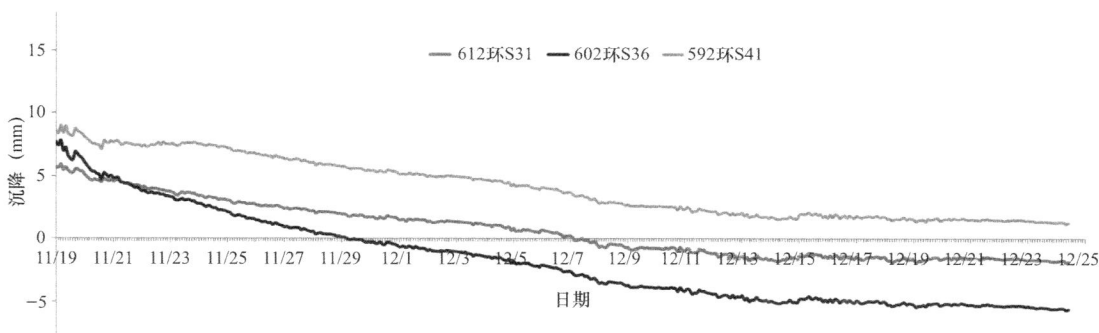

图 4-9　地铁隧道的沉降时程曲线（穿越后 1 个月）

4.3 穿越运营轨道交通控制距离

运营地铁变形控制指标的建立和穿越节点隧道间的净距有关，净距越大，穿越影响越小，但同时也将造成隧道埋深加大，工程自身风险加大，如何在保证穿越安全的前提下，尽可能降低隧道净距，是在工程方案阶段需解决的问题，也是制定变形控制指标的前提。

4.3.1 既有相关规范控制要求

《城市轨道交通结构安全保护技术规范》CJJ/T 202—2013 中 4.2 条规定，根据《地铁设计规范》GB 50157—2013 要求，在平面或立面平行修筑的隧道之间的净距不宜小于隧道外径。

上海市轨道交通暂无相关隧道间距规定标准，根据相关规范《道路隧道设计标准》DG/TJ 08-2033-2017，交叉隧道最小净距不宜小于 0.4D（D 指交叉隧道中较大直径隧道的外径），当受条件限制，在采取可靠技术措施后，可适当减小。

北京市《城市轨道交通土建工程设计安全风险评估规范》DB11/1067-2014 7.2.5 条规定，矿山法、盾构法工程的相邻隧道净间距宜大于 1 倍洞径，当隧道净间距小于 0.5 倍洞径时宜对中间土体进行加固。

广东省《城市轨道交通既有结构保护技术规范》DBJ/T 15-120-2017 城市轨道交通地下结构控制保护区内后建平行、下穿或上穿隧道，隧道间的净距不宜小于较大隧道的外径，应采用安全可靠的隧道实施方案，细化施工控制参数，制定具体安全保护控制措施。

深圳市根据深圳地铁保护法律法规《轨道交通运营安全保护区和建设规划控制区工程管理办法》（2021 年版）中的相关技术要求及控制标准，参考《城市轨道交通结构安全保护技术规范》CJJ/T 202—2013 及《广东省城市轨道交通既有结构保护技术规范》执行。

《江苏省城市轨道交通结构安全保护技术规程》5.4.2 条规定，隧道间水平、竖向净距不宜小于 0.5D（D 为盾构法穿越隧道外径与既有盾构法或顶管法地下结构外径或宽度的较大值）。

浙江省《城市轨道交通结构安全保护技术规程》DB33/T 1139—2017 中5.2.2 条规定，隧道穿越既有盾构法或顶管法地下结构时，二者竖向净距不宜小于 0.5D（D 为盾构法穿越隧道外径与既有盾构法或顶管法地下结构外径或宽度的较大值）。5.2.3 条规定，穿越既有高架车站及区间、地面车站及区间时，应优化盾构线路的平面线型，隧道与既有城市轨道交通结构的桩基净距不宜小于 2.0m。

《天津市城市轨道交通结构安全保护技术规程》DB/T 29-279-2020 中 6.2.2 条规定，盾构法隧道穿越既有盾构法或顶管法地下结构时，应优化隧道纵断面设计，二者竖向净距不宜小于 0.5D（D 为盾构法穿越隧道外径与既有盾构法或顶管法地下结构外径或宽度的较大值）。6.2.3 条规定穿越既有高架车站及区间、地面车站及区间时，应优化盾构线路的平面线型，并应严格控制隧道与既有城市轨道交通结构的桩基的净距，净距不宜小于 3.0m。

广西壮族自治区《城市轨道交通结构安全防护技术规程》DBJ/T 45-072-2018 中 7.6.2 条规定，城市轨道交通地下结构控制保护区内后建平行、下穿或上穿隧道，隧道间的净距不宜小于较大隧道的外径，应采用安全可靠的隧道实施方案，细化施工控制参数，制定具体安全保护控制措施。

由以上国家及省市规范可以得知，对于盾构法隧道穿越既有城市轨道交通地下结构，应控制净距不小于 0.4D～1.0D（D 为盾构法穿越隧道外径与既有盾构法或顶管法地下结构外径或宽度的较大值）。

4.3.2　超大直径盾构下穿轨道交通净距分析

针对超大直径盾构隧道下穿轨道交通，采用北横通道穿越轨道交通 7 号线案例，采用 Plaxis 3D 软件进行超大直径盾构施工对已有轨道交通影响的模拟。土体采用实体单元，土体本构采用土体硬化模型；新建隧道及地铁管片采用板单元模拟。

超大盾构外径为 15m，管片厚度 0.65m，既有轨道交通直外径为 6.2m，管片厚度 0.35m，轨道交通上行隧道顶覆土约 16.55m，下行隧道顶覆土约 16.53 m，盾构隧道顶覆土约 28.673～29.113m，盾构切削区土体主要为⑦$_1$ 层草黄～灰色粉砂，⑦$_2$ 层草黄～灰色粉细砂和⑧$_{1-1}$ 层灰色粉质黏土。

为了探索不同间距带来的影响，调整盾构隧道下穿轨道交通间距，保持既有轨道交通位置不动，移动新建超大直径盾构位置，使其与轨道交通的净距分别为 0.3D、0.5D、0.7D、1D、1.2D、1.5D，见图 4-10、图 4-11，模拟相应条件下盾构开挖对地层、已有隧道的影响。

图 4-12、图 4-13 分别为地表和既有隧道随轨道交通距离变化的变形曲

线。由数值分析结果可以看出，间距越小，盾构开挖引起的地层、隧道变形越大，间距为 $0.5D \sim 1.5D$ 时，既有隧道变形增量较为缓慢，而隧道间距在 $0.5D$ 内时，地表变形及既有隧道变形都出现明显增大，即对于与轨道交通间距为 $0.5D$ 以内的超大直径盾构开挖，对已有隧道的安全运营影响更大，要更加注意采取合适的施工参数和措施。

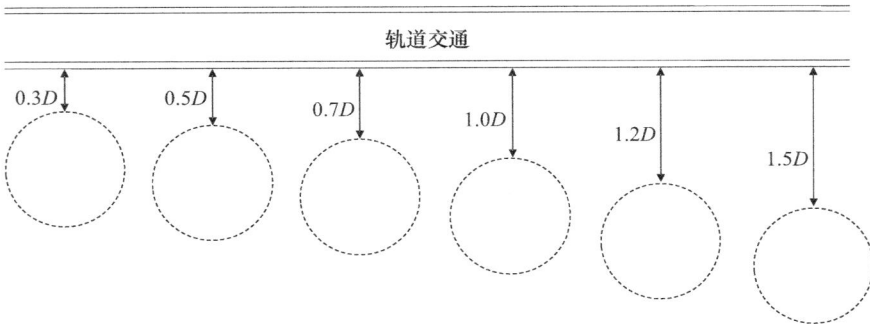

图 4-10　大直径盾构隧道与轨道交通间距示意图

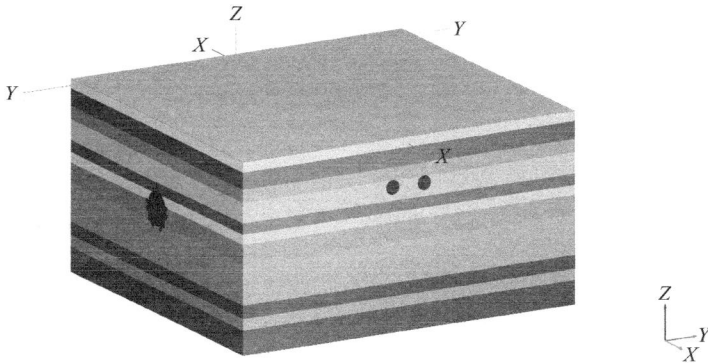

图 4-11　有限元模型示意图

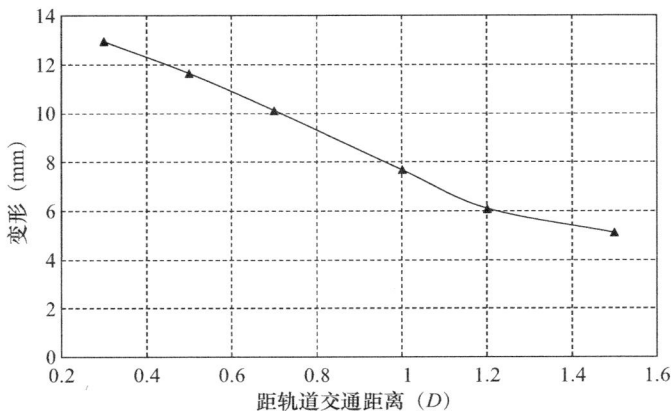

图 4-12　地表最大变形

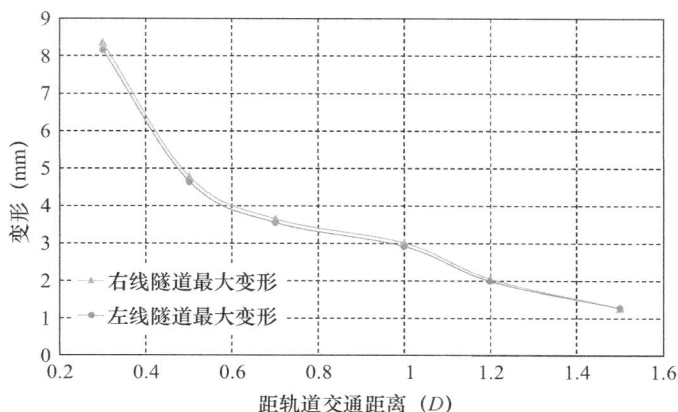

图 4-13　既有隧道变形

4.3.3　现有穿越案例距离汇总

根据已有的穿越案例，汇总其穿越间距及工后变形见表 4-3。

由现有的穿越案例可以看出，超大直径公路盾构隧道及地铁隧道在与既有轨道交通在 $0.24D \sim 1D$ 范围内均有穿越成功案例，其中超大直径盾构隧道已有在 $0.4D$ 距离成功穿越的案例，因此穿越距离可以控制在 $0.4D$。

穿越案例距离汇总　　　　　　　　　　　　　　　　　　　　　　　　　　　　表 4-3

工程名称	盾构直径	下穿地铁	地铁直径	埋深	最小净距 （D 为穿越隧道外径）	地铁最大变形
上海西藏南路隧道	外径 11.36m	上海地铁 8 号线	外径 6.34m	地铁埋深 19.5m	2.73m（$0.24D$）	注浆后最终 沉降 3mm
上海长江西路隧道	外径 15.43m	上海地铁 3 号线高架	外径 6.34m	隧道埋深 15.7m	距高架桩体 2.3m	高架最终 隆起 2mm
上海市北横通道	外径 15.0m	上海地铁 7 号线	外径 6.34m	地铁埋深 16.55m	6.21m（$0.4D$）	最大收敛量为 38mm
上海市北横通道	外径 15.0m	上海地铁 11 号线	外径 6.34m	地铁埋深 20.3m	8.3m（$0.55D$）	最大收敛量为 44mm
上海市北横通道	外径 15.0m	上海地铁 14 号线	外径 6.34m	地铁埋深 9.52m	14.52m（$0.97D$）	最大长轴收敛量为 37mm
杭州文一路隧道	外径 11.36m	杭州地铁 2 号线	外径 6.2m	隧道埋深 22.4m	5.1m（$0.45D$）	最大竖向变形 4.9mm
上海地铁 9 号线	外径 6.34m	上海地铁 2 号线	外径 6.34m	9 号线埋深 22.63m	1.7m（$0.27D$）	最大沉降 4.3mm
广州地铁 7 号线	外径 6.2m	广州地铁 3 号线	外径 6.2m	7 号线埋深 17.72m	1.85m（$0.3D$）	最大变形 2.5mm

4.3.4 控制距离安全指标值

根据前述小节中现有各省市《城市轨道交通结构安全保护技术规程》及相关有限元分析、工程案例，建议超大直径盾构隧道穿越既有轨道交通隧道，二者竖向净距不宜小于 0.4D（D 为盾构法穿越隧道外径与既有盾构法或顶管法地下结构外径或宽度的较大值）。具体项目在确定控制距离时，还需结合工程地质条件、地铁隧道现状情况调查、与主管部门的沟通、专家评审意见等。

4.4 穿越运营轨道交通变形控制指标

超大直径的泥水平衡盾构穿越轨道交通时轨道交通的变形特性有其自身特征，变形控制指标需考虑泥水盾构穿越轨道交通区间隧道的变形规律，总结北横通道盾构穿越运营轨道交通时的相关变形数据，为确定穿越施工变形控制指标提供参考。

4.4.1 轨道交通隧道结构安全控制指标

根据《城市轨道交通结构安全保护技术规范》CJJ/T 202—2013 附录 B，城市轨道交通结构安全控制指标值应符合表 4-4 的要求。

城市轨道交通结构安全控制指标值　　　　　　　　　　　　　　　　表 4-4

安全控制指标	预警值	控制值	安全控制指标	预警值	控制值
隧道水平位移	＜ 10mm	＜ 20mm	轨道横向高差	＜ 2mm	＜ 4mm
隧道竖向位移	＜ 10mm	＜ 20mm	轨向高差（矢度值）	＜ 2mm	＜ 4mm
隧道径向收敛	＜ 10mm	＜ 20mm	轨间距	＞ −2mm ＜ ＋3mm	＞ −4mm ＜ ＋6mm
隧道变形曲率半径	—	＞ 15000m	道床脱空量	≤ 3mm	≤ 5mm
隧道变形相对曲率	—	＜ 1/2500	振动速度	—	≤ 2.5cm/s
盾构管片 接缝张开量	＜ 1mm	＜ 2mm	结构裂缝宽度	迎水面 ＜ 0.1mm 背水面 ＜ 0.15mm	迎水面 ＜ 0.2mm 背水面 ＜ 0.3mm
隧道结构外壁 附加荷载	—	≤ 20kPa			

广东省《城市轨道交通既有结构保护技术规范》DBJ/T 15-120-2017 第 3.3.9 小节规定，轨道交通结构安全控制值应根据工程具体情况确定，并宜符合表 4-5 的规定。

城市轨道交通结构安全控制指标值 表 4-5

安全控制指标	控制值	安全控制指标	控制值
隧道水平位移	< 15mm	轨道横向高差	< 4mm
隧道竖向位移	< 15mm	轨向高差（矢度值）	< 4mm
隧道径向收敛	< 15mm	轨间距	> -4mm < +6mm
隧道变形曲率半径	> 15000m	道床脱空量	≤ 5mm
隧道变形相对曲率	< 1/2500	振动速度	≤ 2.0cm/s
盾构管片接缝张开量	< 2mm	盾构管片裂缝宽度	< 0.2mm
隧道结构外壁附加荷载	≤ 20kPa	其他混凝土构件裂缝宽度	< 0.3mm

江苏省《城市轨道交通结构安全保护技术规程》附录 C 结构安全控制指标规定，应符合表 4-6 的规定。

城市轨道交通结构安全控制指标值 表 4-6

安全控制指标		控制值	安全控制指标		控制值
隧道水平位移		< 10mm	轨道横向高差		< 4mm
隧道竖向位移		< 10mm	轨向高差（矢度值）		< 4mm
隧道径向收敛		< 10mm	轨间距		> -4mm < +6mm
隧道变形曲率半径		> 15000m	道床脱空量		≤ 5mm
隧道变形相对曲率		< 1/2500	振动速度		≤ 2.5cm/s
盾构管片接缝张开量		< 2mm	盾构管片裂缝宽度		< 0.2mm
接缝错台	纵缝	< 2mm	其他结构裂缝宽度	迎水面	< 0.2mm
	环缝	< 4mm		背水面	< 0.3mm
隧道结构外壁附加荷载		≤ 20kPa	车站与区间交接处差异沉降		< 4mm
相邻桩基差异沉降		< 0.007L	车站与附属结构交接处差异沉降		< 10mm

浙江省《城市轨道交通结构安全保护技术规程》DB33/T 1139—2017 附录 A 轨道交通结构安全控制指标值应符合表 4-7 的规定。

盾构法或顶管法地下结构安全控制指标值 表 4-7

结构安全控制指标控制值	轨道交通结构安全状况			
	I	II	III	IV
水平位移	< 5mm	< 8mm	< 14mm	< 20mm
竖向位移	< 5mm	< 10mm	< 15mm	< 20mm

续表

结构安全控制指标控制值	轨道交通结构安全状况			
	Ⅰ	Ⅱ	Ⅲ	Ⅳ
径向收敛	＜5mm	＜8mm	＜14mm	＜20mm
车站与区间交接处差异沉降	＜5mm	＜8mm	＜12mm	＜16mm
隧道变形曲率半径	＞15000m	＞15000m	＞15000m	＞15000m
隧道变形相对曲率	＜1/2500	＜1/2500	＜1/2500	＜1/2500
盾构管片接缝张开量	＜1mm	＜1mm	＜2mm	＜2mm
隧道结构外壁附加荷载	≤10kPa	≤15kPa	≤20kPa	≤20kPa
裂缝宽度	≤0.1mm	≤0.1mm	≤0.2mm	≤0.2mm

《天津市城市轨道交通结构安全保护技术规程》DB/T 29-279-2020 中
4.0.3 规定，对城市轨道交通结构进行现状评估时，控制指标及标准应结合现
状评估报告确定。当未进行现状评估时，结构安全控制指标值宜符合表 4-8 的
规定。

地下结构安全控制指标值 表 4-8

安全控制指标	控制值	安全控制指标	控制值
隧道水平位移	＜15mm	轨道横向高差	＜4mm
隧道竖向位移	＜15mm	轨向高差（矢度值）	＜4mm
隧道径向收敛	＜15mm	轨间距	＞-4mm ＜+6mm
隧道变形曲率半径	＞15000m	道床脱空量	≤5mm
隧道变形相对曲率	＜1/2500	振动速度	≤2.5cm/s
盾构管片接缝张开量	＜2mm	结构裂缝宽度 · 迎水面或盾构管片	＜0.2mm
隧道结构外壁附加荷载	≤20kPa	结构裂缝宽度 · 背水面	＜0.3mm

广西壮族自治区《城市轨道交通结构安全防护技术规程》DBJ/T 45-
072-2018 中 3.3.2 节规定，既有结构安全控制值应综合城市轨道交通既有结构
特点、运营安全要求、外部作业特点、既有结构健康现状等因素确定，且应符
合表 4-9 的规定。

地下结构安全控制指标值 表 4-9

安全控制指标	控制值	安全控制指标	控制值
隧道水平位移	＜15mm	轨道横向高差	＜4mm
隧道竖向位移	＜15mm	轨向高差（矢度值）	＜4mm

安全控制指标	控制值	安全控制指标		控制值
隧道径向收敛	< 15mm	轨间距		> −4mm < ＋6mm
隧道变形曲率半径	> 15000m	道床脱空量		≤ 5mm
隧道变形相对曲率	< 1/2500	振动速度		≤ 2.0cm/s
盾构管片接缝张开量	< 2mm	结构裂缝宽度	迎水面或盾构管片	< 0.2mm
隧道结构外壁附加荷载	≤ 20kPa		背水面	< 0.3mm

表中数值为未考虑城市轨道交通既有结构发生变形或病害情况下的安全控制值,如既有结构已发生变形或病害,则应根据现状评估结论及轨道交通建设、运营单位要求取值。

4.4.2　盾构穿越对轨交隧道变形的影响

超大直径盾构下穿轨道交通 11 号线会对该隧道产生不利影响。如果隧道发生较大的纵向变形,将会引起管片产生错台,造成隧道漏水、漏沙,甚至隧道结构受损破坏,给隧道结构安全带来直接威胁。从管片张开量及错台量等隧道变形,验证隧道竖向位移控制取值的合理性。

1. 盾构下穿施工对既有隧道的影响范围

盾构隧道下穿施工对既有隧道的扰动范围跟盾构推进速度、注浆压力、注浆量等因素有关,目前没有成熟的计算方法,一般根据实测数据以及有限元模型验证的方法来得到具体的扰动影响范围。如图 4-14 所示,穿越盾构隧道与既有隧道最小间距定义为 S,显然 S 越大,上方既有隧道影响越小,同时距穿越隧道越远影响越小。

由现场实测数据可知,当既有盾构隧道与穿越隧道距离为 7m 时(约为 0.5D),穿越过程中既有隧道上行线、下行线隆起或沉降范围约为 3D,影响宽度可取 50m。

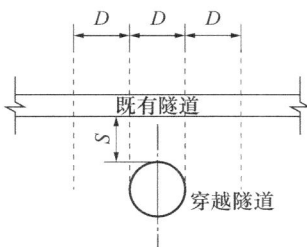

图 4-14　北横通道穿越既有盾构隧道影响范围

理论计算方法通过土体极限平衡条件以及土体的强度理论，在盾构掘进对周围土体扰动影响的基础上分析盾构掘进对既有隧道的扰动范围。盾构通过后，假设隧道中心与既有隧道间距为 H，盾构半径为 R，隧道底部扰动边界距离既有隧道与盾构中心的垂直距离分别为 H_1 与 H_2，盾构掘进对周围土体的扰动影响区边界距离隧道边界为 B。

则大直径盾构下穿对既有隧道影响区域范围的理论计算公式为：

$$B+R=2H_2\times\tan(45°+\varphi/2)+2H_1\times\cot(45°+\varphi/2)$$
$$W=2(B+R) \tag{4-1}$$

北横隧道外径 15.56，$R=7.78\text{m}$，与轨道交通 11 号线隧道最小净距 7.06m，土体的内摩擦角 23.8°，影响宽度 $W=37.85\text{m}$（图 4-15）。

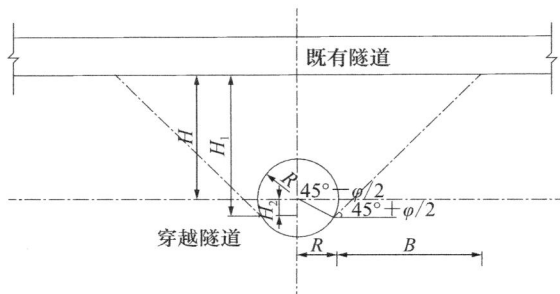

图 4-15 盾构下穿施工理论影响范围

2. 环缝张开量

对管片环缝张开量的计算如图 4-16 所示，首先将隧道的纵向理想化成为一个刚体，相邻环间只发生很小角度的刚体转动，由此形成隧道的纵向沉降变形。当隧道顶部压紧，而底部张开时对应的是隧道的沉降模式；当隧道底部压紧，而顶部张开时对应的是隧道的隆起模式；隧道纵向最大张开量计算见式（4-2）：

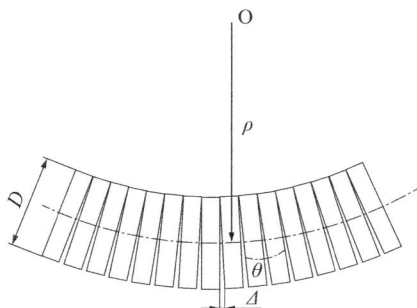

图 4-16 隧道纵向张开模式

$$\Delta = \frac{lD}{\rho} = lD \frac{\left| f''(x) \right|}{\sqrt{(1+f'(x)^2)^3}} \qquad (4-2)$$

式中，Δ——张开量；D——管片环外径；l——环宽；$f(x)$——隧道变形曲线方程；ρ——变形曲线的曲率半径，假设隧道竖向位移产生最大沉降值 20mm。

当盾构下穿施工影响范围取实测值 50m，计算可得曲率半径为 15625m，代入计算公式（4-2）即能得到环缝最大张开量 $\Delta = 0.79$mm。当盾构下穿施工影响范围取理论值 37.85m，计算可得曲率半径为 8954m，代入计算公式得到环缝最大张开量 $\Delta = 1.38$mm。

根据《城市轨道交通结构安全保护技术规范》CJJ/T 202—2013 中的城市轨道交通结构安全控制指标值，理论计算所得到的环缝最大张开量超出了安全控制指标的预警值，对隧道安全隐患产生威胁，可能出现因环缝张开过大而漏水，及受拉破坏的危害。需要根据监测数据，为盾构参数的调整、后期注浆施工调整，及运营地铁线路的状态评估和保护提供基础数据。

3．环间错台量

当某一环隧道发生垂直沉降时，会向相邻环施加向下的压剪力，错台变形模式中管片环无刚度旋转，环间螺栓在剪切作用下产生差异沉降，隧道变形曲线由相邻衬砌环的差异沉降逐环累积而成。假定隧道纵向变形曲线视作是由环与环之间发生均匀错台而形成的，图 4-17 表示隧道纵向均匀错台。由几何关系计算可得，当盾构下穿施工影响范围取 50m 时，最大错台位移为 $\delta = 1.6$mm，当盾构下穿施工影响范围取 37.85m 时，最大错台位移为 $\delta = 2.2$mm。

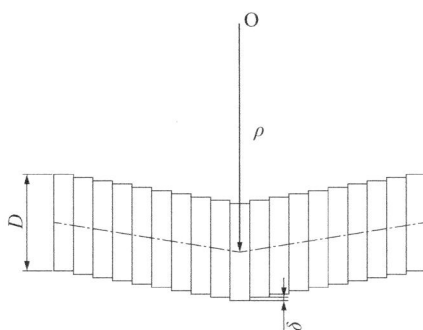

图 4-17　隧道纵向均匀错台

一般情况下，环间错台量在 1～4mm 时，可通过隧道环面构造设计本身加以调整，但会对密封垫产生一定的拉压作用。

4.4.3 盾构穿越对地铁轨道系统的影响分析

1. 下穿轨道交通三维有限元模型建立

（1）既有隧道三维模型

如图 4-18 所示，采用数值模拟分析软件 ABAQUS 建立既有隧道与道床的三维实体单元分析模型，参考以上北横通道穿越既有盾构隧道影响范围分析，既有隧道与整体道床纵向建模长度取 50m。

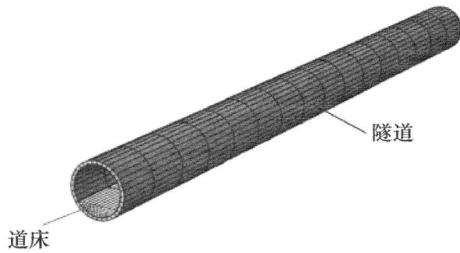

图 4-18 既有隧道与道床三维模型

道床与既有盾构隧道的接触关系为绑定。既有地铁隧道上方承受土体荷载 q，如图 4-19 所示，采用弹簧单元模拟隧道与地层的相互作用。地基弹簧刚度系数 k_{soil} 根据北横通道岩土勘察报告取为 $5000kN \cdot m^{-3}$。考虑到影响区间段外管片的力学作用，既有隧道模型纵向两端采用固定约束，隧道纵向中点施加 20mm 的给定位移。

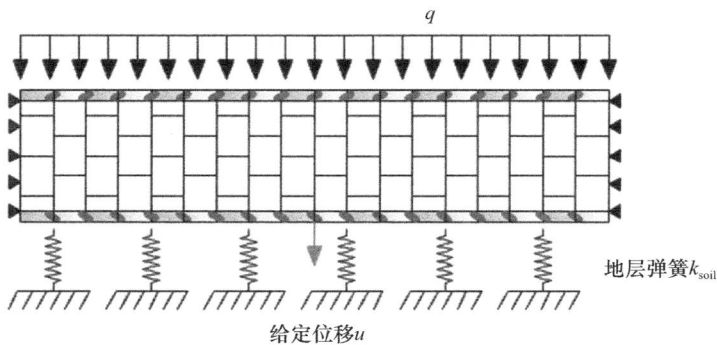

图 4-19 纵断面方向荷载示意图

分析中既有地铁隧道最大埋深 H 取 20m，土层重度 γ 为 $18.5kN/m^3$，地表超载取 20kPa，由于地铁隧道位于软土地层，考虑到地下水作用，故采用水土合算法计算隧道结构所受荷载 P_1、P_2、P_3 和 P_4，如图 4-20 所示。参考北横地质勘察报告，静止侧压力系数 K_0 取 0.6。

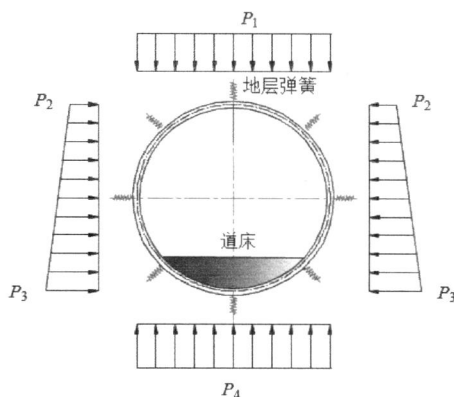

图 4-20 地铁隧道结构荷载示意图

（2）有限元模型材料参数

地铁隧道管片采用 C50 混凝土，考虑到管片结构的非连续性及接头接触特性，对隧道衬砌混凝土弹性模量与剪切模量进行折减，其计算参数见表 4-10、表 4-11。

衬砌管片的计算参数 表 4-10

材料名称	重度 γ（kN/m³）	泊松比 ν	厚度 t（m）
衬砌	25.0	0.18	0.35

隧道衬砌的弹性模量与剪切模量 表 4-11

弹性模量（GPa）			剪切模量（GPa）		
E_R	E_T	E_Z	G_R	G_T	G_Z
25.0	25.0	5.9	11.0	3.8	3.8

注：表中下标 R 与 T 分别代表衬砌环的径向与切向，Z 代表隧道的纵向。

地铁整体道床为 C35 现浇混凝土，其力学参数见表 4-12。

整体道床的计算参数 表 4-12

材料名称	重度 γ（kN/m³）	弹性模量 E（GPa）	泊松比 ν
道床	25	20	0.18

2．既有地铁隧道沉降下整体道床的力学特性分析

图 4-21 为当既有隧道中心点处发生 20mm 沉降时，道床中心处横截面应力 σ_{33} 云图以及沿高度分布图（应力以受压为正）。由图可知，在集中荷载

作用下，道床中心点处截面产生应力集中现象，道床底部受拉，最大拉应力
为 −2.031MPa；顶部受压，最大压应力为 8.068MPa。

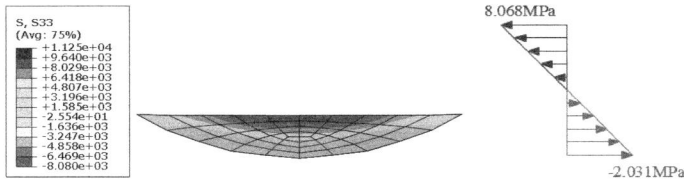

图 4-21　隧道下沉引起的道床横断面应力云图（kPa）

既有隧道在集中荷载作用下，道床纵向应力沿中心截面对称。如图 4-22
所示，选取道床一半长度为观测路径。道床顶部设为 A 点，底部为 B 点。

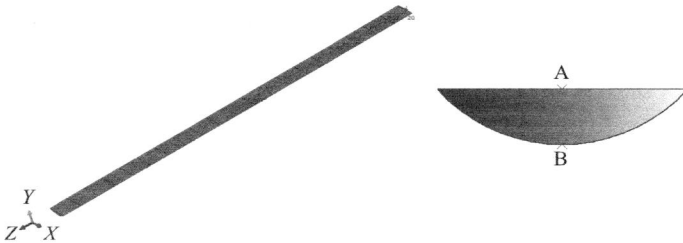

图 4-22　道床纵向观测计算点示意图

由图 4-23 可知，道床顶部监测点 A、B 点沿纵向呈现非线性减小的趋势；
最大应力点均位于道床中点。

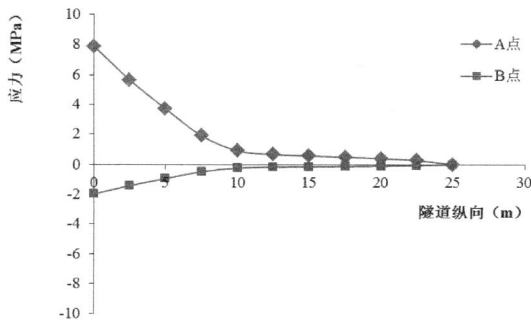

图 4-23　道床 S33 沿纵向分布规律

3. 小结

根据《混凝土结构设计规范》GB 50010—2010，C35 混凝土轴心抗压强
度标准值为 23.4MPa，轴心抗拉强度标准值为 2.2MPa。因此，当隧道在给定
下沉位移作用下时，道床的最大拉应力接近规范值。

4.4.4　超大直径盾构穿越运营轨道交通结构的变形控制指标

考虑到隧道结构的安全性，为了保证运营地铁隧道的行车安全，需要对超大直径隧道施工过程引起的地铁隧道结构附加隆沉量、水平位移量及隧道结构局部变形的曲率半径有一定限制。对于盾构法隧道穿越既有城市轨道交通地下结构，根据国家及省市规范，结合以上理论分析及数值模拟计算结果，确定既有轨道交通隧道结构的控制指标，见表4-13。但具体项目在确定评价指标时，还需结合工程地质条件、隧道现状情况调查、与主管部门的沟通、专家评审意见等方面总和确定。

大直径盾构穿越条件下城市轨道交通结构安全控制指标值　　　　　　　　表4-13

安全控制指标	预警值	控制值	安全控制指标	预警值	控制值
隧道水平位移	＜10mm	＜20mm	轨道横向高差	＜2mm	＜4mm
隧道竖向位移	＜10mm	＜20mm	轨向高差（矢度值）	＜2mm	＜4mm
隧道径向收敛	＜10mm	＜20mm	轨间距	＞−2mm ＜＋3mm	＞−4mm ＜＋6mm
隧道变形曲率半径	—	＞15000m	道床脱空量	≤3mm	≤5mm
隧道变形相对曲率	—	＜1/2500	振动速度	—	≤2.5cm/s
盾构管片接缝张开量	＜1mm	＜2mm	结构裂缝宽度	迎水面 ＜0.1mm 背水面 ＜0.15mm	迎水面 ＜0.2mm 背水面 ＜0.3mm
隧道结构外壁附加荷载	—	≤20kPa			

4.5　盾构装备的针对性选型

由于被穿越的对象为浅埋的运营地铁区间，且与下穿的超大直径盾构隧道净距较小，盾构下穿施工过程中对扰动的控制十分关键。由于盾构施工高度依赖盾构装备的性能，因此装备的针对性选型显得尤为重要。

按照适应性、可靠性、先进性、经济性相统一的原则进行盾构机选型。为实施该工程，盾构机选型必须满足以下几点要求：

（1）满足本项目复杂的地质条件、隧道参数的施工要求。

（2）适应本项目复杂周边环境，确保工程安全。

（3）特殊的穿越节点（如穿越地铁隧道、过水箱涵等敏感建筑物）。

（4）隧道线型等。

（5）盾构机设计、加工工艺及其配置满足工期要求。

就超大盾构下穿运营地铁隧道而言，高精度控制与高可靠性是设备选型考虑的重点。

4.5.1　高精度的平衡控制系统

高精度的平衡控制系统是减小开挖面及前方扰动的重要保证。根据上海地区的经验，超大直径盾构施工往往采用泥水平衡盾构。目前，在上海地区乃至全国泥水平衡盾构主要采用泥水气平衡模式，最前端的泥水仓通过隔板分为两部分，其工作原理见图4-24，前面的为开挖舱，后面为加压舱。盾构运转时，通过输送管道将水、黏土及各种添加剂混合而成的新鲜泥浆压入并填充整个隔板与刀盘之间的空腔，在加压舱内注入预设压力数值的压缩空气传递至泥水。当泥水盾构机中的千斤顶工作时，推进力通过泥水仓中的新鲜泥浆传递至掘削面的土体上，形成泥水压力。盾构刀盘通过旋转切削含有泥膜的土体，使用搅拌装置将切削下来的土体与泥水仓中的泥水混合形成高浓度的泥水，之后使用排泥泵及排泥管道将泥水输送到地面，泥膜被切削后由于压力的存在，会继续产生新的泥膜继续支撑开挖面。

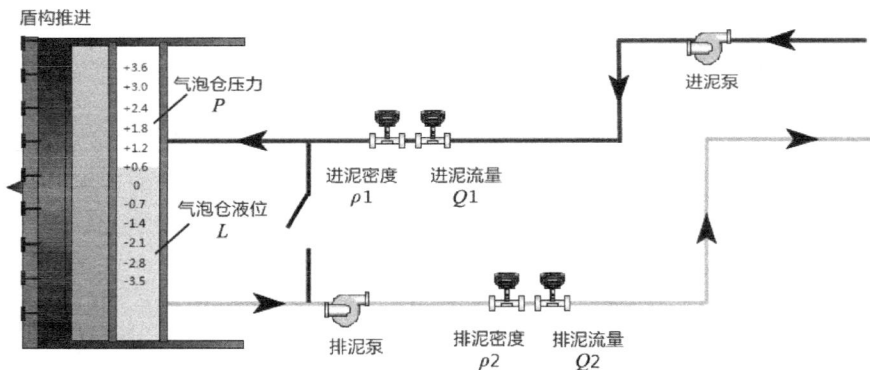

图4-24　泥水气平衡盾构的工作原理

由于开挖面的平衡是通过调整气包仓的压力实现的，因此相比其他平衡模式平衡压力调节精度大大提高，根据相关工程经验，压力调节精度可达到0.05MPa，避免了挖掘仓内泥水压力的大幅波动，为开挖面的高精度平衡提供基础保证，因此建议采用泥水气平衡模式。

4.5.2　注浆系统

盾构提供3套注浆系统，包括：盾尾单液注浆系统；双液注浆系统；盾体浆液注入系统。

1．盾尾注浆系统

盾尾注浆由 4 台 KSP20 注浆泵提供 10 点（01～10）注浆，1 台 KSP20 提供隧道顶部 2 个备用注浆点（01、10）。穿越轨道交通时，为更好地控制沉降，同步注浆采取 10 点注浆，顶部两孔进行加强注浆。盾尾注浆点布置见图 4-25。每个注浆点设两根注浆管路。注浆泵的流量为 4×20 m^3/h。砂浆罐容量为 2×20m^3。

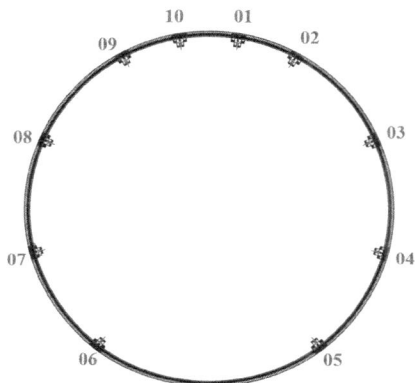

图 4-25　盾构注浆点分布图

2．壁后注浆系统

双液浆系统的主要技术参数如下：

（1）A 浆液注入流量：115 L/min，A 浆罐容量：4m^3。

（2）B 浆液注入流量：10 L/min，B 浆罐容量：1m^3。

根据监测情况，进行固化注浆从而进一步稳定隧道。

3．壳体注浆

由于刀盘的超挖、盾体的锥度等因素，在盾体与开挖土体之间会产生一定的间隙，必要时可在盾体预留孔进行注浆控制。盾体上预留 3 道各 14 个注浆孔，配置 1 台注浆泵。

重点监控盾构壳体区域的沉降情况，以前期壳体注浆工艺为基础，视监测数据进行壳体注浆，确保穿越安全稳定。壳体上预留的注浆孔也根据需要进行克泥效压注。不同工况条件下对应前盾、中盾和后盾的盾体间隙与掘进 2m 的注浆量见图 4-26（a），盾体间隙注浆原理见图 4-26（b）。

该系统根据需要可以注入两种不同的浆液，一种是起到充填间隙、支撑和防止沉降作用的惰性浆液，压注流量为 10m^3/h，惰性浆液储罐的容量

为 $8m^3$。另一种则是润滑浆液，压注流量为 $10m^3/h$，膨润土浆液储罐的容量为 $4m^3$。

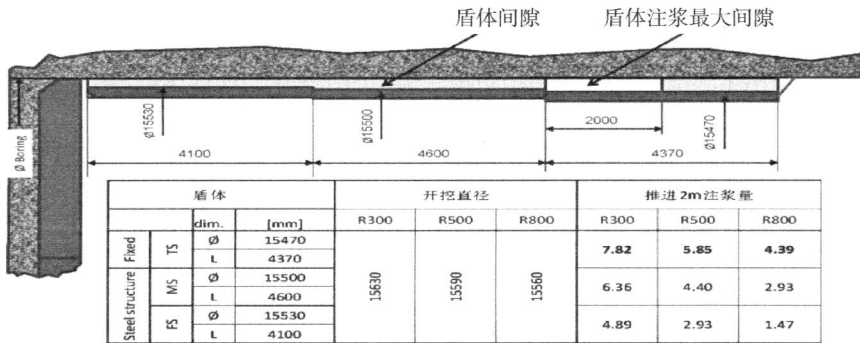

（a）

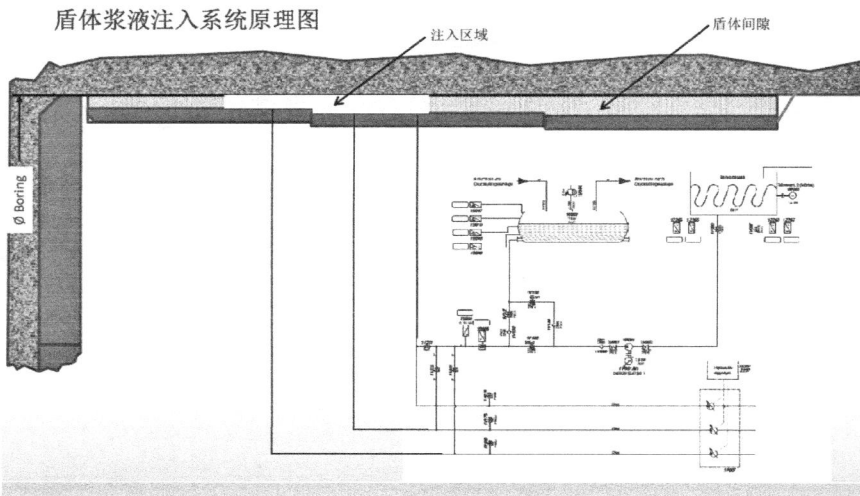

（b）

图 4-26　盾体注浆情况图

（a）盾体间隙注浆量；（b）盾体间隙注浆原理图

4.5.3　盾构姿态控制系统

（1）盾构推进油缸按照在圆周上的区域分为六组，通过调整每组油缸的不同推进速度来对盾构进行纠偏和调向，见图 4-27。

（2）盾构机配备高精度的自动导向系统，以保证线路方向的正确性。盾构的姿态可以随时反映在操作室内，从而可以对盾构的姿态进行灵活的调整。

（3）刀盘及进排泥泵设有转速传感器，进排泥闸阀设有流量计，推进油缸设有速度传感器，所有测得数据参与盾构掘进控制，以便于能及时调整刀盘转速、进排泥流量、推进速度，从而保证盾构机有较强的轴线控制能力。

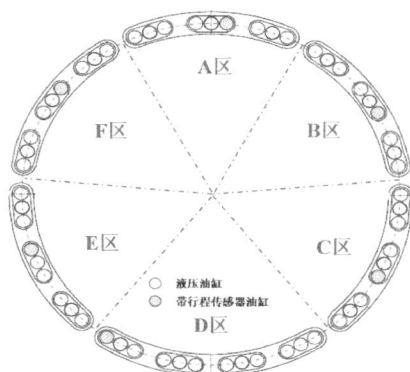

图 4-27　15m 级盾构 6 个分区油压

4.5.4　盾尾密封系统

盾尾密封的相关参数资料如下（图 4-28）：

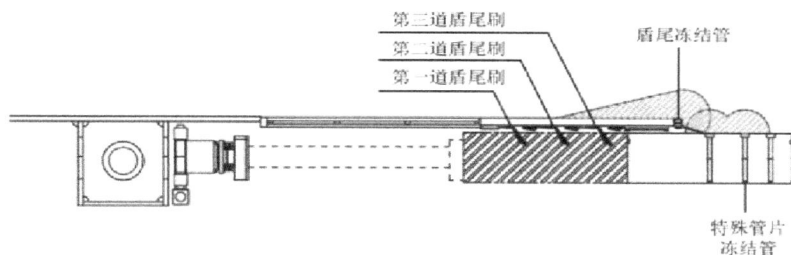

图 4-28　盾尾密封构造图

（1）盾尾"三明治"钢结构设计，承受 7.5bar 压力。

（2）管片外径与盾尾刷调整环之间的间隙为 50mm，以便在小曲线施工时有足够的盾尾间隙。

（3）盾尾配置 3 道钢丝刷，1 道盾尾钢板刷。

（4）预留环状冻结管。

考虑到长距离掘进过程中盾尾密封的磨损与渗漏问题，建议最内侧的钢丝刷具备可更换的条件。

4.6　变形控制关键措施

4.6.1　衬砌管片的针对性设计

大直径盾构隧道下穿既有轨道交通主要存在地表沉降过大、轨道交通周围土体受到扰动、扰动盾构机推进对轨道交通隧道产生挤压等问题。为减少影响，对后建大直径盾构隧道应加强管片配筋、提高连接螺栓强度、增设剪力销，提高大直径盾构隧道管片及隧道纵向整体刚度，避免管片拉裂，保证自身结构安全及提供轨道交通隧道有效支撑；增设注浆孔注浆、及时充填管片间空隙，提高土体压缩模量，减少土体沉降，确保轨道交通运营及隧道结构安全。

1．管片的环宽与楔形量

管片的环宽与楔形量主要根据隧道的线性确定（表4-14），直径大于14m的超大直径盾构隧道环宽通常取2m，楔形量则根据隧道线性确定，以满足施工需求。

不同平曲线对应的楔形量 表4-14

序号	轨道交通线		平曲线	管片楔形量（mm）
1	运营	11号线	$R=500$	80
2		7号线	直线	40
3	运营	3（4）号线	$R=550$	80
4	规划	14号线	直线	40
5		15号线	$R=2000$	40

2．增开注浆孔

每块管片增设 $1\sim2$ 个注浆孔，以便在盾构通过地铁隧道后根据沉降情况具备二次注浆的条件，以控制上方沉降进而控制稳定地铁隧道，见图4-29。

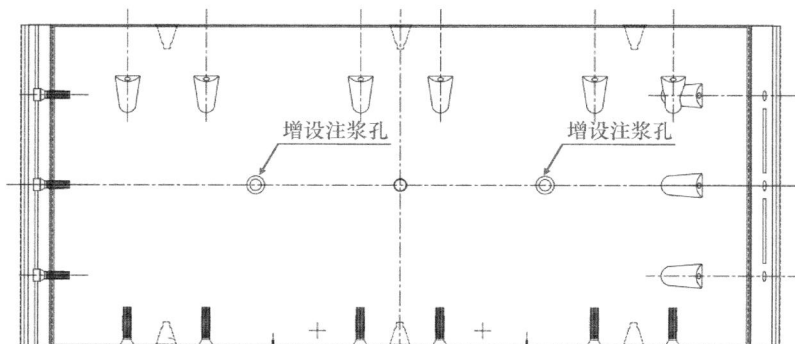

图4-29 注浆孔设置

3．增设剪力销

为增强管片的纵向整体性，防止发生管片上浮的风险，建议在下穿段管片增设剪力销，见图4-30。

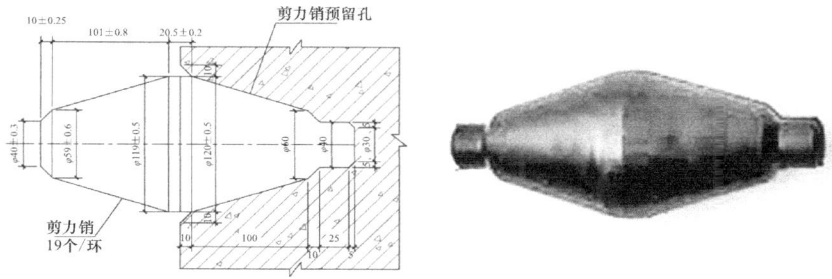

图 4-30　剪力销构造图

4．穿越工程模拟

通过三维数值计算模拟盾构穿越轨道交通引起的变形，以判断运营轨道交通区间隧道的结构安全性。模拟应采用三维实体模型有限元软件分析，根据实际相对位置关系建立模型，为确保不会产生边界效应，建议建模平面尺寸不小于 100m×100m，土层厚度不小 5D（D 为穿越盾构直径），同时选择合适的土体及管片本构模型。

三维数据模拟计算时，应先建立轨道交通及周边环境模型，消除初始变形及应力后，再分步模拟盾构穿越轨道交通工况。模拟时，应采用符合盾构推进实际情况的计算参数，如盾构正面土压力、盾尾注浆压力、土体损失率等，以正确模拟盾构推进对既有轨道交通隧道的影响。通过三维数据模拟计算，可以分析获得盾构穿越引起的既有轨道交通隧道变形，以此判断轨道交通隧道的结构安全性。

以北横通道下穿施工引起地铁 11 号线为例，通过三维有限元数据模拟分析，按北横通道施工地层损失率进行计算 3.3‰，下穿施工引起地铁 11 号线隧道的沉降量约 10mm，曲率半径约 35082m，相对弯曲 0.41/2500，计算结果表示，轨道交通区间隧道结构安全可以得到保障，见图 4-31、图 4-32。

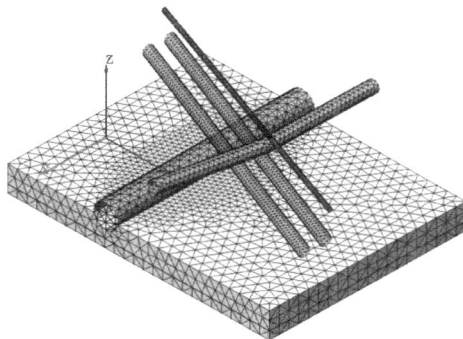

图 4-31　有限元计算模型

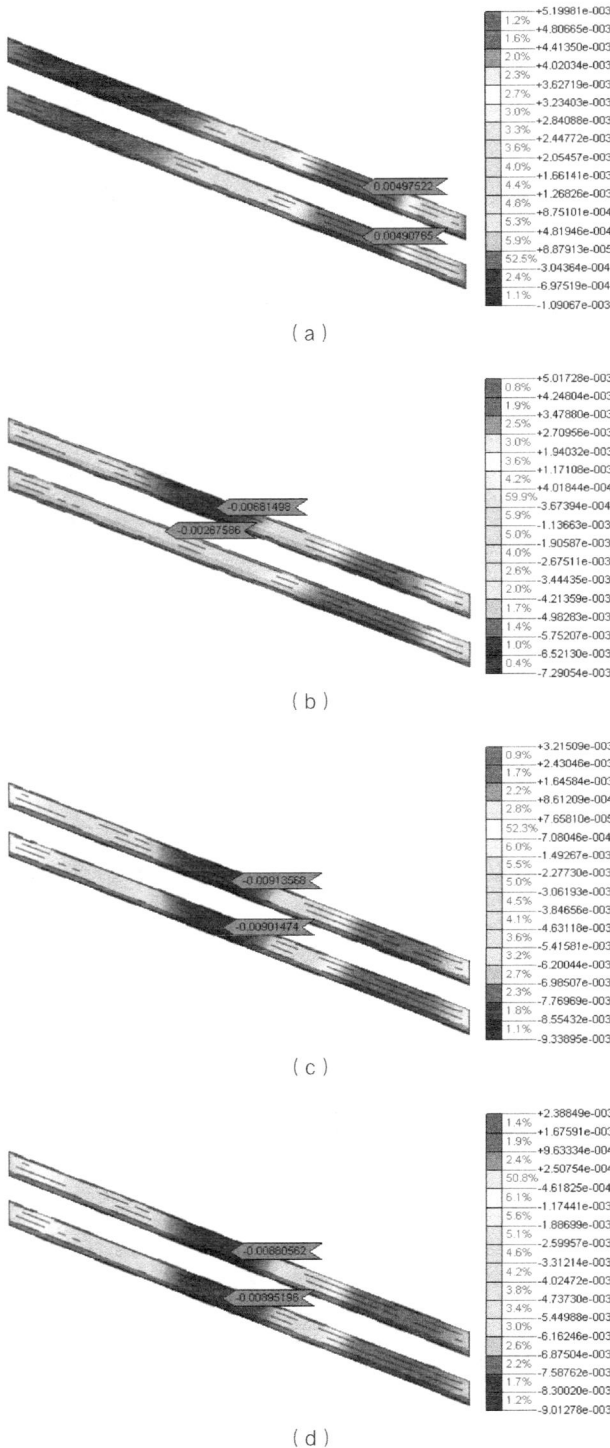

图 4-32 北横盾构穿越轨交 11 号线过程分析结果

（a）盾构接近下行线隧道；（b）盾构穿越下行线隧道

（c）盾构穿越上行线隧道；（d）盾构远离上行线隧道

4.6.2　穿越方式

盾构穿越的方式：连续穿越（即下穿的盾构以正常的速度均衡匀速穿过地铁投影范围）、间断穿越（即考虑到列车运行产生的振动对下方下穿盾构隧道开挖面的稳定不利，采取白天列车运营期间下穿盾构停止推进，晚上列车停运期间盾构推进）、列车是否降速（即为减小列车振动对下穿隧道开挖面的影响，在穿越施工期间对列车通过的速度进行折减）等。在方案论证阶段应广泛听取相关各方的意见与建议。通过对北横盾构两次下穿运营地铁隧道的总结与分析，"列车限速运行、盾构均速通过"是一个较好的方案。

具体穿越的时间段也需要经各方共同协商确定，以尽可能降低对地铁隧道的影响为原则确定。穿越施工窗口期首选长假、双休日等客流较少的日期，同时要避开考试季、汛期暴雨以及雾霾天气等施工受到管制的特殊日期。

4.6.3　盾构掘进施工参数的优化

在盾构穿越前的施工过程中，及时总结出盾构所穿越土层的地质条件，掌握这种地质条件下泥水气压平衡盾构推进施工的方法，掌握盾构推进施工参数和同步压浆量的变化对地面沉降的影响程度，并且通过实践不断地对其进行优化，以求达到盾构以最合理的施工参数穿越轨道交通。

1．相关工程案例的搜集

地下工程施工方案的制定通常采用类比法，对以往同类案例进行全面搜集与梳理，工程中取得的相关经验和教训为本次穿越施工提供借鉴与参考。

相近的工程案例主要指盾构隧道的规模相近、穿越的结构形式相近以及工程地质相近。如盾构下穿运营地铁隧道、盾构下穿电力（或其他）隧道、盾构下穿大型箱涵结构、盾构下穿房屋建筑等案例。

重点分析穿越施工过程中盾构采用的施工参数（如切口压力设定、注浆参数、掘进速度等）、盾构隧道的质量（隧道的稳定、椭圆度、踏步情况等）、被穿越建（构）筑物的扰动情况（上下隆沉、水平位移、变形、破坏等），以及施工过程中异常情况及处置。

通过对案例的分析，结合本次穿越施工的具体情况给出相关的意见与建议。

2．对盾构穿越施工前段的总结与分析

在进行穿越施工前往往已经进行了一定距离的掘进施工，那么前段距离掘进施工的情况对本次穿越施工能有较好的指导与借鉴意义，因此需要对前面

掘进情况进行总结分析，通过分析对设备的性能、操作人员的素质、后勤保障系统、施工隧道的质量等进行客观评价，并针对本次穿越给出相关的意见与建议。

针对长距离掘进的情况，对设备的状态要进行详细分析与客观评价，对盾尾密封、主轴承密封等易损机构的可靠性要进行评价，如果需要可在穿越前进行更换，确保穿越施工过程中设备的可靠性与施工的连续性。

3. 试验段的基础参数摸索

通常在正式穿越前选取 50～100 环作为试验段，在该段推进期间除了完成设备的停机保养外，主要对相关参数做进一步试验、摸索与优化调整。

在试验段推进时，主要就泥水压力、泥水质量、推进速度、注浆量和注浆压力设定与地面沉降关系进行分析，掌握此段区间盾构推进土体沉降变化规律以及摸索土体性质对地面和轨道交通的沉降影响规律，以便正确设定穿越时的施工参数并采取相应措施减少土体沉降，以保证轨道交通的安全。

（1）泥水压力设定根据试推进阶段的地面沉降数据，及时更正泥水压力设定值，为安全穿越打下坚实的基础。在拼装期间或较长停机时间，考虑往前仓注入 HS-2 堵漏剂，并试验每次注入量及压力。

（2）推进速度设定

在试验段推进时，将推进速度分别设定为 1.0cm/min、1.5cm/min 和 2.0cm/min 三种情况，用以检验推进速度与地面沉降间的关系，为最终穿越轨道交通时确认推进速度值提供参考。考虑到穿越影响时间及施工时间段，推进速度尽量提高，保证夜班能完成 1～2 环。

（3）同步注浆

通过同步注浆及时充填建筑空隙，减少施工过程中的土体变形。同步注浆量一般为建筑空隙的 110%～130%。泵送出口处的压力略大于隧道周边水土压力。压量和压浆点视压浆时的压力值和地层变形监测数据而相应调整。为保证注浆的有效性，在盾构进入推进试验段内时，进行模拟穿越以及模拟注浆，并在脱出盾尾后的隧道内进行补压浆作业。用以掌握穿越时、穿越后控制土体沉降所需的每环注浆量、补压浆量以及压注频率等施工数据，为盾构顺利穿越提供数据支持。本区域内的二次注浆浆液选定为双液浆，注浆量根据地面沉降监测数据的情况及时进行调整。

在试验段考虑通过车架上方壁后雷达检测装置，研究壁后浆液填充实际分布情况，通过参数调整，动态优化注浆施工的相关参数。

4.6.4　穿越段的施工参数确定

刀盘进入地铁隧道正投影面下方前 7 环时，盾体完全进入地铁沉降影响区域，故需提前根据监测信息进行调整。

1．正面泥水平衡压力设定

由于地质条件、地面附加载荷等诸多因素不同的制约，将导致刀盘前方泥水压力有所差异，为此需及时调整泥水压力值。泥水压力设定值根据以下计算公式进行计算：

（1）切口水压上限值：

$$P_{上}=P_1+P_2+P_3=\gamma h+K_0\left[(\gamma-\gamma_{\mathrm{w}})h+\gamma(H-h)\right]+P_3 \qquad (4-3)$$

式中　$P_{上}$——切口水压上限值（kPa）；

$\quad P_1$——地下水压力（kPa）；

$\quad P_2$——静止土压力（kPa）；

$\quad P_3$——变动土压力，一般取 20kPa；

$\quad \gamma_{\mathrm{w}}$——水的重度（$\mathrm{kN/m^3}$）；

$\quad h$——地下水位以下的隧道埋深（算至隧道中心）（m）；

$\quad K_0$——静止土压力系数；

$\quad \gamma$——土的重度（$\mathrm{kN/m^3}$）；

$\quad H$——隧道埋深（算至隧道中心）（m）。

（2）切口水压下限值

$$P_{下}=P_1+P_2'+P_3=\gamma_{\mathrm{w}}h+K_{\mathrm{a}}\left[(\gamma-\gamma_{\mathrm{w}})h+\gamma(H-h)\right]-2C_{\mathrm{u}}\sqrt{K_{\mathrm{a}}}+P_3 \quad (4-4)$$

式中　$P_{下}$——切口水压下限值（kPa）；

$\quad P_2'$——主动土压力（kPa）；

$\quad K_{\mathrm{a}}$——主动土压力系数；

$\quad C_{\mathrm{u}}$——土的凝聚力（kPa）。

（3）轨道交通隧道本身结构自重产生压强为

$$P_{地铁}=\pi\times(3.1^2-2.75^2)\times1\times2.5\times10^3/6.2\times1=0.026（\mathrm{MPa}）\quad(4-5)$$

根据盾构穿越时的土层分布和地下水的水头标高，计算得出在盾构穿越阶段理论泥水压力值加上地铁自重压强。

注：在实际操作过程中根据前期理论计算以及穿越过程中自动化监测数据及时进行调整。

2．泥水质量指标

在盾构机穿越施工期间采用高质量的泥水输送到切口，使其能很好地支护正面土体。一般情况下，新浆配比膨润土：HS-1：HS-3 为 4：1：1，泥水密度控制在 1.25～1.30g/cm³，黏度控制在 22s 以上。在盾构机到达轨道交通前 2 环至切口过轨道交通 1 环施工时，泥水中加入 HS-2（新型堵漏剂），增加泥水的自身堵漏功能，保证泥膜的质量，进一步提高正面土体的稳定性。在停推期间，通过前仓放气孔按照试验段参数压入堵漏剂。由于开挖断面位于砂土中，长时间停机可能导致砂沉淀，吸口堵住，影响下次推进。因此推进完成后，大旁路需较长时间排渣，进排泥比重稳定后方可停止。

3. 推进速度设定

控制合理的推进速度，使盾构匀速慢速施工，减少盾构对土体的扰动，达到控制地面变形的目的。

在穿越区施工过程中，起推开始，注意推力、油压变化，尽量慢速起推，观察各项参数是否异常，逐步提高速度，盾构掘进速度控制在 2.5cm/min 左右。尽量保持推进速度稳定，确保盾构均衡、匀速地穿越轨道交通，以减少对周边土体的扰动影响，以免对其结构产生不利影响。

4. 壳体注浆

对北横Ⅱ标盾构—"纵横号"而言，为了满足急曲线施工需求，盾构机单边锥度达到 45mm，盾构的建筑空隙较大，盾构的锥度参见图 4-33。根据同类工程的经验，盾构穿越的过程中有部分沉降是盾构机锥度引起的，为此，在盾构机壳体上预留注浆孔，在需要的情况下可以从壳体进行注浆。

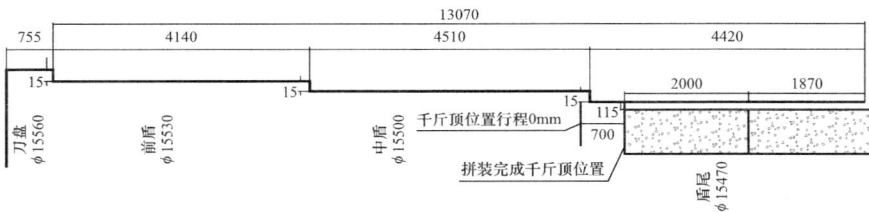

图 4-33 盾构机锥度示意图

"纵横号"盾构机设计预留 3 道壳体注浆孔，每道 14 个注浆孔，第一道位于前盾，第二、三道位于中盾位置。

在穿越过程中若壳体位置沉降较大，考虑需通过壳体预留注浆孔采用克泥效进行壳体注浆，及时填充壳体与土体之间间隙，减弱壳体上方土体沉降。

参考东线始发段穿越房屋的相关经验：克泥效的压注是 AB 液系统，类似于双液浆，2 台泵 2 根管路，通过末端出口处的混合器压注出去。A 液是水灰比 1 ：0.6 的克泥效拌制液，B 液是水玻璃，AB 液的压注比例为 20 ：1。通过盾构机自带的 AB 液系统压注到第二道盾壳上的预留孔，在推进过程中进行压注，只需要压注上部 3 个孔，每环 3 个孔进行轮换。压注量根据盾构机的锥度进行计算，暂定每环 1.5m³，注浆压力小于气泡仓顶部压力。

5．管片拼装

在盾构进行拼装的状态下，由于千斤顶的收缩，必然会引起盾构机的后退。在穿越时，为避免因拼装管片引起盾构机的后退而造成地面沉降，因此在盾构推进结束之后不要立即拼装，等待 2～3min，到周围土体与盾构机固结在一起后再进行千斤顶的回缩，回缩的千斤顶应尽可能少，并应逐一伸缩千斤顶，可以满足管片拼装即可，保持开挖面的平衡压力。拼装过程中，盾构司机注意泥水压力的控制，必要时通过提高气泡仓液位的方式维持盾构前方土体平衡。同时，尽量熟练拼装工艺，确保优质快速拼装管片。

另外在管片拼装时严格控制管片的环面平整度以及整圆度；通过封顶块位置的合理选择，控制管片与盾尾的间隙，防止管片外弧面的碎裂。

通过拼装前后观察、记录切口里程变化，检查盾构机是否前后位移，分析后确定是否调整拼装油压。

6．同步注浆及二次注浆

在穿越时，同步浆液配比及二次注浆浆液配比将根据试推进数据进行相应的调整。

在施工时严格控制同步注浆量和浆液质量，对每环同步注浆浆液进行坍落度测试，要求控制在 14±2cm，对于不符合要求的浆液必须进行调整。同时为均匀、充分填充盾尾建筑空隙，在盾构推进时同步注浆量必须与推进速度相匹配，当阶段注浆量小于计算阶段注浆量 10% 时必须停止推进，待注浆量达到要求后再推进。

压浆指派专人负责，对压入位置、压入量、压力值均作详细记录，并根据地层变形监测信息及时调整，确保压浆工序的施工质量。

由于盾构推进时同步注浆的浆液在填补建筑空隙时可能会存在一定间隙，且浆液的收缩变形也存在地面沉降的隐患，因此为控制土体后期沉降量，应根据监测数据情况，采用在脱出盾尾后的隧道内进行补压浆的方法，在隧道内对盾构穿越后土体进行加固。

同步注浆量及二次注浆量将根据试推进段同步注浆效果、隧道内二次补压浆效果及穿越段地面、轨道交通实际沉降情况进行调整。

7. 盾构姿态的控制

盾构进行平面或高程纠偏的过程中，会增加对土体的扰动，因此在穿越过程中，在确保盾构正面沉降控制良好的情况下，尽可能使盾构匀速、直线通过，减少盾构纠偏量和纠偏次数。推进时不急纠、不猛纠，多注意观察管片与盾壳的间隙，采用稳坡法、缓坡法推进，以减少盾构施工对轨道交通和地面的影响。

盾构在曲线段施工时，盾构姿态随着盾构掘进不断发生变化，盾构切口部位不断超挖土体，造成地层损失，从而引起地表沉陷。为此，我们视情况在盾构机上设置注浆孔，当盾构机在曲线段掘进时，通过盾构机上的注浆孔在曲线外侧进行注浆，补充掘进引起的地层损失，同时由于补浆可以在曲线外侧给盾构机一个侧压力，使盾构机头部向曲线内侧偏转，从而既补充了由于曲线掘进引起的地层损失，又能促使盾构机头部沿轴线掘进。

4.6.5 穿越后的沉降控制措施

当盾尾脱离穿越区域后，便进入了穿越后阶段，盾构相关施工参数既按正常推进施工参数进行控制，如推进速度可逐渐增大到 3～4cm/min，盾构操作人员严格按照指令推进，控制好泥水压力、推进速度、区域油压控制和同步注浆等参数。

盾构穿越后，由于盾构机的扰动，土体变形仍会持续一段时间，对轨道交通的后续沉降监测仍须维持一段时间。同时结合监测数据情况，需要在运营轨道交通隧道内采用措施控制隧道变形，目前采用的措施包括运营轨道交通隧道内的微扰动注浆、管片壁后注浆，通过采用这些措施后将轨道交通的后期沉降控制在允许范围内。

1. 微扰动注浆

微扰动注浆通过在运营轨道交通隧道底部下设注浆孔，根据监测数据情况，在沉降量较大区域按照"少量多次"的原则进行注浆，以将隧道整体变形控制在允许范围内。注浆范围通常根据变形影响区域的范围，即穿越正投影区域再两侧外扩各 12 环。总体施工流程图、单孔单次注浆工艺流程图见图 4-34、图 4-35。

注浆孔开孔位置应根据管片配筋情况确定，开孔应避开主筋。开孔时为避免管片贯穿后造成冒水涌砂等风险，开孔不贯穿管片，管片外侧预留厚度不小于 100mm，同时安装防喷装置（图 4-36、图 4-37）。

```
┌─────────────┐     ┌─────────────┐     ┌─────────────┐
│ 放样，用开孔  │ ──> │ 成孔清理，    │ ──> │ 安装孔口管   │
│ 设备取芯钻孔  │     │ 灌入植筋胶   │     │             │
└─────────────┘     └─────────────┘     └──────┬──────┘
                                                │
┌─────────────┐                          ┌──────▼──────┐
│ 用开孔设备钻  │ <─────────────────────  │ 在孔口管上安装│
│ 小孔穿透管片  │                          │ 球阀和防喷装置│
└──────┬──────┘                          └─────────────┘
       │
┌──────▼──────┐
│ 通过球阀和防喷 │ <──────────────────────────┐
│ 装置打设注浆管 │                             │
└──────┬──────┘                             │
       │                                    │
┌──────▼──────┐                             │
│ 连接注浆管路  │                             │
│ 并拌制浆液   │                             │
└──────┬──────┘                             │
       │                                    │
┌──────▼──────┐                             │
│ 按要求完成    │                             │
│ 单次注浆     │                             │
└──────┬──────┘                             │
       │                                    │
┌──────▼──────┐                             │
│ 拔除注浆管   │                             │
└──────┬──────┘                             │
       │                                    │
┌──────▼───────────┐                        │
│ 关闭球阀，拆除防喷装置│                        │
└──────┬───────────┘                        │
       │                                    │
       │              否                     │
    ◇──▼──◇ ───────────────────────────────┘
    达到终孔条件
    ◇─────◇
       │是
┌──────▼──────┐
│ 拆除球阀，    │
│ 封孔        │
└─────────────┘
```

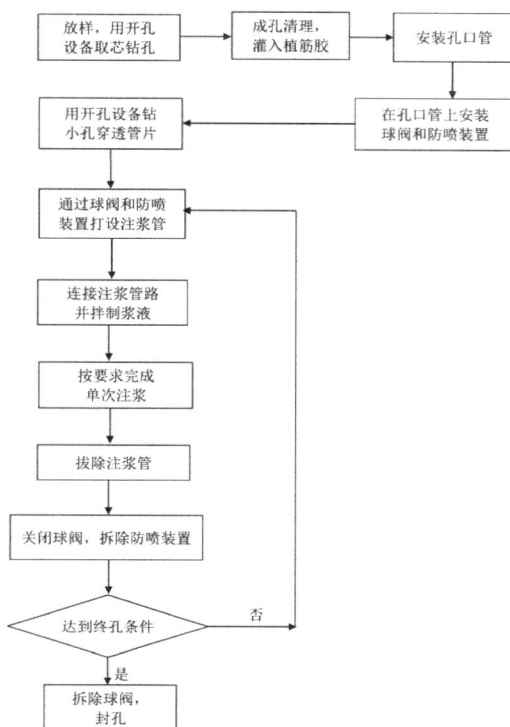

图 4-34　总体施工流程图

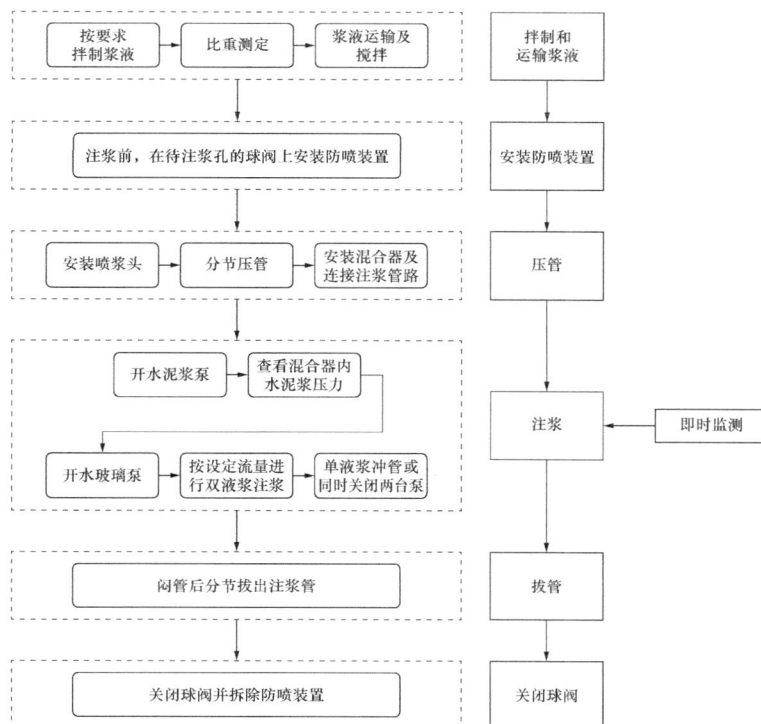

```
┌ ─ ─ ─ ─ ─ ─ ─ ─ ─ ─ ─ ─ ─ ─ ─ ─ ─ ─ ─ ─ ─┐      ┌─────────┐
│ ┌───────┐   ┌───────┐   ┌───────┐      │      │ 拌制和   │
│ │按要求  │ ─>│比重测定│ ─>│浆液运输及│      │      │ 运输浆液 │
│ │拌制浆液│   └───────┘   │搅拌    │      │      └────┬────┘
│ └───────┘              └───────┘      │           │
└ ─ ─ ─ ─ ─ ─ ─ ─ ─│─ ─ ─ ─ ─ ─ ─ ─ ─ ─ ─┘           │
┌ ─ ─ ─ ─ ─ ─ ─ ─ ─▼─ ─ ─ ─ ─ ─ ─ ─ ─ ─ ─┐      ┌────▼────┐
│ ┌─────────────────────────────────┐  │      │ 安装防喷 │
│ │注浆前，在待注浆孔的球阀上安装防喷装置│  │      │ 装置    │
│ └─────────────────────────────────┘  │      └────┬────┘
└ ─ ─ ─ ─ ─ ─ ─ ─ ─│─ ─ ─ ─ ─ ─ ─ ─ ─ ─ ─┘           │
┌ ─ ─ ─ ─ ─ ─ ─ ─ ─▼─ ─ ─ ─ ─ ─ ─ ─ ─ ─ ─┐      ┌────▼────┐
│ ┌───────┐   ┌───────┐   ┌───────┐      │      │ 压管    │
│ │安装喷浆头│ ─>│分节压管│ ─>│安装混合器及│   │      └────┬────┘
│ └───────┘   └───────┘   │连接注浆管路│   │           │
│                        └───────┘      │           │
└ ─ ─ ─ ─ ─ ─ ─ ─ ─│─ ─ ─ ─ ─ ─ ─ ─ ─ ─ ─┘           │
┌ ─ ─ ─ ─ ─ ─ ─ ─ ─▼─ ─ ─ ─ ─ ─ ─ ─ ─ ─ ─┐           │
│ ┌───────┐   ┌───────┐                  │      ┌────▼────┐   ┌───────┐
│ │开水泥浆泵│ ─>│查看混合器内│              │      │ 注浆    │<──│即时监测│
│ └───────┘   │水泥浆压力 │              │      └────┬────┘   └───────┘
│ ┌───────┐   └───────┘                  │           │
│ │开水玻璃泵│ ─>│按设定流量进│─>│单液浆冲管或│  │           │
│ └───────┘   │行双液浆注浆│  │同时关闭两台泵││           │
│             └───────┘  └───────┘      │           │
└ ─ ─ ─ ─ ─ ─ ─ ─ ─│─ ─ ─ ─ ─ ─ ─ ─ ─ ─ ─┘           │
┌ ─ ─ ─ ─ ─ ─ ─ ─ ─▼─ ─ ─ ─ ─ ─ ─ ─ ─ ─ ─┐      ┌────▼────┐
│ ┌─────────────────────────┐          │      │ 拔管    │
│ │闷管后分节拔出注浆管        │          │      └────┬────┘
│ └─────────────────────────┘          │           │
└ ─ ─ ─ ─ ─ ─ ─ ─ ─│─ ─ ─ ─ ─ ─ ─ ─ ─ ─ ─┘           │
┌ ─ ─ ─ ─ ─ ─ ─ ─ ─▼─ ─ ─ ─ ─ ─ ─ ─ ─ ─ ─┐      ┌────▼────┐
│ ┌─────────────────────────┐          │      │ 关闭球阀 │
│ │关闭球阀并拆除防喷装置       │          │      └─────────┘
│ └─────────────────────────┘          │
└ ─ ─ ─ ─ ─ ─ ─ ─ ─ ─ ─ ─ ─ ─ ─ ─ ─ ─ ─ ─┘
```

图 4-35　单孔单次注浆流程图

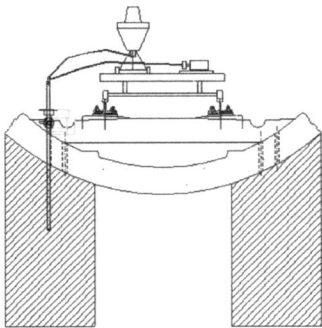

图 4-36　隧内微扰动注浆加固示意图　　图 4-37　隧内微扰动注浆移动平台

主要注浆工艺流程如下：

（1）安装球阀和防喷装置

将球阀与孔口管连接，注浆时在球阀上安装防喷装置。

（2）钻穿管壁（第二次开孔）

用多功能电锤钻，钻穿管壁，钻穿管壁的孔径 38～40mm。

（3）插入注浆芯管，打设注浆管

注浆芯管采用丝口连接的无缝钢管，芯管端头侧向十字开孔；施工时，芯管端头采用漆包布包裹，防止其脱落堵塞出浆孔。

用专用设备，根据每次的注浆深度，通过防喷装置、球阀和孔口管将注浆管逐根打入土层。

（4）连接注浆管路

通过注浆管路将双液浆注浆泵、流量仪、混合器与注浆管连接。

（5）配制浆液

用自制小型拌浆系统按水灰比 0.6～1.0 拌制水泥浆。

（6）注浆、拔管

采用双泵双液注浆方法进行注浆，利用专用拔管设备边注浆边拔管，缓慢连续均匀地进行，拔管速度与注浆流量、注浆单节高度、注浆量相匹配。

按下式确定：

$$v = l/(V/q) \tag{4-6}$$

式中　v——拔管速度（cm/min）；

　　　l——单次注浆长度（cm）；

　　　V——单次注浆量（L）；

　　　q——双液浆流量（L/min）。

（7）拔除注浆管

按要求完成注浆，注浆管停滞 5min 左右，待浆液初凝后，利用专用拔管设备将注浆管全部拔除；关闭球阀，拆除防喷装置，单次注浆完成。

（8）重复注浆

按 3～7 施工工序根据实际施工要求重复施工，直至达到终孔条件。

（9）拆除球阀，封孔

达到终孔条件后，拆除球阀，用亲水环氧进行封孔，安加闷盖，完成单孔工艺。

2．管片壁后注浆

为控制隧道管片收敛变形，需要通过采用管片壁后注浆。管片壁后注浆采用管片上预留的注浆孔进行注浆，壁后注浆孔位示意图如图 4-38 所示。

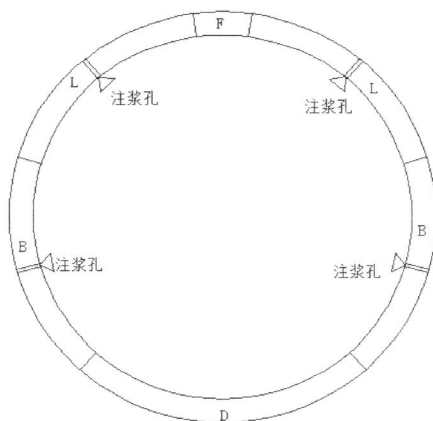

图 4-38　壁后注浆孔位示意图

具体注浆流程如下：

（1）打开管片上的预留注浆孔，安装螺孔外接头、球阀。

（2）通过球阀钻孔，钻孔深度在隧道管片外 0.05～0.10m 位置。

（3）根据不同工况、气温调节浆液性能和凝固速度。

（4）连接注浆泵，注入聚氨酯浆液。

（5）注浆结束关闭球阀待凝。

（6）待聚氨酯完全固化后拆除球阀，根据要求封堵注浆孔：拆除球阀；预留管管口清理干净；填入双快水泥进行封孔；盖上闷盖。

（7）工完料清，保持隧道内整洁。

4.7　既有隧道及周边环境的调研评估

整个穿越施工过程中，信息化施工尤为重要。相比常规的施工除了进行环境及隧道结构变形监测外，还需要对运营地铁隧道的位移及变形情况进行监测，用以反馈施工参数的动态调整。因此，施工监测分为常规施工监测与地铁隧道的监护两部分内容。本节主要介绍穿越过程中的施工监测方案及方法，实际工程的具体监测数据详见第5章。

4.7.1　盾构机推进数据监测

盾构推进时需要实时施工采集推进参数，在施工现场隧道内的控制室安装1台井下计算机用于采集盾构PLC数据，同时盾构机PLC和数据交换PLC通过光纤将数据传到地面计算机，通过云服务可以利用电脑或者手机App软件，实时查看盾构施工数据及历史数据，指导盾构推进。

4.7.2　常规施工监测

盾构穿越轨道交通时，隧道轴线控制仍然是质量控制的重点，因此，对于隧道轴线的测量必须严格控制。

1. 隧道轴线测量

本工程盾构采用自动化测量设备测量隧道轴线。当盾构穿越轨道交通时，可根据实际情况适当提高人工复测测量频率，根据测量数据有效地制定相应措施，确保盾构轴线与设计轴线相符。

2. 隧道沉降监测

在隧道推进试验段就开始加强对隧道沉降变形的监测。取隧道管片上固定点为隧道沉降观测点，在穿越轨道交通的过程中，每3环为一点。监测范围为穿越段及其前后15环，监测频率为从拼装工作面后4环开始，每天监测一次，直至隧道稳定，再改为一般隧道沉降监测。

3. 超大盾构隧道结构监测

盾构穿越轨道交通的地段较为繁忙，对地面变形的控制要求较高，因此必须合理布置地面变形监测点和制定监测频率。

对穿越区域地面监测点进行加密布置，在穿越前后各50m范围内每隔10m布置一横向断面，轴线上1点，左右3m、4m、6m、9m、12m，各5点，共10点。施工时，注意加强对测点的保护，并根据施工实际情况适当增加监测断面。

4．临近建筑物管线变形监测

如果穿越节点处存在管线、房屋建筑以及其他结构等，需在盾构推进时预先对建筑物布设监测点，提前实施监测，并在盾构穿越时适当加密监测频率，以确保该建筑的安全。对穿越区上方临近的各类管线的监测，在设点原则上尽量利用现有管道设备点（阀门与窨井），对重要管道在条件允许下开挖布设直接监测点，测点布设数量根据现场复核确定。

根据《市政地下工程施工质量验收规范》DG/T J08-236-2013、《盾构法隧道施工及验收规范》GB 50446—2017，对隧道轴线偏差、管片拼装偏差、隧道防水、结构表观质量等进行监测和验收，成环隧道稳定性监测数据每天汇总后生成电子报表，上传管控系统，并发布共享于相关微信群内，方便及时了解分析指导盾构施工。

4.7.3　运营地铁监测方案

由于穿越施工过程中往往要求地铁不停运，因此对地铁隧道的变形与位移监测要求高、专业性强，且需要地铁运行单位给予大力支持与密切配合，建议由权属单位指定的专业公司实施，相关监测信息与数据资料在相关方进行共享。

1．监测方案编制的原则

（1）布设的监测内容及监测点必须满足上海地铁监护监测相关规范、国家标准、申通相关文件的要求。监测点尽可能成对设置，以便于比对和综合分析。

（2）监测过程中，采用的监测仪器及监测频率应符合规范要求，能及时、准确地提供数据，满足信息化施工的要求。采用的监测仪器必须满足精度要求且在有效的检校期限内，采用方法必须准确、监测频率必须适当，符合上海地铁监护监测相关规范的要求，能及时准确提供数据。

2．监测内容包括

（1）隧道垂直位移监测；（2）隧道水平位移监测；（3）隧道直径收敛监测；（4）隧道纵向剖面电水平尺垂直位移自动化监测；（5）隧道直径收敛激光自动化监测；（6）隧道高清视频监控。

3．监测方法

包括自动化监测与人工监测，以自动化监测为主，人工监测为辅。

（1）自动化监测

自动化监测包含电水平沉降和激光直径收敛自动化监测。

经过对多种产品的比选，直径收敛监测建议采用德国产核心部件产品，该产品是一款成熟的工业用仪器，除有合适的精度外，尚有丰富的输出接口，可以方便地实现数据远距离传输和计算机程序控制下的自动工作。

（2）人工监测

人工监测包含垂直位移、水平位移和直径收敛。

垂直位移测点分布在监测里程内的隧道结构上，用冲击钻或射钉枪在测点位置处钻孔后埋入（或打入）顶部为光滑凸球状的测钉，测钉与混凝土体间不应有松动，测点处有明显的测量标记。应尽量利用长期监护测量已布设的、满足观测要求的标志。

水平位移测点在各监测断面内的隧道路基上，将带有十字标记的测点，采用冲击钻埋入（或打入）测点位置处，测点与混凝土体间不应有松动，测点处有明显的测量标记。采用坐标法测定位移。根据现场条件，通过观测端点（全站仪测站点），观测测点（棱镜或反光片）坐标的变化来计算隧道水平位移值。

4. 监测数据采集与传输

自动监测数据采集系统由设在隧道纵向结构上的电水平尺和随电水平尺就近安装在隧道侧壁上的 CR 系列数据自动采集器，以及设在最近工地办公室内主控计算机组成。

各支电水平尺的输出信号用电缆接到就近的数据采集器上，数据采集器与施工现场监控中心主控计算机相连。沉降自动监测系统一经设定可以自动工作。

主控计算机内装有专门的控制软件，完成数据的传输、整理计算、存盘和实时显示监测图形等功能。

系统工作时数据的采集时间间隔可以在主控计算机上控制和修改。实际中可采用 60min 的间隔，自动对所有电水平尺进行一次数据采集就可以满足要求。每采集一次数据，就立刻计算处理，并把采集的结果用图形或表格在屏幕上显示出来，见图 4-39、图 4-40。

同时，监测数据可通过社会公共传输网络，主控计算机中的数据和图形可以传送到终端上，实时得到与主控机上一致的结果，以便根据地铁隧道的位置变化随时调整施工进度和技术参数。

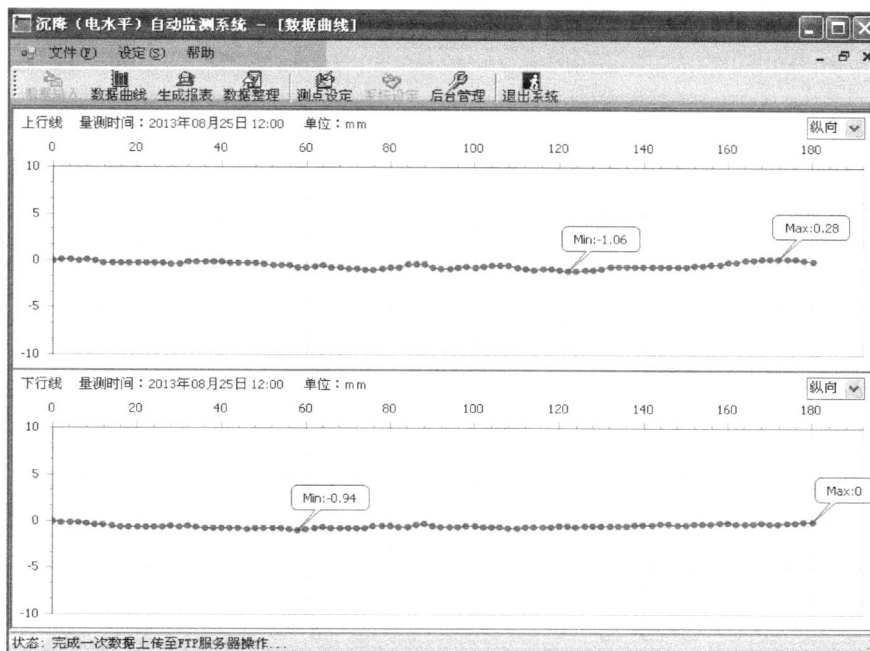

图 4-39　采集软件界面

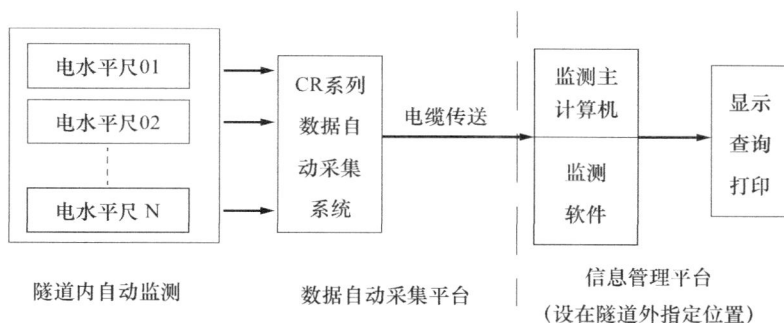

图 4-40　监测数据采集系统构造原理框图

4.7.4　基于网络传输的信息数据管理

为确保穿越施工的筹划与实施过程中指令畅通，体系运转高效，借助于北横目前已开发完成的基于 BIM 的全生命周期协同管理平台，结合管控体系架构的梳理，实现穿越过程全自动数据采集、自动根据既定原则进行分级预警、自动推荐适合措施，最终实现风险管控管理体系的自动化运作，保证总体穿越过程风险可控。在既有的北横通道基于 BIM 的全生命周期协同管理平台基础上，还可研发 BIM、物联网与现场管理融合的过程风险精细化数据采集技术，实现 BIM 模型与视频监控系统、沉降监测、运营地铁隧道环境监测、工程工序进展等数据的实时交互，解决超大直径盾构隧道穿越运营轨道交通风险信息动态更新与可视化定位难题；研发沉降实时移动交互和协同管控平台，实现穿越施工地上、地下数据联动，解决盾构施工沉降控制过程中的协同管控难题。

第5章 示范工程

5.1 工程一：上海北横通道盾构穿越轨道交通11号线

5.1.1 工程背景

政府机构：上海市北横通道工程建设指挥部

建设单位：上海城投（集团）有限公司

代建单位：上海城投公路投资建设发展有限公司

设计单位：上海市政工程设计研究总院（集团）有限公司

施工总承包单位：上海隧道工程有限公司

监理单位：上海市市政工程管理咨询有限公司

根据设计线路，北横通道主线盾构在里程 K5＋915～K5＋943 间（11 号线投影面范围对应东段 386～400 环），长宁路与江苏北路路口附近将下穿运营的轨道交通 11 号线隧道，两隧道轴线夹角为 68°。地铁 11 号线的覆土厚度为 20.8m，北横隧道的覆土厚度为 34.6m，两层隧道间的最小净距为 7.06m。两隧道间的位置关系见图 5-1。

在穿越节点处北横隧道的线型：平面为 $R=500$m 急曲线段，竖向为 1.45% 的直线段。被穿越地铁为 11 号线隆德路—江苏路站区间，隧道外径 6.2m，管片厚 0.35m，环宽 1.2m。穿越节点中心距离江苏路站约 500m，距最近的联络通道约 180m。

北横盾构自西向东掘进，先穿越上行线再穿越下行线。其中，上行线穿越范围为 595～607 环；下行线穿越范围为 583～595 环。

为确定穿越施工前区间隧道结构的现状，2018 年 6 月 22 日夜间，在列车停运期间，由申通集团、公投、设计、监理、总承包单位等联合对区间隧道进行现场踏勘，对发现的问题进行记录备案。

1. 穿越节点的地层条件

该节点处地铁 11 号线的覆土厚度为 20.8m，北横隧道的覆土厚度为 34.6m。11 号线地铁隧道位于⑤₁层中，该节点处的地层情况如下：

（1）11 号线隧道上方依次为①₁、②₁、③、④土层；

（2）11 号线隧道位于⑤₁层；

（3）11 号线与北横隧道之间：7.06m 范围夹层有厚度约 4m 的⑥层土；

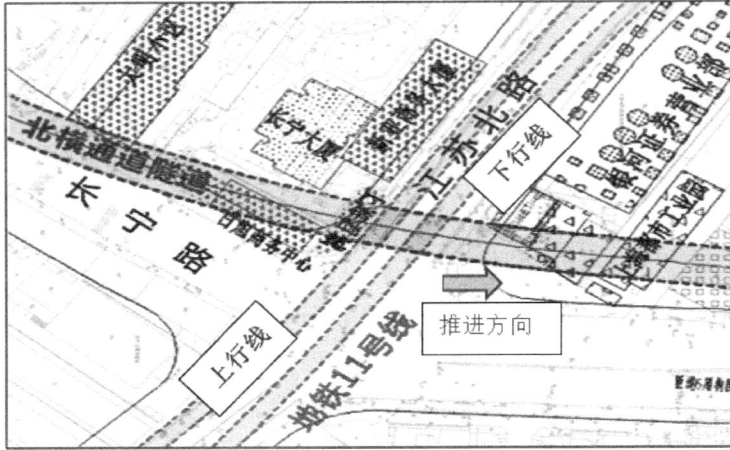

（a）

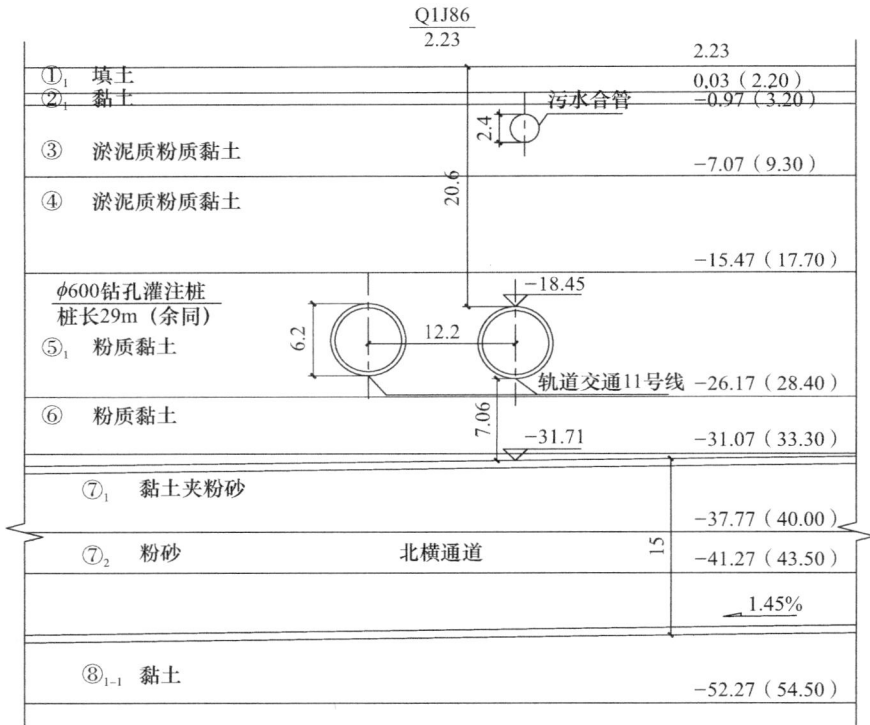

（b）

图 5-1　穿越节点平剖面图

（a）穿越节点平面图；（b）穿越节点剖面图

（4）盾构切削断面：上部为⑦₁层，中间夹层⑦₂层，下部⑧₁₋₁层；

（5）北横隧道底部：下卧⑧₁₋₁隔水层。

地层的分布情况见图 5-1。经过分析北横盾构上覆的⑥层以及盾构下方下卧⑧₁₋₁层对盾构穿越施工以及上部的地铁隧道保护是有利的。

2．穿越节点的环境条件

穿越区域上方位于长宁路与江苏北路交叉口附近，盾构穿越轨道交通前后将穿越日旭商务中心、上海君城和银河证券等房屋建筑，地面环境较为复杂。在浅层沿长宁路和江苏北路方向分布有大量的管线，见图 5-2。

图 5-2　穿越节点的地面现状

（1）穿越区域的建筑物情况

北横通道隧道与轨交 11 号线于长宁路与江苏北路路口相交附近，该区域建筑物较多，主要有 3 幢建筑物，分别为：日旭商务中心、上海君城、汉庭酒店和长宁大厦，见表 5-1、图 5-3～图 5-6。

（2）穿越区域的管线情况

穿越区域内的管线主要集中在长宁路与江苏北路上，管线情况见表 5-2、表 5-3。

其中沿江苏北路方向的 ϕ2400mm 是本穿越节点保护的重点，将编制专项保护方案并经行业管理部门批准后实施。

周边构筑物信息　　　　　　　　　　　　　　　　　　　　　　　　　表 5-1

项目	环号	埋深	相对位置关系
日旭商务中心	354～380 环	隧道顶部覆土 35.3m	下穿
上海君城	381～386 环	隧道顶部覆土 34.45m	下穿
银河证券	410～426 环	隧道顶部覆土 34.22m	下穿
长宁大厦	365～380 环	隧道顶部覆土 35.12m	侧穿 最小水平净距 1.8m

图 5-3　日旭商务中心现场照片

图 5-4　上海君城现场照片

图 5-5　汉庭酒店现场照片

图 5-6　长宁大厦现场照片

沿长宁路的管线情况　　　　　　　　　　　　　　　　　　　　　　　　　表 5-2

序号	管线种类	管径	埋深（m）	材质
1	电力	1 组	0.68	铜
2	电信	6 孔	0.75	铜
3	信息	12 孔	0.79	光纤
4	上水	ϕ500mm	1.05	铸铁
5	电信	36 孔	0.93	铜
6	电信	12 孔	0.90	铜
7	雨水	ϕ1000mm	2.25	混凝土
8	电力	1 组	1.28	铜
9	燃气	ϕ300mm	1.33	钢
10	电力	20 孔	1.50	铜
11	电信	12 孔	1.13	铜
12	燃气	ϕ300mm	1.18	钢
13	燃气	ϕ300mm	1.15	钢
14	上水	ϕ500mm	1.03	铸铁
15	电力	20 孔	1.33	铜
16	电信	3 孔	0.63	铜

沿江苏北路的管线情况   表 5-3

序号	管线种类	管径	埋深（m）	备注
1	电力	20 孔	1.42	铜
2	上水	ϕ300mm	0.90	铸铁
3	上水	ϕ500mm	1.00	铸铁
4	电信	36 孔	1.05	铜
5	雨水	ϕ2400mm	6.40	混凝土
6	燃气	ϕ300mm	1.10	钢
7	上水	ϕ300mm	1.00	铸铁
8	信息	1 孔	0.40	光纤

5.1.2 难点分析

1．轨道交通设施保护标准要求高

轨道交通是城市重要的公共设施，运行的 7 号线、11 号线均具有运量大、行车密度高的特点，每条线均涉及数百车次及数万人的出行安全，为确保轨道交通的运行安全，相关行业部门以及上海市政府制定了严苛的保护标准。本次穿越施工必须将扰动降到最低，满足相关的规定与要求，确保轨道交通的运营安全。

2．直径 15m 级泥水盾构下穿运营地铁尚无先例

尽管盾构法下穿运营的轨道交通已达数十次之多，但是直径 15m 的超大泥水盾构下穿运营地铁尚无先例。列车在往复振动条件下对开挖面泥膜支护的影响，对开挖面稳定的影响还尚不清楚。

3．急曲线段下穿

急曲线是本工程显著特点以及诸多难点之一，其中最小转弯半径仅为 500m，当穿越轨道交通与急曲线掘进叠加出现时，风险将进一步加剧。

4．与穿越房屋及管线等工况叠加出现

北横通道里程为 K5＋915～K5＋943（东线 386～399 环），将下穿运营的轨道交通 11 号线隧道，穿越区域上方位于长宁路与江苏北路交叉口附近，盾构穿越轨道交通前后将穿越日旭商务中心、上海君城和银河证券等房屋建筑，以及大量的城市管线，地面环境条件十分复杂。

北横通道里程为 K7＋957～K7＋979（东线 1407～1418 环），将下穿运营的轨道交通 7 号线隧道，穿越区域上方位于新会路与常德路交叉口处，盾构穿越轨道交通前后将穿越亚新生活广场、常德名园 1 号楼、同德公寓 1 号楼，以及白玉坊等房屋建筑，地面环境较为复杂。

5.1.3 重大市政工程政府专项保障工作

1. 北横通道工程建设指挥部保障工作

（1）市指挥部（市政府）在穿越前，多次组织召开专题会议，听取各方意见，并针对穿越轨交 11 号线相关专项方案提出具体要求。

（2）成立市应急组织领导小组，组长由市指挥部第一副总指挥担任，副组长由市指挥部副总指挥担任。成员包括：×××、×××、×××、×××。

工作小组：

1）地面公交应急保障小组

组长：×××

成员：×××

全面负责地面交通应急保障。

2）工程实施指挥小组

组长：×××

组员：×××

全面负责工程推进；汇总和上报突发情况信息；指导和协调各项现场应急措施的实施。

3）联合监测小组

组长：×××

组员：×××

全面负责监测和上报相关数据；配合各项现场应急措施的实施。

2. 市交通委保障工作

（1）组织架构

1）市交通委应急指挥小组

组长：×××

副组长：×××、×××、×××

组员：×××、×××、×××

负责全面监督、指挥、协调各类事项。

2）现场应急指挥小组

组长：×××

组员：×××、×××、×××

负责突发情况信息汇总和上报；指导和协调各项应急措施的实施。

（2）专项推进

1）北横通道指挥部办公室穿越前分别组织召开"北横通道工程穿越轨交11号线专题协调会""关于北横通道工程主线盾构下穿11号线专题会""北横通道主线盾构下穿轨道交通11号线应急准备工作专题会"，督促、推进、各相关单位落实相关穿越准备工作，协调解决难点问题，并及时向市应急组织领导小组、市交通委应急指挥领导小组汇报。北横通道工程建设指挥部办公室相关发文见图5-7。

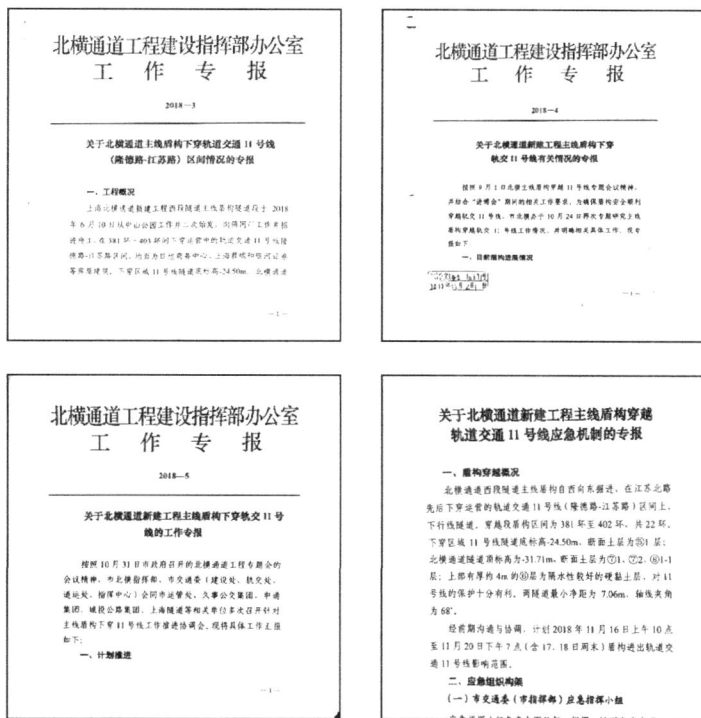

图5-7　北横通道工程建设指挥部办公室相关发文

2）市交通委轨道交通处召开"北横通道施工下穿轨道交通11号线应急预案专题会"，明确穿越轨交11号线期间列车减速运行或停运后地面公交常备和应急响应机制。

3）市交通委道路运输处召开"北横通道施工下穿轨道交通11号线应急预案"专题会，要求进一步完善应急响应机制和各方责任。

4）市交通委谢峰主任听取"北横通道新建工程盾构下穿轨交11号线专题会"，委内分管领导对各部门单位提出具体工作要求。

5）市交通委于福林副主任听取"北横通道新建工程盾构下穿轨道交通11

号线应急预案专题会",听取相关单位关于北横通道主线盾构穿越 11 号线期间的地面应急预案,明确各方责任。

5.1.4 建设施工方保障方案

1．建设方保障方案

建设方制定《北横通道新建工程一期东线盾构穿越轨道交通 11 号线建设保障方案》,相关方案目录见图 5-8,保障盾构穿越轨交施工。

图 5-8　建设方保障方案目录

（1）风险管控组织机构

针对盾构穿越轨道交通涉及的部门及单位众多的特点,需要建立科学合理的安全管控体系,明确体系中参与的部门和单位以及各自的职责分工。确保穿越施工的筹划与实施过程中指令畅通,体系运转高效。在北横西端主线盾构的多次穿越轨道交通过程中,由市北横通道新建工程指挥部牵头建立风险防控管理组织机构,见图 5-9。

（2）应急管理组织

1）应急专家小组

成立工程应急专家小组对应急情况下重大技术问题提出建议意见,提供技术支持,小组组成人员:

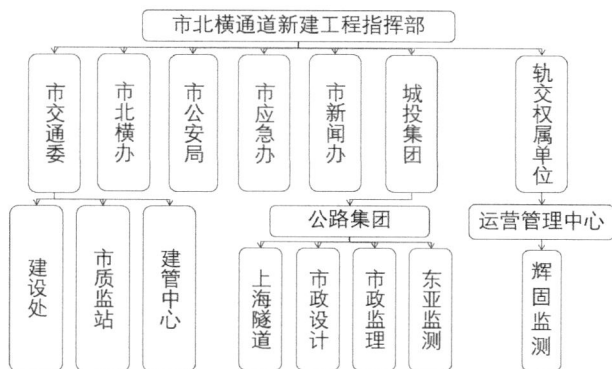

图 5-9 风险防控管理组织机构

组长：×××

组员：×××、×××、×××

2）监测数据分析小组

盾构穿越过程中，由专业单位负责监测信息的即时采集、整理和分析，其中 11 号线环境监测及视频监控由申通委托辉固实施，北横通道环境监测由隧道公司委托东亚实施，双方做好信息的同步共享。

同时成立监测数据分析小组，由申通集团、北横通道现场指挥部、隧道公司、市政院、市政监理等单位人员组成，主要负责对环境监测、视频监控、盾构掘进施工的数据做出科学、合理的分析，进行研判与报警，及时向应急指挥小组汇报，以便正确决策下一步的工作方向。监测数据分析小组由每日现场值班人员组成。

（3）信息化管理措施

1）盾构掘进数据实时采集与远程发布

在施工现场隧道内的控制室安装 1 台井下计算机用于采集盾构 PLC 数据，同时盾构机 PLC 和数据交换 PLC 通过光纤将数据传到地面计算机，通过云服务可以利用电脑或者手机 App 软件，实时查看盾构施工数据及历史数据，指导盾构推进。

2）对运营地铁的监护

监测范围以北横通道隧道与地铁隧道左、右行线相交的两点，沿地铁线路纵向向两侧各 30m 范围内（约 60m）。

监测方法有：

① 自动化监测，沉降监测由 2m 长电水平尺首尾相连构成。

② 线路水平位移、收敛以及自动化沉降监测点的复核采用常规光学仪器，

利用人工监测实施。

穿越期间派专人负责监测信息的即时收集、整理和分析，当实测数据达到（或超过）报警值时，即刻口头报警，以便及时采取相应措施确保安全，并以最快方式提交"日报表"，在日报表上对超限数据会以明显的示警标记提示。总结报告在监测工作全面结束后一个月内提交。

在盾构穿越后持续进行土体变形的观测，便于指导下阶段的跟踪注浆施工。

3）环境监测

在盾构施工过程中由于土体的缺失而导致不同程度的地面和隧道沉降，从而会影响到周围的地面建筑、地下管线等设施的正常使用。

针对该区间隧道沿线的建（构）筑物及地下管线设施，结合盾构推进施工中引起地面沉降的机理，进行如下监测内容：隧道轴线上方地表及管线沉降监测；建（构）筑物沉降、倾斜、裂缝等监测；隧道沉浮和水平位移。

4）成环隧道稳定性监测

根据《市政地下工程施工质量验收规范》DG/TJ08-236-2013，《盾构法隧道施工与验收规范》GB 50446—2017对隧道轴线偏差、管片拼装偏差、隧道防水、结构表观质量等进行监测和验收，成环隧道稳定性监测数据每天汇总后生成电子报表，上传管控系统，并发布共享于相关微信群内，方便及时了解分析指导盾构施工。

（4）CCTV视频监控

1）工程综合管控系统

为了进一步提高建筑工程施工现场综合管理水平，全力打造数字化工地，强化建筑施工现场动态监管，全面提升工程质量和安全生产监管效率，在北横通道新建工程Ⅱ标中现场设置综合管控中心，采用工程综合管控系统。利用工程综合管控系统，依靠声音、图像、数据分析，在隧道建设过程中进行全方位监控，全天候预警，上下联动，管控一体，实现施工和安全管理的科学化、智能化、信息化目标。实现对施工车辆、人员、设备的智能化感知、识别和管理，降低工程事故发生概率，提高工作效率，改善施工人员的工作环境，从而大幅提高工程施工的管理水平，降低碳排放。

2）"全球眼"远程监控系统

"全球眼"是基于Internet的高品质实时视频监控系统，用户可以选用不同类型的网络接入方式，通过各种网络摄像机及数字编解码器，在数字监控平台上实现远程的网上监控。在本工程中引入"全球眼"远程监控系统，利用现今无所不在的宽带网络，将现场各个分散、独立的图像采集点进行联网，实现跨地域、全范围内的统一监控、统一存储、统一管理，真正做到在任何时间、任何地点通过宽带网络掌握工程全局。

（5）应急预防

在施工前采取各种主动应急预防措施，力争将发生事故的概率降到最低。

盾构推进施工前，对被穿越轨道交通线的情况进行详尽的摸排调查，穿越过程中列车振动对变形的影响情况进行数字模拟，根据数字模拟的结果，并结合被穿越地铁的实际情况制定详细、有针对性、可实施性强的盾构穿越施工方案。在盾构掘进初期设立盾构推进试验段，通过试验段的推进摸索出最合适的盾构推进参数设定值，为穿越段的参数设定提供依据。盾构推进施工前对所有设备进行检修，确保所有设备能正常运行；施工中加强对设备的维护保养，把设备发生故障的可能性降到最低。

盾构穿越轨道交通前，由市北横指挥部组织各单位召开事前沟通会，将工程实施计划、可能发生的风险及应对措施等充分沟通，明确各方责任。

（6）建立现场风险管控监督检查制度

超大盾构穿越轨道交通过程中的风险是指会对建设目标产生重大社会影响或导致发生重大工程事故的风险，必须通过包括建设、勘察、设计、施工、监理、监测等参建各方认真分析每个风险项目的特殊工况，详细梳理所有风险源，并逐条制定有针对性的技术措施和管理措施，以确保风险项目管控的安全顺利实施。

建立风险管控监督检查制度，目的是构建对风险项目的有效管控，实现分级管理，以控制、消除事故隐患，降低重特大风险项目发生事故的概率，确保工程项目的施工安全。

1）管控原则

风险项目采取分级管控原则。风险源所属单位承担主体责任，负责对本单位的风险源进行排查、登记、建档、调整；制定并落实管控措施；明确单位直接责任人；确保风险可控。风险项目建设管理采取由行业主管部门监督、建设单位集团层面重点监管、现场项目部主要领导全面督管相结合的方式：施工、监理、第三方监测单位分管领导分别作为风险项目的第一管控责任人、第一监督责任人和第一监控责任人，同样实行现场定点挂牌督办方式。

2）管控主体

建设单位作为风险项目管控的责任主体，建立由现场项目部牵头的管控领导小组。现场项目部负责人对风险项目负责；承担该项目的设计、施工、监理、第三方监测等主体单位相应设立管控机构，对风险项目全面负责。

3）管控实施要求

进行风险管控工作，需要从工程风险的源头采取系统措施。重点解决地质、设计、质量源头等方面的突出问题，调动参建单位的积极性，提高对工程风险防范和处置的认识，做到工程风险全面受控，工程风险问题有效应对，工程险情及时处置。重点落实以下几个方面：

① 建设准备阶段

针对工程节点的地质条件、制约条件、工况条件等风险因素和工期筹划造成的风险叠加因素，建设单位现场项目部应组织勘查、设计、施工等参建单位深入研究、论证对策和方案，梳理攻关项目和普遍问题，各部门协调处置。

当工程处于高风险的承压水、微承压水和古河道复杂地质条件，以及工程与轨道交通等环境制约条件苛刻情况下，建设单位现场项目部应在设计、施工方案评审的基础上，组织盾构穿越轨交应急预案的专项审核工作。

在盾构穿越重要节点前，由建设单位现场项目部负责备案工程风险期节点工作计划。

② 建设实施阶段

组织开展盾构穿越含轨交等关键节点或致命性分部分项施工节点时的验收工作。对验收中发现的问题和社会专家的评审意见应逐一对照落实整改工作。对于致命性分部分项工程的相关验收材料、专家评审意见、销项资料等在风险工序开工前备案，建设单位及监理单位负责抽查、监督。

盾构工程以盾构机适应性、穿越敏感地带为要点；应急预案以应急物资、设备、人员到位、管线排摸为要点；监测数据以及时性、真实性、完整性为要点。在致命性项目进入风险施工阶段，建设单位现场项目部应定期开展现场风险管控工作检查，对发现的问题落实整改工作，并督促相关参建单位分管领导加强带班检查力度，切实履行风险管控职责。建设单位应按照施工单位上报的工程风险期节点工作计划组织开展风险项目的符合性检查工作，对发现的问题采取指导、服务的方式予以纠正。

建设单位应把第三方监测纳入到风险管控体系中，在风险期内应围绕每日监测数据建立现场工作流程。通过监测数据把施工作业的风险程度始终稳定在可控状态。现场项目部应编制相应的处置组织机构、工作流程等管理办法。

③ 应急处置阶段

当穿越节点出现险情时，现场应急指挥小组应第一时间组织建设、施工、监理、监测等单位的相关责任人赶赴现场指挥应急处置。

险情处置完成后，由建设单位牵头进行险情处置后评估工作，形成险情处置后评估报告，向现场应急指挥小组备案。报告内容应包括险情发生和处置的过程描述、分析险情的技术原因和管理原因、险情处置流程和措施的合理性评估、相关的教训和改进措施、值得借鉴和推广的经验等。

④ 风险管控的监督、检查

对风险管控情况进行常态化监督检查，组织专家和工作人员，对各风险管理的责任部门进行管控措施落实情况抽查，抽查结果将及时反馈至相关单位和其上级主管部门。

签订责任状，确保风险管控责任落实。各级相关领导要与风险项目结对挂牌负责，签订安全风险管控责任状，对所结对的安全风险管控工作负责督管，层层定责，层层落实，切实做到闭环监管，失职追责。

风险管控工作纳入对参建单位的年度考核中，严格执行风险管控一票否决制。

⑤ 责任追究

发生以下情况的，启动风险管控工作约谈，上级部门对下级部门，安全生产责任部门对相关单位可实施约谈：

未建立风险管控清单和管控责任清单；

未落实风险项目和重大风险项目的监管责任单位、责任人、监管措施；

发生的事故当中存在明显的监管责任。

2．施工方保障方案

施工方制定了《北横通道新建工程Ⅱ标盾构穿越轨道交通 11 号线施工安全及保护专项方案》（方案编号：STEC-BHTD02-SGFA-DGD-0078），相关方案目录见图 5-10，指导穿越施工。

（1）盾构穿越施工总体筹划

1）影响范围的确定

相比其他的穿越工况不同，在本次穿越 11 号线的前段和后段均在下穿房屋建筑，因此无法参照以往案例按穿越前、穿越中和穿越后三段进行影响范围的划分。

11 号线投影面积的范围为北横隧道 386～400 环，北横盾构机体长约 14m，在掘进第 381 环时刀盘开始进入投影面下方，在掘进第 403 环时盾尾离开投影面范围，因此对 11 号线的影响范围定为 381～403 环（共计 23 环，46m）。

图 5-10 施工方保障方案目录

2）穿越施工计划安排

按正常掘进速度（5～6 环 / 天）预计"纵横号"盾构将于 11 月中旬到达该节点。

根据申通集团的建议，刀盘在 11 月 16 日晚上 20：00 进入地铁 11 号线的投影范围（掘进第 381 环），按 3～4 环 / 天（双休日 4 环 / 天，其他 3 环 / 天）的方案匀速通过该节点，11 月 23 日穿越结束，历时 7 天。

3）暂停部分隧道内部结构施工

在盾构穿越地铁 11 号线施工期间（11 月 16 日～11 月 22 日）将暂停部分隧道内部结构施工，主要包括：中板以下的混凝土浇筑、侧墙和中板的相关施工作业，主要基于以下两方面考虑：

① 将隧道内的运输通行车辆降到最少，确保盾构后勤补给畅通高效。

② 减少工作面，降低交叉作业施工的风险，同时项目管理资源向盾构穿越施工的工作面聚焦。

4）穿越区间的隧道结构现状

2018 年 6 月 22 日夜间，在列车停运期间，由各单位联合对区间隧道进行现场踏勘（图 5-11），对发现的问题进行记录备案。主要结构性损伤情况见表 5-4：

地铁区间统计情况 表 5-4

区间	环号	管片情况
下行线	569	L1 边角处有裂缝
	587	管片碎裂情况较明显，其中钢筋外露
	606	管片有裂缝
	608	管片有裂缝
	614	封顶快有湿迹
	623	L2 边角碎裂
	631	边角处有裂缝
	633	修补过，无渗水
	645	管片有湿迹
上行线	543	封顶块进行过修补
	544	封顶块进行过修补
	573	管片有湿迹
	574	管片有湿迹
	612	轨道有较长裂缝

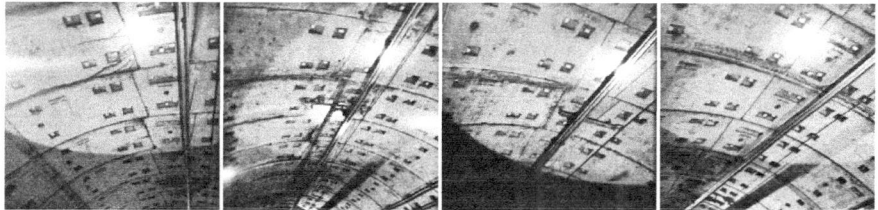

（a）

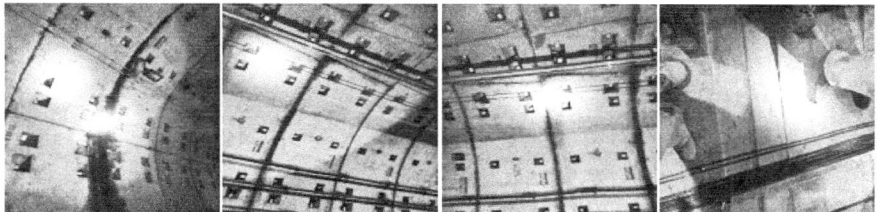

（b）

图 5-11　隧道踏勘现状

（a）下行线隧道踏勘现状；（b）上行线隧道踏勘现状

经现场联合踏勘，地铁 11 号线的结构情况不容乐观，因此，"纵横号"盾构穿越施工过程中如何减小对上方地铁隧道的扰动，确保结构和运行列车的安全是本次穿越施工的主要目标与宗旨。

5）模拟仿真分析

为了研究列车振动对地铁隧道变形的影响，由上海市政设计研究院进行了数值模拟分析。不计列车振动荷载的情况下分析得出，北横通道施工地层损失率约为 3.3‰ 时，下穿施工引起地铁 11 号线隧道的沉降量约 10mm，曲率半径约 35082m，相对弯曲 0.41/2500。满足相关的规范与规定要求。

以北横通道已施工区段的地表沉降监测数据及下穿兆丰别墅监测数据，与数值模拟计算结果进行对比，北横通道施工地层损失率可控制在 3.0‰～4.0‰。

取激振力函数 $F(t) = P_0 + P_1\sin\omega_1 t + P_2\sin\omega_2 t + P_3\sin\omega_3 t$（$P_0$—列车静载，$P_1$—行车平顺性附加荷载，$P_2$—作用到线路上的动力附加荷载，$P_3$—轨面磨耗附加荷载），及上海某下穿地铁施工后铁轨不平顺样本，计算列车振动荷载，取动力系数约 0.24，见图 5-12、图 5-13。

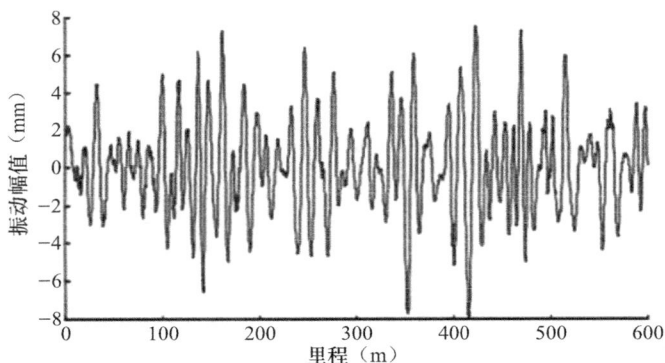

图 5-12 模拟分析采用的列车振动激励

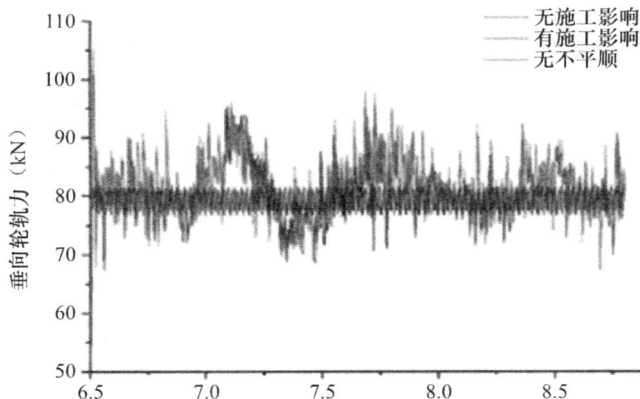

图 5-13 垂向轮轨力

经有限元分析，由列车振动荷载引起地铁 11 号线隧道的沉降量约 1.4mm。

考虑列车振动荷载后，下穿施工引起地铁 11 号线隧道的沉降量 10mm，北横通道施工地层损失率需控制在 2.96‰ 左右。

6）不同穿越方式的比选

在刚开始讨论穿越施工问题时由于尚无先例可以借鉴与参考，部分专家和领导建议列车停运后再穿越。经过评估列车停运对社会影响太大，尤其是后阶段将会频繁出现超大断面盾构下穿运营轨道交通的情况。

在方案的论证过程中在列车不停运的前提下曾提出两种方案，即间断穿越（白天列车运营期间北横盾构停止推进，晚上列车停运期间北横盾构推进）和连续穿越（北横盾构均衡匀速穿过），针对两种方案进行了详细的综合比较，不同穿越方案比较分析见表 5-5。

不同穿越方案比较分析   表 5-5

编号	定义	方案的优势	方案的劣势	综合判断
方案（一）间断推进	白天列车运营期间北横盾构停止推进，晚上列车停运期间北横盾构推进	对列车运营的安全保障度有一定的提高	由于正常的停运窗口期较短，为满足 2 环／天的要求，需要对列车运行时间进行调整；穿越施工的时间增加了 1 倍，穿越施工的风险也相应增加；盾构要反复停机和恢复，对地层的扰动不利，施工组织的复杂性增加	
方案（二）连续推进	北横盾构以 4 环／天的速度均衡匀速穿过	穿越施工时间短，可以在国庆长假期间完成穿越施工；施工过程连续紧凑，有利于施工组织，减小扰动	地铁运营方需要根据施工变形控制水平评估穿越对地铁的影响程度，并采取相应的防范措施	√

经过综合比选，最终选择方案（二），即盾构连续掘进。考虑到列车振动对开挖面的稳定有一定的影响，为了将地铁列车振动的影响降到最低，申通集团通过多轮现场测试确定在盾构穿越期间对该区间列车进行限速运行，由正常 60km/h 降到 15km/h。

基于上述因素，在方案制定与实施中采取"盾构限速运行、盾构匀速穿越"的总体方案。

7）穿越时间窗口的选择

穿越时间窗口的选择也十分重要，由于长假、节假日或双休日列车的客运量仅是正常客运量的 30% 左右，而且不存在工作日的早晚高峰问题。因此穿越施工的时间窗口优先选择长假或节假日，如果不满足的情况下则可选择双休日，并且充分利用双休日客流较少的有利条件，尽可能地实现快速穿越。

8）地铁隧道的变形控制标准

通过对大量类似工程案例分析与总结，以及在考虑列车振动条件下的数值模拟分析成果，并参考北横西段主线盾构在前期穿越房屋施工的表现，以盾构下穿地跌11号线为例，本次穿越施工具有如下特点：

① 穿越节点地层相对有利：11号线地铁隧道与北横隧道覆土厚度均达到正常范围，两者的净距达到7.06m，中间（北横盾构上方）有⑥层，北横盾构底部为⑧₁层。

② 相较其他工程案例，由于北横隧道只有1根，因此本次穿越只有1次扰动，不存在两次扰动叠加的现象。

③ 盾构装备的性能有较大改进：相比以往案例而言，该工程盾构装备为新购设备，各系统的性能较为先进，也为穿越各类建（构）筑施工进行了针对性设计，在穿越11号线前整个设备各系统以及人与设备间已经进行了充分磨合。

④ 北横盾构的前期施工表现充分验证了装备的可靠性与参数的合理性。

在后续编制的盾构穿越地铁11号线专项方案中明确了这一控制标准，在上海市建委科技委组织的专项方案专家评审会上，专家们认为这一控制标准符合客观实际，具有可实施性。包括在后期盾构下穿地铁7号线的变形控制标准也同样采用了 $-20 \sim +20$mm。

9）地铁隧道的变形监测

整个穿越施工过程中，信息化施工尤为重要，相比常规的施工除了布置环境变形监测点外还需要对运营地铁隧道的位移及变形情况进行监测，用以反馈施工参数的动态调整。由于列车不停运，所以只能采取自动化监测手段为主结合人工监测验证。

以盾构穿越地铁11号线为例，因北横通道主线与运营的11号线隧道投影面上呈大角度相交，处于北横通道主线盾构隧道正投影区域外扩132m范围内的运营地铁线路结构作为监护监测的对象。根据《上海市轨道交通管理条例》的有关规定，项目属于"上海市地铁安全保护"的重点项目。为保证本项目的顺利实施，同时使运营地铁隧道处于安全状态，在施工中需对影响范围内的地铁结构稳定状态（含沉降、水平位移、直径收敛等变形）进行安全监测，并根据实测监测数据指导施工和对地铁隧道的安全维护。

（2）主要应急措施

1）成环隧道管片上浮

根据以往的经验，成环管片从盾尾脱出后有上浮的趋势，隧道断面越大隧道上浮的风险就越大，北横隧道上浮将会带动上方的土层及地铁 11 号线隧道上浮。采取的措施如下：

① 正式穿越前通过试验段并参考前段掘进的经验摸索相关的工艺参数，包括：浆液配比、注浆总量、注浆点位分布、注浆压力等，尽可能避免穿越期间出现隧道上浮的情况。

② 对浆液的质量进行调整与改良，优化调整掘进参数及注浆参数，根据需要可考虑加适量早强剂，让同步浆液尽快产生强度。

③ 加强对隧道上浮情况监测，根据监测数据适当减缓掘进速度，保证后方浆液及隧道稳定后再推进。

④ 通过压铁等措施对盾构机机头及 1 号车架进行压重，增强抗浮能力。

⑤ 打设环箍，对脱出盾尾的管片压注双液浆，稳固后方隧道，提高隧道整体稳定性。

⑥ 对于踏步较大的地方种筋并焊接连接筋板，增强隧道整体稳定性。

2）盾尾出现渗漏

盾尾渗漏是盾构施工中的常见风险，如不及时控制将引发重大事故甚至灾难。针对盾尾渗漏采取的措施如下：

① 盾构穿越前对盾尾刷的情况进行全面评估，保证在穿越施工期间设备的完好性与可靠性。

② 严格油脂压注的管理工作。定期、足量、均匀地压注盾尾油脂。根据需要可压注特殊的有防水性能的盾尾油脂。

③ 控制壁后注浆压力，避免浆液进入盾尾，造成盾尾密封装置被击穿，引起土体中的水跟着漏入隧道，盾尾密封性能降低。

④ 及时调整拼装点位，确保管片居中拼装，以避免盾构与管片之间的建筑空隙过大、降低盾尾密封效果，引发盾尾漏泥、漏水。

⑤ 如果出现盾尾渗漏，可在管片背部整圈垫放海绵，封堵管片与盾构间的间隙与渗漏通道。

⑥ 每隔一定的距离压注一圈聚氨酯，作为止水保护圈。

3）设备故障停机

设备故障停机是日常施工中常遇的情况，但在盾构下穿 11 号线节点中设备故障停机的情况要尽量避免，采取的措施如下：

① 盾构穿越前对设备进行全面维修保养，确保装备处于最佳的状态。

② 备足常用的备品备件，确保对损坏的部件能及时更换。

③ 维修保养人员 24 小时待命，确保设备故障后及时到位。

4）盾构机壳体压注克泥效

启动条件：沉降点位于盾构机壳体上方，沉降量超过 10mm。

"纵横号"盾构机设计预留 3 道壳体注浆孔，每道 14 个注浆孔，第一道位于前盾，第二、三道位于中盾位置。

参考东线始发段穿越房屋的相关经验：克泥效的压注采用 AB 液系统，类似于双液浆，2 台泵 2 根管路，通过末端出口处的混合器压注出去。A 液是水灰比 1：0.6 的克泥效搅拌液，B 液是水玻璃，AB 液的压注比例为 20：1。通过盾构机自带的 AB 液系统压注到第二道盾壳上的预留孔，在推进过程中进行压注，只需要压注上部 3 个孔，每环 3 个孔进行轮换。压注量根据盾构机的锥度进行计算，暂定每环 1.5m³，注浆压力小于气泡舱顶部压力。

5）北横隧道内二次注浆

启动条件：沉降部位位于成环管片上方，沉降量超过 10mm。

若管片脱出盾尾后，上方的轨道交通隧道沉降量超警戒值，可采取二次注浆的方式对主线隧道进行加固并抑制上方地铁隧道下沉。在管片内弧面增设的注浆孔压注适量水泥浆，及时对隧道上方 150° 范围土体进行注浆，通过控制主线隧道沉降变形来最大化控制轨道交通沉降，见图 5-14。

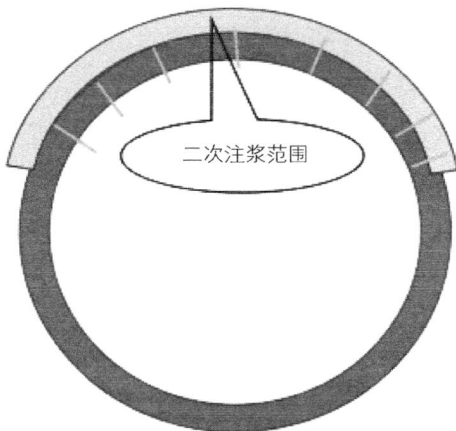

图 5-14　二次注浆示意图

补压浆派专人负责，对压入位置、压入量、压力值均作详细记录，并根据地层及轨道交通变形监测信息及时调整，确保压浆工序的施工质量。

二次补压浆操作时需注意以下几点：

防喷：在疏通预留孔及放置注浆管时，采用特制防喷装置，防止地下水渗漏和喷射，确保隧道安全。

漏浆：具体施工中可能由于注浆管插入预留注浆孔后，在注浆的同时可能会造成沿注浆管外侧返浆、冒浆及临近孔冒浆现象。采用特制的防喷装置，进行防喷和堵漏，施工结束时，压注些双液浆，封孔。待双液浆初凝后将注浆管拔出，清洗孔口，用专用盖封闭，并将现场清洗干净。

6）地面补偿（抬升）注浆

该方案由申通集团委托专业公司编制相应的专项方案并负责实施。

应急处置措施的思路：在地面成孔，伸入到地面以下33m（地铁11号线下方⑥层土底部）进行补偿注浆，对⑥层土进行整体抬升从而对地铁11号线的下沉进行抑制或恢复。

经过分析该措施存在以下方面的问题：

①由于本工程中⑥层土的厚度为 4.0～4.9m，在深度超过 30m 情况下进行整体抬升难度较大、效果不会理想。

②施工节点位于长宁路江苏北路交叉口，交通十分繁忙，管线十分密集，注浆孔位的布设以及施工难度很大，可操作性不强。

③由于注浆孔要将⑥层隔水层打穿，导致⑤$_{1T}$和⑦$_1$层联通，而地铁11号线位于⑤$_{1T}$层中，对地铁隧道的长期稳定不利。

针对上述存在的问题，公路集团、上海隧道就注浆孔位布设与交警、管线单位以及专业的注浆公司进行沟通协调。

7）地铁隧道上抬超标的应急措施

启动条件：上抬量超过 10mm。

做好趋势分析提前介入，如果地铁隆起，检查操作过程，无异常时，优先考虑稳定正面顶部土压力，调低推进速度，推进 10cm，根据地铁隧道监测单位提供的监测数据调整推进速度；其次，考虑对同步注浆的参数调整与优化，包括注浆总量减少，对注浆点位分配进行优化等。

5.1.5 运营方保障方案

1．轨道交通运营方

轨道交通运营方针对盾构穿越轨交 11 号线，制定了《北横通道下穿上海轨道交通 11 号线工程应对保障方案》，相关保障方案目录见图 5-15。

图 5-15 轨道交通运营方相关保障方案目录

（1）限速运行方案

列车速度选取信号允许的最低速度，即 15km/h。

具体区段为：北横通道挖掘投影公里标两侧加 80m 防护设置限速，并加上防护长度后，需限速的范围为：11 号线隆德至江苏路上行：SK30＋602.1～SK30＋779.6；下行：XK30＋572～XK30＋750。

中央 ATS 限速对应的轨道区段为：下行 T439；上行 T422、T423。

限速影响：经测算，时速 15km 限速上行延误 123.8s，下行方向将延误 86.8s。

为提示司机限速行车，两块限速牌分别安装于 XK30＋750、SK30＋602；两块限速取消牌分别安装于 SK30＋779.6、XK30＋572。

（2）行车组织预案

当险情发生在运营期间时，停运段列车无法通行，根据区间是否通电情况分别制定应急预案，根据线路配置及交路情况确定停运区间，编制专项列车运行图，并以此作开展后续运营组织及公交短驳方案。根据停运区间范围，盾构穿越施工前在有条件的站点准备备车，提高列车停运后的车辆组织能力。

（3）客运组织预案

列车停运后，需要第一时间发布信息，组织乘客引导，相关工作包括：

1）公告张贴。遇突发情况需实施部分区段临时停运时，根据 COCC 工作指令相关要求，在全路网所有车站公告栏内张贴对外公示，运营恢复后按照 COCC 指令要求公告撤下。

2）导乘信息调整。运营调整期间，运管中心落实全网络 TOS 系统及移动电视上关于轨道交通运营调整的提示信息，全天运营时段滚动播放，确保运营信息内容准确、发布到位；加强运营调整期间车站广播和现场宣传引导，提高乘客告知力度；全线各站及临近换乘站做好 LED 屏信息调整工作；路网车站各岗位员工、网络服务监督热线、媒体信息宣传部门掌握运营调整信息，做好乘客问询及解释工作。

3）重点车站客运组织调整。各运营公司要根据施工专项方案要求，做好线路相关重点车站及临近换乘站的现场客运组织、导向标识设置、宣传引导工作，加强人员配备力量，确保现车客运组织平稳、有序。中断运营的区段，车站应根据行车调整协助配合做好列车清客作业，受到影响的换乘站配套做好换乘通道关闭、站台停用等客运组织调整工作。期间，要加强车站广播和乘客现场解释工作，做好客流疏导措施及现场引导。

4）配套公交短驳。相关运营公司要提前熟悉掌握公交接驳联系人及开行方案，关注公交接驳站点客流的动态变化情况，根据公交线路站点设置和开行时间信息，做好车站现场导向标志设置、人员宣传引导和乘客人数统计工作。

5）加强重点车站大客流保障。运营调整期间，各运营公司加强对运营调整影响区段及临近换乘站的关注力度，落实现场保驾人员力量和车站巡视工作，遇突发大客流，做好关键部位的客流引导，提前落实车站工作人员、车站民警等力量的合理分工和布岗，并及时向线路 OCC 反馈申请增加运力投放或调整，以联合做好车站大客流保障工作。

6）强化现场标准化作业。运营调整期间，加强车站服务人员服务规范和作业标准化的执行力度，做好乘客问询、引导以及妥善处理乘客事务。网络服务监督热线及各运营公司要及时、规范、妥善处理乘客咨询和投诉。

7）加强信息传递和应急联动。运营调整期间发生突发大客流时，车站要加强与公安的应急联动和信息传递，快速有效引导客流疏散，并将信息立即报 OCC、地铁服务监督热线，便于后续应急指挥与处置。

（4）行车预案

当停运区间供电正常时，应立刻安排故障区段内的列车驶离至下一站待命；全线扣车，确认相关列车在站或区间位置；在站列车扣车，区间内的列车位移至车站，确保故障区间不再允许列车进入。当抢修单位需要抢修时，调度应当及时配合抢修人员进入故障区间；需停电抢修时，调度应根据抢修负责人要求进行停电操作，触网停电前应确认停电区段不再允许列车进入，故障区段列车落弓收车。当停运区间需停电抢修无法正常供电时，应做好道岔、触网等失电的相关行车应急预案。

（5）工程应对策略及抢险预案

1）总体策略

通过对沉降数据、沉降速率、隧道表观三方面进行监测，决定采取的工程应对策略，并启动相应的行车调整预案。

沉降数据：通过数据监测，如地铁结构变形在 10mm 范围内进行观察，10～20mm 进行正常夜间停运后的隧道内微扰动注浆治理；超过 20mm 则视情况进行停运抢修。

沉降速率：如盾构工作面进入投影面后，结构变化速率发生突变，则进行停运抢修。

隧道表观：通过视频监控或夜间结构检查，穿越段出现管片结构掉角掉边、渗漏水、道床脱开、渗泥渗沙等严重结构病害，则视情况进行停运抢修。

当沉降数值达到或超过允许值时，即根据要求开展应急沉降治理施工，即微扰动注浆施工，为确保注浆施工时间，应先编制微扰动注浆方案，预先完成注浆孔打设、注浆管及注浆设备安装等工作，为确保出线险情时能够第一时间开展应急抢险施工，应事先就近存放 1～2 套应急抢险与注浆设备以及普通硅酸盐水泥 5～10t。

2）微扰动治理方案

当沉降数值达到或超过允许值时，即根据要求开展应急沉降治理施工，并以相关指令为施工终止条件。本次注浆范围暂定为上行线 S595～S610 环以及下行线 X580～X595 环。

（6）现场准备

1）供电专业

本次施工影响范围为：江苏路站 – 曹杨路站供电区间的变电设备以及接触网设备。

① 继电保护整定值调整

在施工期间，因穿越区段限速，曹杨—江苏上下行供电区段将最大开行 7 部电客，供电分公司将重新校核现有继电保护整定值，在施工前，对区域内继保定值做临时调整，并在恢复正常运行后调整回原定值。

② 绝缘设备加固

施工前将 11 号线江苏路-隆德路区间内针式绝缘子改造为弯曲破坏负荷更高的弹性悬挂绝缘组件（硅橡胶绝缘子），避免隧道发生沉降后针式绝缘子发生断裂故障。总计需改造弹性悬挂绝缘组件 50 套，计划 9 月 20 日前完成更换工作。

③ 触网设备监控

在整体施工前对涉及的接触网定位点、非绝缘锚段关节进行测量记录，对汇流排、接触线、定位装置等接触网设备进行检调，确保施工前设备处于良好状态。

施工中后期，触网检修人员定期对线路触网设备情况进行巡视和测量，及时把握触网设备状态变化，对因隧道变化出现的设备隐患做到及时预警。

2）信号限速准备

对由于北横通道下穿受影响的相关轨道进行限速运营。北横通道挖掘投影公里标两侧加 80m 防护设置限速，并加上防护长度后，需限速的范围为：

上行：SK30＋602.1～SK30＋779.6

下行：XK30＋572～XK30＋750

下行，将对轨道区段 T439 进行限速。

上行，由于要求的限速区间正好落入两个轨道区段 T422 和 T423 之间，所以需对这两个轨道区段进行限速。

若在指定的轨道区段进行限速后，列车将在进入该轨道区段前，实时计算当前速度并以目标限速驶入该限速区段，当列车尾部出清限速区段后，列车恢复到数据库中默认的速度运行。

（7）监测方案

对现场采取视频监控、人工监测、自动化监测相结合的方案，视频图像传至车控室、项目中控室、COCC，自动化监测数据传至项目中控室。

1）视频监控

将高清摄像机安装在区间隧道，将隧道内的状态 24h 实时传输到地面，反馈给监护相关部门，以便根据监控的信息评估影响范围内运营中的 11 号线隧道状态，为信息化施工及必要时的施工措施提供数据。

2）人工监测

① 监测目的：盾构隧道推进施工中，因超挖、纠偏等因素引起周围地层移

动，致使土体中轨道交通运营隧道产生沉降，如沉降较大或不均匀沉降过大，导致运营地铁隧道管片环缝张开等潜在风险，影响正常的运营。根据监测数据，为盾构参数的调整、后期注浆施工调整及运营地铁线路的状态评估和保护提供基础数据。

② 仪器：天宝的 DINI03，条码分度的因瓦尺；标称精度：±0.3mm/km。

③ 布设方法与位置：在 11 号线上、下行线监测范围的隧道内以 5m 间距，外放区域 10m 间距布设测点，上下行区域各布置 46 个监测点，共计 92 个测点。

注意：测点布设时，如遇变形缝、伸缩缝、车站与隧道的连接处等情况，需在其两侧均加设测点。

测点分布在监测里程内的隧道结构上，用冲击钻或射钉枪在测点位置处钻孔后埋入（或打入）顶部为光滑凸球状的测钉，测钉与混凝土体间不应有松动，测点处有明显的测量标记。应尽量利用长期监护测量已布设的、满足观测要求的标志。

④ 测量方法：根据二级沉降监测要求，采用水准仪对与基准点形成附合水准线路的各测点进行测量（通过计算得到测点相应高程），其高程变化量即为垂直位移。

3）自动化监测

测点布置：在监测范围中部 175.2m 的隧道内，以 11 号线江苏路站方向作为第一个测点起算沿轨道交通 11 号上、下行线路纵向 172.8m 范围内，由 2.4m 长电水平尺 72 支首尾相连构成总长 172.8m 监测线（72 支 ×2.4m/ 支＝172.8m）。

测点编号：11 号线上行线纵向：SU0～SU72；11 号线下行线纵向：XU0～XU72。

4）监测异常情况下及报警的监测措施

① 监测数据异常时（监测数据与工况不匹配），应对监测数据进行复测，同时检查是否存在人为错误；核实后确系因施工原因导致监测数据异常时应报警，同时加密监测。

② 监测报警时，应根据审批后的监测方案加密监测，并简要分析报警原因。

2. 地面公交运营方

为保障施工期间可能出现的地铁 11 号线限速、停运等突发情况，最大程度减少市民出行的影响，保障乘客出行的安全性、便捷性，制定了《北横通道下穿 11 号线期间公交配套短驳方案》。

北横通道穿越 11 号线隆德路站至江苏路站区间，盾构位置距隆德路站至江苏路站区间最近处仅 6.7m，为配合施工期间行车方案调整，提出配套公交短驳方案的相关需求。

5.1.6 监测方保障方案

1. 工程周边环境监测方

工程周边环境监测方针对周边环境变形监测工作，制定了《上海市北横通道新建工程 II 标盾构隧道项目下穿地铁 11 号线专项监测方案》，相关目录见图 5-16。

图 5-16 工程周边环境监测方专项监测方案相关目录

（1）监测目的

1）掌握大直径隧道盾构施工过程中地铁隧道周边的变形特性，尤其需要了解盾构施工时上方土体的变化情况。

2）了解轨道交通周围土体的变形性状，为减小盾构施工对 11 号线地铁的环境影响提供参考数据。提供数据整理和分析依据，为调整施工参数、控制地层变形、保护 11 号线安全运行提供数据。

（2）监测实施原则

1）监测的项目、布设、监测频率等技术实施方案应综合考虑施工环境、工程地质和水文地质条件、穿越构筑物的保护要求、盾构的施工性能等因素编制。

2）对突发的变形异常情况应启动应急监测方案。

3）根据监测中变形量、变形速率等变化情况，随时调整监测方案。

4）监测仪器和设备应满足量测精度。

（3）基准点的布设

针对本工程施工监测，利用甲方提供的水准点增设临时水准基点，并布设在施工区域 3H（H 为盾构底埋深）范围外，临时水准基点间距不小于 30m，其宜选在带基础的建筑物底部或坚实的空旷区域进行布设，在此基础上建立水准测量控制网，定期联测，确定其水准高程。在对每次测量数据进行处理时，应采用最新联测的临时水准基点高程作为起算高程。

为了保证沉降观测的精度，在布设水准路线时，参照 II 等水准规范测量要求，进行闭合或附合线路测量。

水准观测时间尽量选择早上温差变化小，在阳光下测量必须撑伞。由于工地现场情况复杂，线路测量时尽可能固定测站位置。

（4）监测点的布设

1）地表沉降点

布设测点前用全站仪在现场按设计里程及坐标放样出隧道轴线位置。在现场布置平行于隧道轴线的沉降监测点和垂直于隧道轴线的沉降监测点，平行于隧道轴线的沉降监测点一般情况每 6m（3 环）布设一组断面，每个断面 3 点（含轴线点），间距 7m；每 24 环布设 1 组长断面，每组均为 13 点（含轴线点），距离隧道轴线两侧分别为 2m、5m、9m、15m、21m、27m，见图 5-17。地表点根据隧道埋深和现场情况进行调整。另外，为了解地下深层变化情况，在有条件允许的情况下布设深层监测点。

布设方法如下：采用地表点埋设，直接在地面设定位置冲击钻孔，打入测量专用道钉，并确保其牢固。或采用地表桩的形式，直接布置在土层内，测点采用约 0.5m 长钢筋埋设，周边浇捣混凝土固定。

2）地铁上方地表监测点

对区间隧道中线两侧 60m 范围内轨道交通 11 号线正上方地表按照 8m、10m、10m 的间距，共布设 7 点；上行和下行线共布设 14 点。

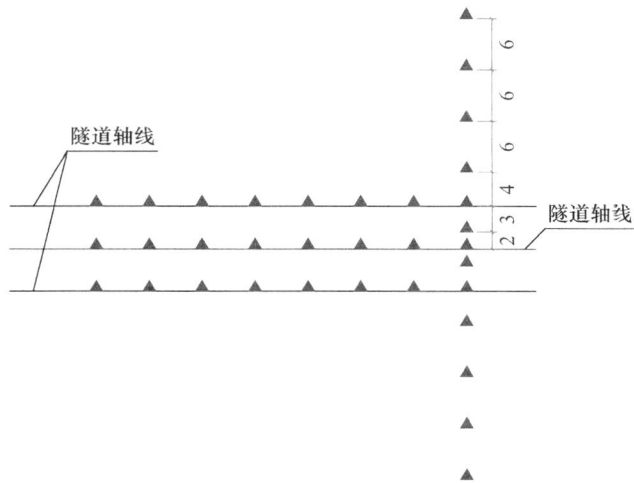

图 5-17　地表沉降监测点示意图

布设方法如下：采用地表点埋设，在地面设定位置冲击钻孔，打入直径 1cm、长度 5cm 测量专用道钉，为确保过往行人安全，道钉顶部尽可能与地面保持平整，并确保其牢固。

3）地铁保护范围监测点统计汇总表（表 5-6）。

地铁保护范围监测点统计汇总表　　　　　　　　　　　　　　　　　　　表 5-6

序号	项目	测点数量	构成
1	地表沉降	19 点	道钉
2	地铁上方地表沉降	14 点	道钉

（5）监测点的保护

工程监测中，由于测试元器件基本埋入混凝土和土体内，使其具有"唯一性"和不可维修的性质。因此除切实认真做好有关监测点、传感元件的安装埋设工作外，对测点的现场保护工作也非常重要。具体保护措施如下：

1）应明确标示监测点的点号，同时在埋设工作完毕后应向各方提交监测实际埋设图纸以供查找。

2）日常监测过程中经常派人巡视各监测点，及时掌握监测点的完好状况，对破坏的测点应在第一时间内尽可能替换修补。

3）多部门配合、协助共同做好现场监测点（孔）的保护措施。

（6）报警值设定

根据实际的经验和相关的规范，提出以下报警值供参考：

1）盾构掘进期间地表监测点日变化量报警值为 ±4mm 且盾构机头前方本次变化量不能为负值，累计报警值为 -30～10mm。

2）地铁上方的地表沉降累计变形控制在 -20～＋20mm，单次沉降报警值为 ±2mm。

上述报警值标准若低于相关权属部门或主管部门要求，报警值以相关权属部门要求为准。

（7）报警机制

在工程进行施工时，将严格按照以下方式进行操作。

1）保证项目部人员 24 小时值守现场，并经常巡视、保护监测点（孔），以保证监测点（孔）的正常使用，能及时发现监测点（孔）的异常损坏并恢复。

2）对以电脑处理的监测资料做合理的备份保护，以避免由于电脑故障而对监测工作造成影响。

3）对日常使用的监测仪器应定期或不定期进行校核，确保采集的数据真实、可靠，同时应有备用监测仪器，当现场仪器出现故障或损坏时能及时调换，保证监测工作正常进行。

当实测数据出现任何一种报警状态时，监测部立即向施工主管、监理和建设单位报告，获得确认后立即提交预警报告。

（8）监测频率

监测工作自始至终要与施工的进度相结合，监测频率应满足施工工况的要求，监测频率安排见表 5-7：

监测频率 表 5-7

施工工况	一般监测范围	监测频率	备注
盾构距离 100 环以上	布设监测孔	—	确保监测孔埋设稳定期 2 周以上
切口距离 15 环以上	取初值	采集 2 次初值	平均值作为初始值
正常推进	前 15～30 环	2 次/天	视施工及监测数据跟踪监测
后期	盾构推进后	1 次/3 天	盾构推进后 1 周内
		1 次/7 天	盾构推进后 1 月内
		1 次/15 天	一个月后监测数据连续两次小于 0.5mm/15 天可停测

备注：上述监测频率为正常状况下的监测频率。现场监测时需根据施工工况和监测数据变化速率及时调整监测频率，确保工程安全。

（9）监测资料整理提交

监测数据的提交分日报表、阶段报告和最终报告。日报表由电脑整理、计算、储存；报表当日报送。当实测值临近"报警"值时，即加强监测，并及时进行报警，以便施工、设计采取相应技术措施确保施工和周围环境的安全。阶段报告是根据业主、设计和监理单位的要求，在某一施工阶段完成后提交的报告，为施工提供分析依据。最终报告在监测工作全面结束后一个月内提交。

（10）监测仪器设备（表 5-8）

监测仪器设备 　　　　　　　　　　　　　　　　　　　　　　　　　　表 5-8

序号	仪器名称	型号	数量	精度
1	徕卡水准仪	NA2	2 台	±0.3mm/km
2	全站仪	莱卡全站仪 TCRA1201	1 套	±1″；±（1＋1.5ppm×D）mm
3	钢尺	2m	2 对	—
4	电脑、打印机	国产	2 套	主流配置
5	静力水准仪	HD-2NJ103-1	37 台	量程 80mm；精度 0.1mm；分辨率 0.01mm
6	倾角仪	HD-3NQ128	10	量程 15°，精度 0.01°，分辨率 0.001°
7	数据采集仪	HD-JCX2106	6	波特率 9600bps（RS485）
8	GPS 定位系统	Ashtech97 新款式 Z-surveryor	1 套	精度为 2cm（水平距）

（11）监测项目组人员组成（表 5-9）

监测项目组人员组成表 　　　　　　　　　　　　　　　　　　　　　　表 5-9

职务	人数	职称／证书	备注
项目负责人	1 人	高级工程师	注册岩土工程师
技术负责人	2 人	中级工程师	注册测绘工程师
现场负责人	1 人	中级工程师	工程师
监测／测量人员	4 人	测量员	—

（12）风险点与监测应急措施

在施工出现险情的时候，除提高监测频率，进行监测外，还应采取一些必要的措施，为施工抢险提供更及时的信息监测。

正常情况下监测工作按相关规范规定进行常规监测即可，但是施工存在一定的不确定因素，当施工出现险情时，为了能够有序开展抢险工作，要求监测工作有一定的前瞻性。

1）制定应急预案的目的

工程出现险情时，监测工作能够满足特殊时期的要求，能够有序实施监测工作，准确、及时获取监测信息。

2）组织机构及职责

由公司负责监测的总工程师负责指挥协调工作，成立应急机构。

3）分工与职责

抢险总指挥，负责组织协调各项管部人员、仪器的调集，贯彻工程抢险监测的要求，负责对上协调工作。

现场负责人：按照抢险需要具体安排监测工作，制定现场抢险人员值班表（包括交班时间、交接班各类事务、交接注意事项，人员联系电话等），协调落实总指挥的抢险措施、要求等具体工作。

抢险组成员：按照抢险统一要求针对监测内容、时间、频率、类别等开展工作，具体实施时进行分工负责，将现场数据采集汇总并形成报表，按照具体要求统一格式上交工程抢险指挥部。

4）仪器、人员调集措施

工程发生险情时，监测抢险总指挥有权对公司仪器室为抢险而备用的各类监测仪器及各项管部的高精度测量仪器、技术过硬的一线工人进行统一调配，仪器及人员应在险情发生2小时内调集到位，满足抢险的要求。抢险期间所有人员必须手机24小时开机，确保通信畅通。

2．隧道监测方

隧道监测方针对地铁隧道变形监测，制定了《盾构穿越轨道交通11号线地铁隧道变形监测专项方案》，相关目录见图5-18。

（1）监测工作的目的

1）将监测数据反馈给监护相关部门，以便根据实测数据，为评估影响范围内运营中的11号线隧道状态等提供依据；为必要时的施工措施提供数据。

2）为修正基坑工程相关的施工参数提供实测数据；为优化施工方案提供依据。

3）根据各类监测数据，综合分析以预估变形发展趋势，可对潜在的风险进行预估，并为采取必要的防范措施提供基础保证。

4）积累相似工程监护监测的经验。

图 5-18　隧道监测方监测专项方案相关目录

（2）监测工作范围及内容

根据监护大纲及收集的现有资料和现场勘察，北横通道主线穿越 11 号线时的监测区域为 11 号线江苏路站—隆德路站区间隧道。人工监测和自动化监测的监测范围如下：

1）人工监测（包含垂直位移、水平位移和直径收敛）

以北横通道主线隧道与 11 号线区间隧道投影区域为中心，向 11 号线隆德路站方向延伸 132m，向 11 号线江苏路站方向延伸 132m，共计 280m，上、下行线一致。

① 隧道垂直位移监测

在 11 号线上、下行线监测范围的隧道内以 5m 间距，外放区域 10m 间距布设测点，上下行区域各布置 46 个监测点，共计 92 个测点。注意：测点布设时，如遇变形缝、伸缩缝、车站与隧道的连接处等情况，需在其两侧均加设测点。

测点分布在监测里程内的隧道结构上，用冲击钻或射钉枪在测点位置处钻孔后埋入（或打入）顶部为光滑凸球状的测钉，测钉与混凝土体间不应有松动，测点处有明显的测量标记。应尽量利用长期监护测量已布设的、满足观测要求的标志。

根据二级沉降监测要求，采用水准仪对与基准点形成附合水准线路的各测点进行测量（通过计算得到测点相应高程），其高程变化量即为垂直位移。

② 隧道水平位移监测

在各监测断面内的隧道路基上，将带有十字标记的测点，采用冲击钻埋入（或打入）测点位置处，测点与混凝土体间不应有松动，测点处有明显的测量标记。采用坐标法测定位移。根据现场条件，通过观测端点（全站仪测站点），观测测点（棱镜或反光片）坐标的变化来计算隧道水平位移值。

③ 隧道直径收敛监测

利用全站仪无定向自由设站进行直径（收敛）测量（测站点是架设观测仪器的位置，应该在待测水平直径所在的垂直平面内，近似隧道内两钢轨的中间位置上）。隧道内采用全站仪测量时，仅需整平仪器，无需对中和定向，只需注意要提高瞄准精度即可。数据采集过程为：一次设站测量观测环上两边直径点（B 和 B' 点）的三维空间坐标（X，Y，Z），根据此三维坐标可以计算任意两点直径，即为隧道直径收敛值。与施工前所测初始值相比较，所得差值即为隧道直径收敛累计变化量。

标准部分的轨道交通圆形隧道的每环隧道管片由 6 块管片拼装而成。其中，接缝宽度约为 1cm。按圆形隧道拼装理论计算，自腰部接缝沿隧道向下量弦长 0.813m，端点即为圆形隧道水平向直径之端点。因此，测量圆形隧道直径的关键在于确定所测直径两端点的位置，按上述方法，参照隧道腰部拼装缝位置，可以比较准确地确定直径端点位置，即测点位置（B 和 B' 点），找出并粘贴反射片。

在 11 号线上、下行监测范围隧道内以 5 环（6m）间距各布置 35 组监测断面（每组 2 个测点）。测点编号：11 号线上行线 SL1～SL35；11 号线下行线 XL1～XL35，共计 70 组（140 个测点），见图 5-19、图 5-20。

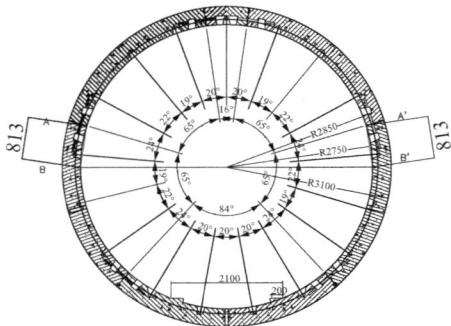

图 5-19　监测点位分布图　　　　图 5-20　L 形定位工具

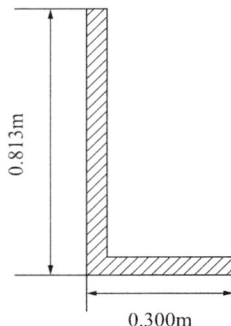

2）自动化监测（包含电水平沉降和激光直径收敛自动化监测）

以北横通道主线隧道与 11 号线区间隧道投影区域为中心，向 11 号线隆德路站方向延伸 80m，向 11 号线江苏路站方向延伸 80m，共计 172m，上、下行线一致。

① 电水平尺的沉降监测

电水平尺的核心部分是一个电解质倾斜传感器，其测量倾斜角的灵敏度高达 1s。将上述电解质倾斜传感器安装在一把空心的直尺内，就构成了电水平尺（EL BeamSensor）。尺身一般长 2～4m，用锚栓安装在隧道道床（结构物）上。接着将倾角传感器调零，并锁定在该位置。道床（结构物）的沉降会改变梁的倾角，沉降量（d）可按公式"$L(\sin l - \sin o)$"算出。此处，L 是梁的长度；l 是现时倾角值；o 是初始倾角值。若将一系列电水平尺首尾相接地安装在隧道纵向上的隧道结构上，形成上述的所谓"尺链"，就可得出"尺链"范围内的竖向位移曲线。其原理可见图 5-21。

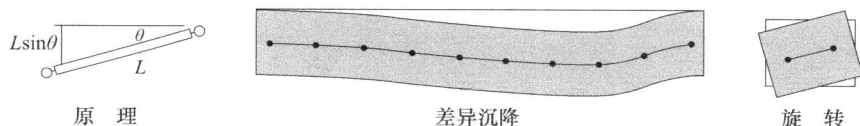

图 5-21　用电水平尺监测竖向位移的工作原理和差异沉降曲线

电水平尺水平沉降测量范围为，以北横通道主线隧道与 11 号线区间隧道投影区域为中心，向 11 号线隆德路站方向延伸 80m，向 11 号线江苏路站方向延伸 80m，共计 175m，上、下行线一致。在监测范围中部 172.8m 的隧道内，以 11 号线江苏路站方向第一个测点起算沿轨道交通 11 号上、下行线路纵向 172.8m 范围内，由 2.4m 长电水平尺 72 支首尾相连构成总长 172.8m 监测线（72 支 ×2.4m/ 支＝ 172.8m）。测点编号：11 号线上行线纵向 SU0～SU72；11 号线下行线纵向 XU0～XU72。激光测距直径收敛自动化监测：在 11 号线上、下行线监测范围中部区域 120m 内以 5 环（10m）间隔安装激光测距仪。11 号线上、下行线各布设 21 台，共计 42 台激光测距仪。测点编号：11 号线上行线 SZL1～SZL21；11 号线下行线 XZL1～XZL21。电水平尺的监测布点见图 5-22。

② 直径收敛监测

经过对多种产品的比选，采用德国产核心部件产品，该产品是一款成熟的工业用仪器，除有合适的精度外，还有丰富的输出接口，可以方便地实现数据远距离传输和计算机程序控制下的自动工作。

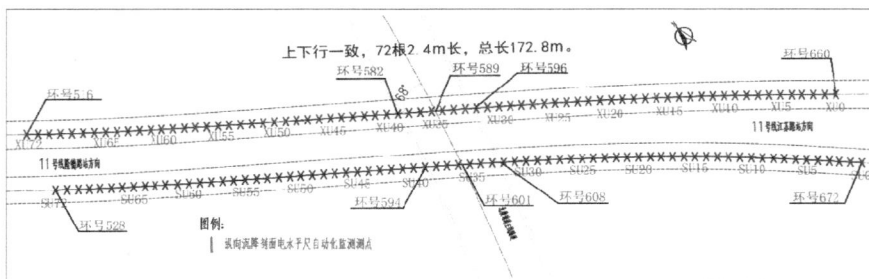

图 5-22　电水平尺的监测布点

在 11 号线上、下行线监测范围中部区域 120m 内以 5 环（6m）间隔安装
激光测距仪。11 号线上、下行线各布设 21 台，共计 42 台激光测距仪。测点
编号:11 号线上行线 SZL1～SZL21;11 号线下行线 XZL1～XZL21,见图 5-23、
图 5-24。

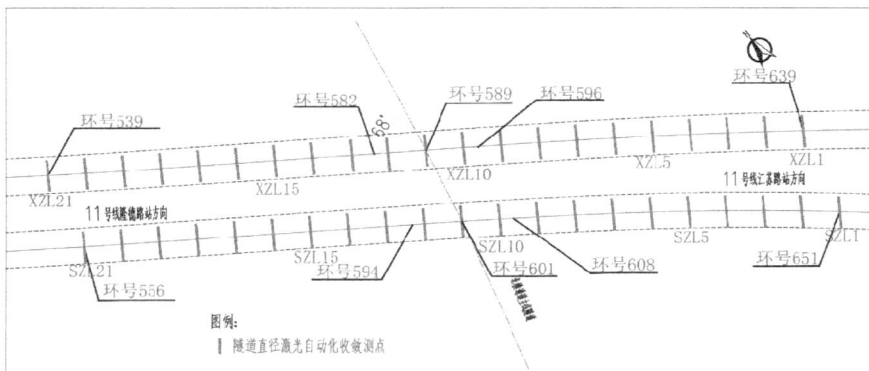

图 5-23　直径收敛的监测布点

图 5-24　地铁隧道变形与位移测点布设

（a）电水平尺安装;（b）直径收敛测点安装

（3）监测内容

隧道垂直位移监测;隧道水平位移监测;隧道直径收敛监测;隧道纵向剖面

电水平尺垂直位移自动化监测；隧道直径收敛激光自动化监测；隧道高清视频监控。

（4）测点布置

在监测范围中部 172.8m 的隧道内，以 11 号线江苏路站方向作为第一个测点起算，沿轨道交通 11 号上、下行线路纵向 172.8m 范围内，由 2.4m 长电水平尺 72 支首尾相连构成总长 172.8m 监测线（72 支 ×2.4m/ 支＝ 172.8m）。

测点编号：11 号线上行线纵向 SU0 ～ SU72；11 号线下行线纵向 XU0 ～ XU72。

（5）监测点汇总（表 5-10）

监测测点汇总表 表 5-10

序号	监测项目	单位	数量	仪器设备
1	隧道垂直位移监测	点	92	天宝 DINI03，条码分度的因瓦尺
2	隧道水平位移监测	点	22	徕卡 TCRA12C1 型全站仪
3	隧道直径收敛监测	组	70 组（共计 140 个测点）	徕卡 TCRA12C1 型全站仪
4	隧道纵剖面电水平尺垂直位移自动化监测	2.4m/ 把	144	电水平尺纵向 144 把，CR1000 采集器 6 套，电脑两台，无线传输设备 4 套
5	隧道直径收敛激光自动化监测	个	42	共计 42 个激光测距仪
6	隧道高清视频监控	台	10	10 台高清云台视频监控

（6）观测频率

监测频率布置的基本原则是必须在确保运行安全的前提下，从实际出发，根据业主的要求，结合本工程的特点，综合工程的特性，自始至终要与施工的进度相结合，满足施工工况的要求，在"全面、准确、及时"的原则下安排频率以及监测进程，尽可能建立起一个完整的监测预警系统。

1）人工监测：监测频率见表 5-11。

2）自动化监测

隧道纵 / 横向剖面电水平尺垂直位移自动化监测和激光收敛自动化监测进行定时观测，取 5 分钟采样间隔，根据人工监测频次出"数据报表"，必要时按委托方要求实时向委托方报告数据。

注：监测频率可根据数据变化情况作调整；当测量数据报警或有突变时应加密测试频率。

人工监测频率 表 5-11

监测项目 ＼ 施工阶段	施工前	盾构穿越中	后期监测（注浆期）	后期监测（稳定期）
垂直位移	2 次初始值	3 次 / 周	1 次 / 周	2 次 / 月
水平位移	2 次初始值	2 次 / 周	1 次 / 月	—
直径收敛	2 次初始值	3 次 / 周	1 次 / 周	2 次 / 月

3）人工监测次数（总计划工期 12 个月）见表 5-12。

人工监测次数 表 5-12

施工阶段	工期（月）	监测内容	线路结构（点）		
			沉降	水平位移	直径收敛
			92	22	140
初读数	—	初读数	2	2	2
盾构穿越中	1	监测频率	3 次 / 周	2 次 / 周	3 次 / 周
		监测次数	12	7	12
后期监测（注浆期）	6	监测频率	1 次 / 周	1 次 / 月	1 次 / 周
		监测次数	24	6	24
后期监测（稳定期）	5	监测频率	2 次 / 月	—	2 次 / 月
		监测次数	10	—	10
总工期	12	总次数	48	15	48

自动化监测工期按照 7 个月计算

（7）报警值

根据《上海市轨道交通管理条例》的有关规定并结合本工程的实际情况，工程施工期间轨道交通设施变形的控制及其监测报警值的确立，必须满足运营轨道交通安全运行的条件，因此，报警值控制标准如下：

垂直位移累计≥5mm 或连续三天同向，且变化速率＞1mm/ 天；

水平位移累计≥5mm 或连续三天同向，且变化速率＞1mm/ 天；

直径收敛累计≥5mm。

（8）监测异常情况下及报警的监测措施

① 监测数据异常时（监测数据与工况不匹配），应对监测数据进行复测，同时检查是否存在人为错误；核实后确系因施工原因导致监测数据异常时应报

警，同时加密监测。

② 监测报警时，应根据审批后的监测方案加密监测，并简要分析报警原因。

5.1.7 协同工作

1. 相关手续办理

（1）盾构进入轨交影响区域前，由公路集团汇总相关信息，函告申通集团，说明工程穿越具体情况，征求意见，并提出需要配合的事项，取得申通集团支持。

（2）申通集团收悉函件后，初步研究穿越施工筹划，制定轨交配套保障方案；必要时，联合公交运营集团制定地面公交应急保障方案。

（3）申通回函公投，由公路集团进行申通集团网上监护申报。

（4）由申通集团专报市交通委，说明穿越具体情况。

（5）由市交通委召集相关单位，组织专题会议，明确节点、轨交行车策略及公交配套方案等。各单位根据会议要求意见进一步深化方案，予以执行。

2. 协议签订

（1）地铁监护协议

上海公路投资建设发展有限公司与上海地铁维护保障有限公司正在签订地铁监护合同，合同规定：

监护对象为地铁 11 号线江苏路站—隆德路站（区间隧道）；监护范围为监测线路 132m ＝投影 24m ＋外放两端 108m；监护期限 2 个月（穿越时间 2018.9～2018.10 约 2 个月，考虑到试验段及后期，管理费按 8 个月计）。

监护内容包括现场人工及自动化监测、视频监控、运管中心的运营方案编制与保驾值班、工务轨道专业的线路几何测量及设备保养等以及通号专业、供电专业的相关工作。

（2）注浆抢险协议

公路集团与上海地铁维护保障有限公司、上海隧道地基基础工程有限公司签订三方协议，应急抢险协议书中规定：

北横通道西线主线隧道盾构在穿越轨道交通 11 号线过程中，为确保轨道交通 11 号线的安全运营，乙方上海隧道地基基础工程有限公司作为抢险预备队，按协议约定，负责以下工作：

在北横通道正式穿越前：抢险用工器具及设备的准备工作，并将部分设备就近存放于江苏路现场；完成隧道内沉降微扰动注浆开孔工作（上下行线均为

40 环，每环开孔 2 孔，共计 160 孔）；进行抢险用聚氨酯材料准备。

穿越过程中，如果运营隧道区间出现渗漏水或沉降变形超过规定速率的情况，乙方接到丙方抢险指令后，立即赶赴出险现场，根据需要积极实施抢险工作。

（3）地面公交保障协议

北横通道盾构穿越地铁 11 号线隆德路站至江苏路站区间，为保障施工期间可能出现的地铁 11 号线限速、停运等突发情况，为最大程度减少市民出行的影响，保障乘客出行的安全性、便捷性，根据市交通委的统一安排，由上海久事公共交通集团有限公司承担 3 条接驳线来填补部分轨交营运段可能出现的交通空白。就接驳线的相关各项工作和事宜，公路集团、上海久事公共交通集团有限公司双方签署《上海轨道交通 11 号线公交接驳线合同书》。

3. 应急演练与应急物资

盾构穿越前，公路集团编制了应急管理办法，组织各参建单位对于应急抢修相关配套单位和应急物质、设备进行专项检查，督促相关配套单位合同签订和物资、设备到位；同时梳理确认各级的应急响应部门的联系人及方式，并根据应急方案组织相关单位进行应急演练。

2018 年 11 月 15 日下午，公路集团在施工总承包单位现场会议室召开"北横盾构穿越轨道交通 11 号线应急准备工作会议"。进一步研究讨论并细化北横通道西段隧道主线盾构于 11 月 16 日至 21 日期间下穿运营中的轨道交通 11 号线（隆德路—江苏路区间）上、下行线隧道的各项准备工作。各相关单位出席了会议。现场指挥部对各项工作进行再梳理、再细化，并和总承包单位分别就应急方案作了专题汇报，现场进行了盾壳压注克泥效应急演练，确保盾构穿越期间的轨交安全运营。

穿越前，建设单位组织施工总承包单位、监理单位对于应急抢修相关配套单位和应急物资、设备进行专项检查，督促相关配套单位合同签订和物资、设备到位。

（1）应急物资（表 5-13）

应急物资表 表 5-13

器材名称	型号	数量
草包／编织袋	只	500
4mm 钢板	m²	20

续表

器材名称	型号	数量
20mm 钢板	m²	20
连接钢板	块	20
盾尾油脂	桶	20
木材	m²	5
水溶性聚氨酯	kg	2000
水玻璃	kg	1200
（P•O32.5）水泥	袋	800
双快水泥	袋	50
海绵条	条（25×25×100）	20
克泥效	kg	500

（2）应急设备（表5-14）

应急设备表　　　　　　　　　　　　　　　　　　　　　　　　　　表 5-14

器材名称	型号	数量
移动抢险应急设备集装箱	只	2
挖掘机	台	1
振管注浆设备	套	2
阿特斯拉钻孔机	台	1
地表注浆设备	套	1
大功率泥浆泵	台	4
大功率潜水泵	台	10
小型发电机	台	1
手电筒	只	12
测量仪器	套	1
对讲机	台	6

4．合署办公

穿越期间市交通委建设处、市北横通道指挥部办公室及各参建单位人员合署办公，监护办公室设置于北横通道中江路工作井现场中控室。北横盾构管理系统、地铁隧道沉降监测系统及视频监控系统均已全部接入现场中控室。

领导24小时电话值班，相关工作人员现场值班，每日值班时间为当日8：30至次日8：30，为24小时联合值班；值班期间，各单位人员需组织参与处置值班期间出现的重大参数变化、隧道结构损坏和突发事件；必要时建议召开专题会处置；一旦发生险情，上报市行业主管部门现场应急指挥小组，接到指令，立即启动相应应急预案，确保各项应急工作有序开展。

5．信息上报

值班人员须了解掌握设备、地面沉降、周边环境、建筑物状况等动态信息，并进行记录、整理；根据推进情况，形成不同表式进行上报：

（1）每小时沉降速报

自推进开始后，每小时统计一次11号线上下行隧道沉降情况，绘制成曲线，第一时间汇报至市行业主管部门现场应急指挥小组。

（2）每环沉降速报

自推进开始后，每推进完一环，统计一次11号线上下行隧道沉降情况，绘制成曲线，第一时间汇报至市行业主管部门现场应急指挥小组。

（3）每日一报

每日夜间20:30前，汇总当日8:00～20:00相关信息，形成每日一报（12小时），各方审核后由公路集团现场工作小组于当日20：30之前报送至市行业主管部门现场应急指挥小组（市北横办）；每日上午交班前，汇总前日8:00至当日8:00信息后形成每日一报（24小时），由公路集团现场工作小组于当日8:30之前报送至市行业主管部门现场应急指挥小组（市北横办）。

6．现场联合踏勘

穿越施工期间（11月15日～11月21日），对地铁11号线的情况进行了现场联合踏勘，每天晚上12点由参建各方等共同参加前往隧道内进行检查，填写相关的记录表格并履行签字手续。联合踏勘情况汇总见表5-15。

现场联合踏勘情况汇总表 表5-15

日 期	踏勘情况	踏勘人员
11月15日（初态）	上行线567环F块从10月份巡检发现渗漏；上行线625环F块原堵漏处有滴水	×××
11月16日	15日发现渗水处已完成堵漏，未发现新渗漏	×××
11月17日	无新增	×××

续表

日期	踏勘情况	踏勘人员
11 月 18 日	上行线 611～612 环 F 块环缝间新增湿渍； 下行线 584 环 F 块新增湿渍	×××
11 月 19 日	17 日～18 日发现的上行线 611、612、615 环已完成堵漏，无渗水； 18 日发现的下行线 584 环有湿渍无滴水	×××
11 月 20 日	18 日发现的 584 环有湿渍无渗水，当晚进行堵漏	×××
11 月 21 日	无新增	×××

5.1.8　穿越过程控制与变形分析

1．穿越过程控制

本次盾构穿越地铁 11 号线的过程划分为 3 个阶段：

第 1 阶段：盾构切口到达 11 号线投影范围前 20m；

第 2 阶段：盾体穿越 11 号线投影范围，从切口进入到盾尾离开（44m）；

第 3 阶段：盾尾离开 11 号线投影范围到影响完全消失（30m）。

整个穿越施工过程情况汇总见表 5-16，相关的施工过程参数见图 5-25。

盾构穿越地铁 11 号线区间隧道施工情况汇总表　　　　　　　　　　　　　　　　表 5-16

序号	施工阶段	主要影响因素	对应环号范围	盾构掘进情况			地铁 11 号线隧道变形情况
				日期	完成环数（环）	盾构与地铁位置关系	
1	刀盘进入投影范围前	① 切口压力	371～381	11 月 13 日	2.5（371～373）	刀盘离开上行线 20～14m	① 上行线：对应北横轴线处下沉 -0.96mm； ② 下行线：基本无影响
				11 月 14 日	3.5（374～377）	刀盘离开上行线 15～10m	
				11 月 15 日	4.0（378～381）	刀盘离开上行线 8～0m	
2	盾构穿越投影范围（从刀盘进入到盾尾离开）	① 切口压力； ② 盾构锥度； ③ 盾尾注浆	382～402	11 月 16 日	5.0（382～386）	刀盘进入上行线 2～10m	① 上行线：从局部下沉 2.72mm 到最大上抬为 9.05mm； ② 下行线：局部下沉 0.72mm 到最大上抬为 11.42mm
				11 月 17 日	7.5（387～394）	盾体穿越上行线	

续表

序号	施工阶段	主要影响因素	对应环号范围	盾构掘进情况			地铁 11 号线隧道变形情况
				日期	完成环数（环）	盾构与地铁位置关系	
2	盾构穿越投影范围（从刀盘进入到盾尾离开）	① 切口压力；② 盾构锥度；③ 盾尾注浆	382～402	11 月 18 日	7.5（395～401）	盾体穿越下行线	① 上行线：从局部下沉 2.72mm 到最大上抬为 9.05mm；② 下行线：局部下沉 0.72mm 到最大上抬为 11.42mm
				11 月 19 日	1.5（402～403）	盾尾离开下行线 0～2m	
3	盾尾离开投影范围后	① 盾尾注浆	402～417	11 月 20 日	1.0（404～404）	盾尾离开下行线 4m	① 上行线：逐渐回落至 7mm；② 下行线：继续上抬至 12.5mm，然后开始回落
				11 月 21 日	2.5（405～407）	盾尾离开下行线 6～9m	
				11 月 22 日	5.5（408～412）	盾尾离开下行线 11～22m	
				11 月 23 日	6.0（413～418）	盾尾离开下行线 24～36m	

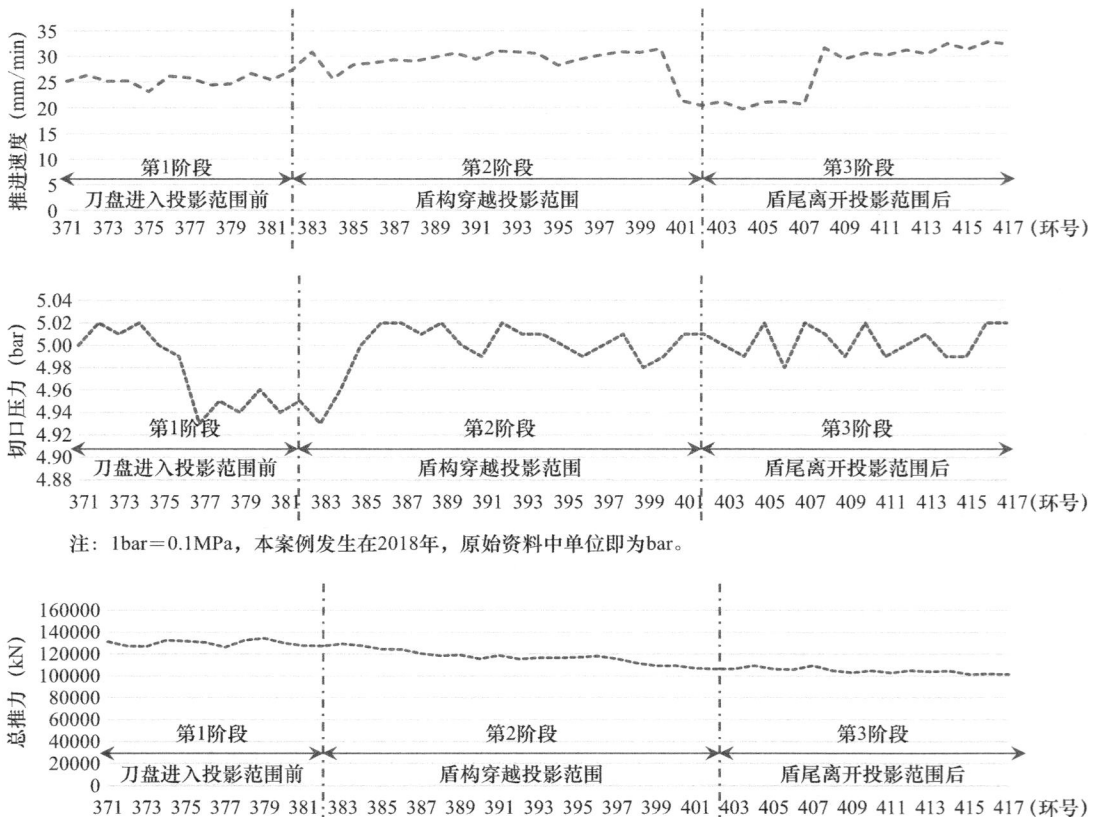

注：1bar＝0.1MPa，本案例发生在2018年，原始资料中单位即为bar。

图 5-25 施工参数变化曲线（一）

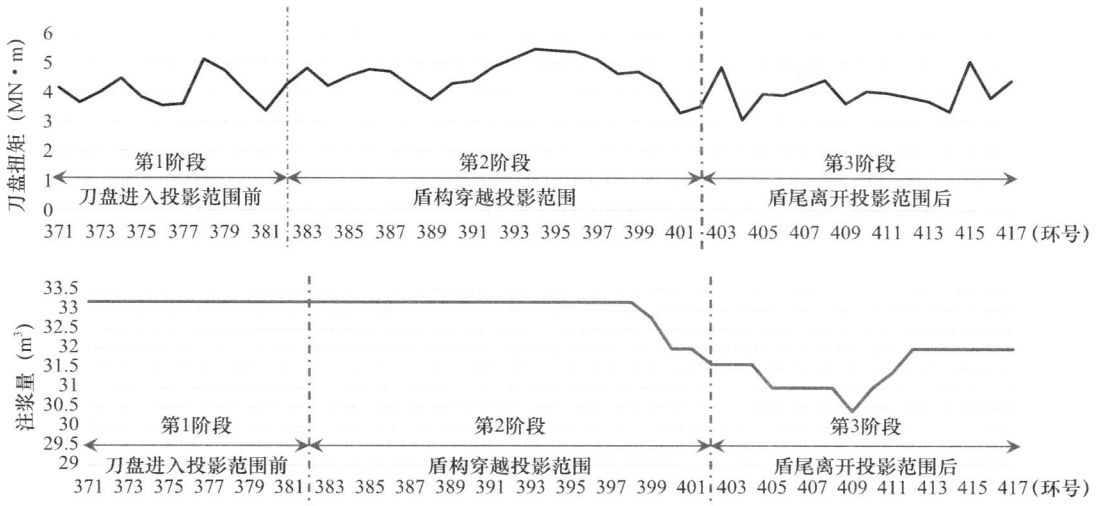

图 5-25　施工参数变化曲线（二）

施工参数情况汇总及说明见表 5-17。

施工参数情况汇总及说明　　　　　　　　　　　　　　　　　　　　　　　　　　　表 5-17

施工阶段	推进速度 （mm/min）	切口压力 （bar）	总推力 （kN）	刀盘扭矩 （kN·m）	总注浆量 （m³/环）	盾构姿态 （mm）
第 1 阶段 （盾构切口 到达前）	推进速度控制在 25 左右，通过控制推进速度确保在 11 月 16 日上午 10 时到达 382 环	377～382 环，由于盾体离开房屋建筑，地面超载减小，切口压力减小 0.05bar，至 4.95bar			稳定在 33.2m³	
第 2 阶段 （盾体穿越）	推进速度稳步增加，控制在 25～30，以实现快速穿越	由于地铁隧道处于下沉状态，将切口压力调回 5.0bar	随土层发生变化，盾构推力呈递减趋势，变化平稳	在 4MN·m 附近波动，相对平稳	由于下行线持续上抬，注浆总量逐步减至 31.6m³	切口平面控制在 −21～6mm；切口高程控制在 −29～−16mm；盾尾平面控制在 −7～16mm；盾尾高程控制在 11～41mm
第 3 阶段 （盾尾离开后）	在盾尾离开投影范围，地铁下行线持续隆起，速度降低至 20，延缓同步浆液的注入速度，待下行线隧道隆起相对稳定，速度提升为 30	稳定在 5.0bar 不变			由于下行线持续上抬，注浆总量继续下调至 30.6m³。后面逐步上调恢复	
综评	控制在允许范围内，根据监测数据做出及时调整	控制在允许范围内，波动较小	正常	正常	结合监测数据逐步调整	正常

2．地铁隧道的变形分析与控制

（1）盾构穿越施工期间地铁隧道变形分析

自动化监测与人工监测的数据基本一致。自盾构进入 11 号线影响范围内开始，距离穿越区域

较近的上行线表现为下沉趋势，最大下沉量 -0.38mm，随着盾构继续推进，
盾构推进至隧道正下方时，11 号线隧道开始抬升，随着盾构的一直推进，11
号线上行线最大上抬 9.6mm，随着推进距离上行线越来越远，上行线也随后开
始下沉，下沉量达到 3.02mm。下行线趋势与上行线趋势基本一致，下行线在
穿越过程中最大上抬量达到 12.58mm，随着盾构机的远离，隧道结构逐渐开始
下沉，最大下沉量 2.2mm，见图 5-26～图 5-28。

（2）盾构离开投影范围后地铁隧道变形分析

盾构推进至 403 环，盾尾完全离开地铁隧道投影范围，由于盾尾离下行线
还较近，在后续的推进过程中（主要是注浆环节），下行线地铁隧道仍然上抬。
监测结果表明，盾构推进至 412 环上抬基本消失了，转入缓慢回落趋势，也就
是说后续的影响范围在 10 环（20m）左右，见表 5-18。

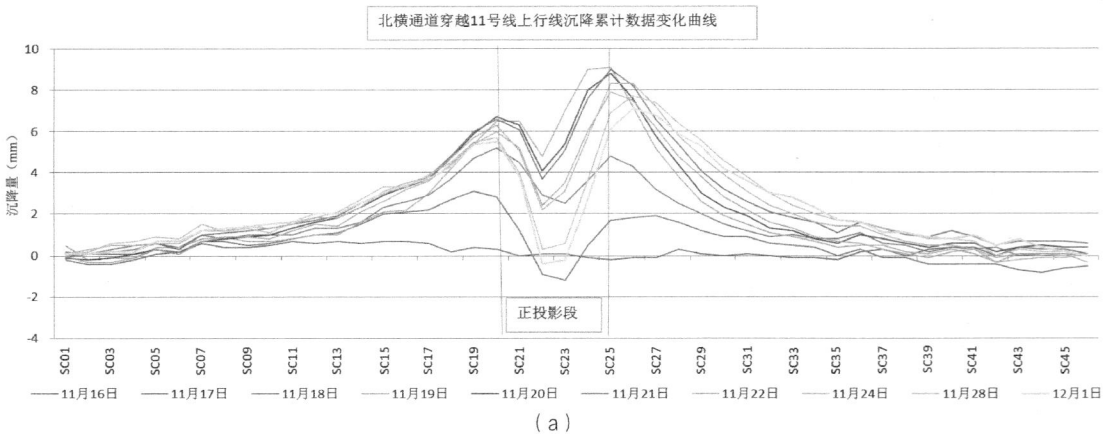

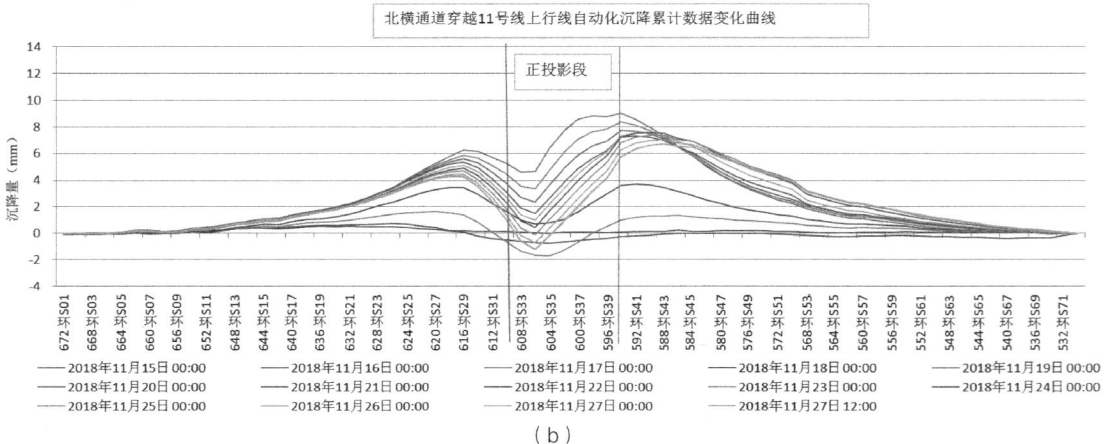

图 5-26 不同时程地铁隧道沉降曲线（上行线）

（a）人工监测；（b）自动化监测

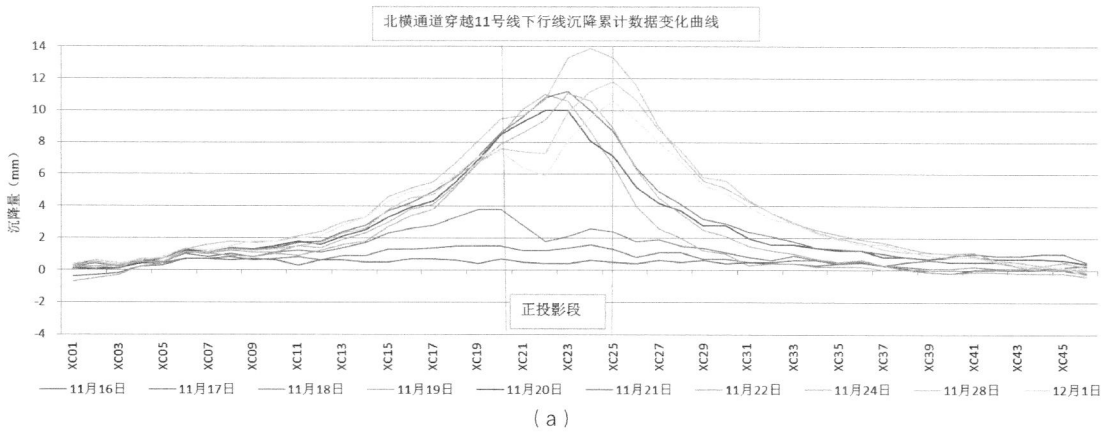

（a）

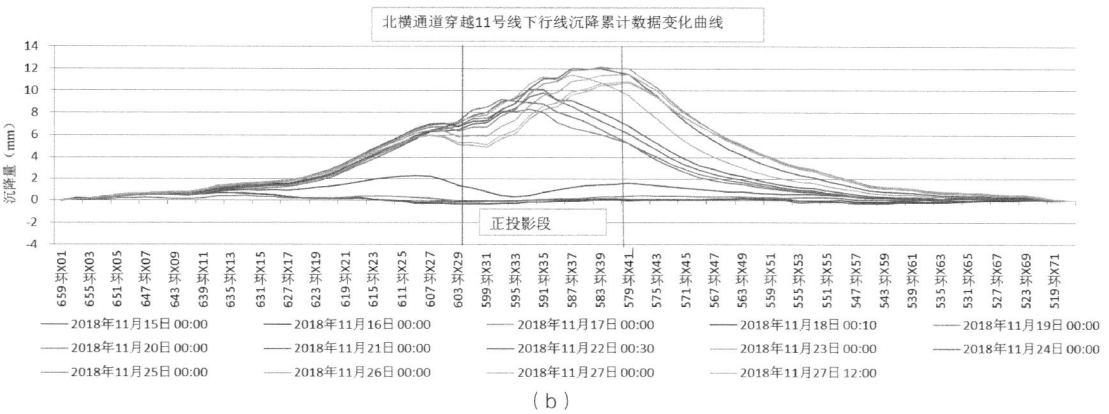

（b）

图 5-27　地铁隧道自动化沉降累计数据曲线（下行线）

（a）人工监测；（b）自动化监测

盾构穿越期间地铁隧道的时程曲线见图 5-30。

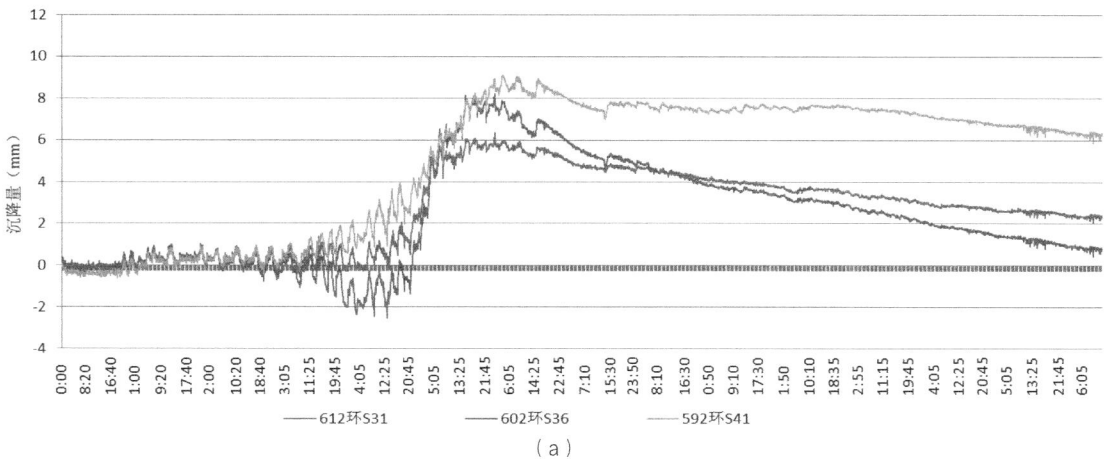

（a）

图 5-28　盾构穿越过程中地铁隧道特征点的时程变化曲线（一）

（a）上行线

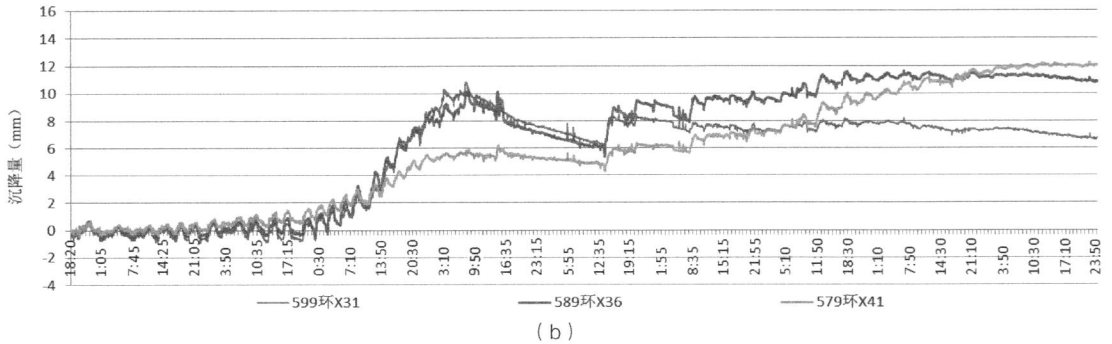

（b）

图 5-28　盾构穿越过程中地铁隧道特征点的时程变化曲线（二）

（b）下行线

盾尾离开投影范围后的隧道变形情况

表 5-18

序号	推拼环号	特征点在本环的变形增量 δ（mm）					
		S31	S36	S41	X31	X36	X41
1	403	−0.12	−0.17	−0.08	−1.06	−1.1	0.13
2	404	0.11	0.02	0.34	1.51	2.14	1.03
3	405	−0.16	−0.48	0.08	0.04	1.44	1.05
4	406	−0.21	−0.43	−0.16	0.25	0.91	0.90
5	407	−0.17	−0.30	0.05	0.19	0.70	0.95
6	408	0.01	0.11	0.30	0.76	1.40	1.62
7	409	−0.09	−0.12	0.02	0.15	0.48	0.77
8	410	−0.09	−0.10	0.02	0.21	0.32	0.55
9	411	−0.1	−0.10	0.02	0.09	0.25	0.46
10	412	−0.01	−0.07	0.02	−0.21	0.01	0.51
11	413	0.08	0.06	0.15	−0.22	−0.05	0.19
12	414	−0.02	−0.09	−0.01	−0.25	−0.15	0.41
13	415	−0.14	−0.17	−0.04	0.13	0.26	0.42
14	416	−0.17	−0.19	−0.14	0.03	−0.10	0.1
15	417	−0.12	−0.16	−0.10	0.08	0.13	0.32
16	418	−0.02	−0.08	0.00	−0.04	−0.01	0.04
17	419	0.02	−0.05	−0.02	−0.15	−0.03	0.08
18	420	−0.13	−0.13	−0.07	−0.14	−0.06	0.10

自盾尾离开地铁隧道投影范围后（即 412 环后，2018 年 11 月 24 日），隧道变形开始回落。截止 2019 年 7 月 9 日，11 号线上行隧道最大绝对沉降为 −9.58mm，下行隧道最大绝对沉降为 −7.29mm。

（3）地铁隧道后期沉降的治理

为了控制地铁隧道的后期沉降，于 2019 年 7 月 12 开始进行后期微绕动注浆。本次抬升注浆施工范围根据注浆完成后沉降变化量小于 5mm 并维持稳定这一目标确定施工区域，重点对沉降量大于 5mm 的隧道管片进行注浆。由此确定上行线需注浆区域为 S596～S611 环，共 16 环，下行线需注浆区域为 X591～X601 环，共 11 环。最大注浆深度 3m。从 2019 年 7 月 12 日～8 月 2 日，先后共进行 7 轮单孔注浆，累计 80 孔次，到 8 月 2 日后微扰动注浆结束，隧道的变形情况如下：

上行线：电水平尺监测最大累计沉降 SU36：−8.45mm（注浆前），−1.84mm（注浆后），微扰动注浆共抬升 6.61mm；

下行线：电水平尺监测最大累计沉降 XU33：−5.45mm（注浆前），＋3.57mm（注浆后），微扰动注浆共抬升 9.20mm。

通过微扰动注浆成功实现了对地铁隧道变形的精准控制。电水平尺测得的地铁隧道变形曲线见图 5-29，监测结果表明微扰动注浆的抬升过程总体可控且效果明显。

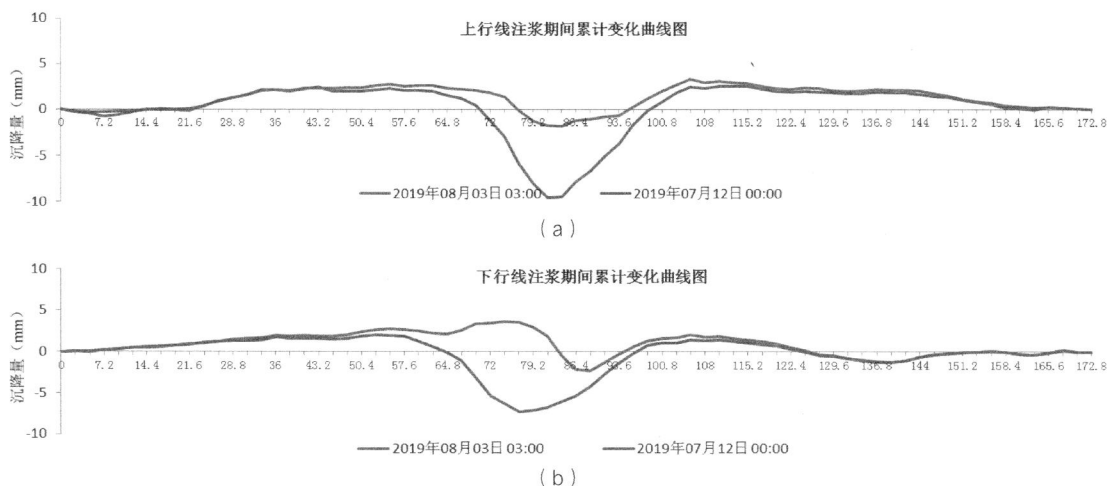

图 5-29 微扰动注浆前后隧道变形曲线对比

（a）上行线；（b）下行线

5.1.9 小结

在直径 15m 级盾构下穿运营地铁隧道尚无先例的情况下，通过多方案比选、制定合理控制标准、实施自动化监测以及实时动态优化与调整施工参数等多种手段与措施，最终实现了安全平稳穿越，地铁位移控制在规定范围内，总结如下。

1. 确定 -20～+20mm 的地铁隧道变形控制标准是合理的，既符合当前超大盾构施工控制的实际水平，也满足运营地铁隧道安全保障要求。制定的"列车限速运行，盾构连续穿越"的总体方案便于施工组织，缩短穿越时间，减小扰动，方案科学合理。

2. 对地铁隧道位移及变形进行了实时监测，穿越过程中根据监测数据对施工参数进行及时调整与优化，严格控制参数的调整幅度，确保整个穿越施工过程安全平稳。

3. 盾构穿越投影范围期间，地铁隧道总体上抬，通过控制掘进速度和注浆总量最终将上浮量控制在 12.5mm，整个穿越阶段地铁位移及变形控制均在规定范围内。

4. 自盾尾离开地铁隧道投影范围一定距离后地铁隧道开始回落，为抑制后期持续沉降，结合监测数据进行针对性的微扰动注浆，将地铁隧道最终的隆沉量控制在 5mm 内。

5.2 工程二：北横通道盾构穿越轨道交通 7 号线

5.2.1 工程背景

政府机构：上海市北横通道工程建设指挥部

建设单位：上海城投（集团）有限公司

代建单位：上海城投公路投资建设发展有限公司

设计单位：上海市政工程设计研究总院（集团）有限公司

施工总承包单位：上海隧道工程有限公司

监理单位：上海市市政工程管理咨询有限公司

北横通道在里程 K7 + 957～K7 + 979 间（东线 1407～1418 环），常德路和新会路交叉口处将下穿运营的轨道交通 7 号线隧道（昌平路—长寿路站），两隧道轴线夹角 89°。地铁 7 号线隧道底标高为 -19.8m，北横隧道顶标高为 -26.96m，两层隧道的最小净距为 7.16m。7 号线上、下行线隧道轴线相距

15.21m，两隧道外边线相距 21.7m，见图 5-30。北横盾构——"纵横号"自西向东掘进，先下穿上行线，再下穿下行线。

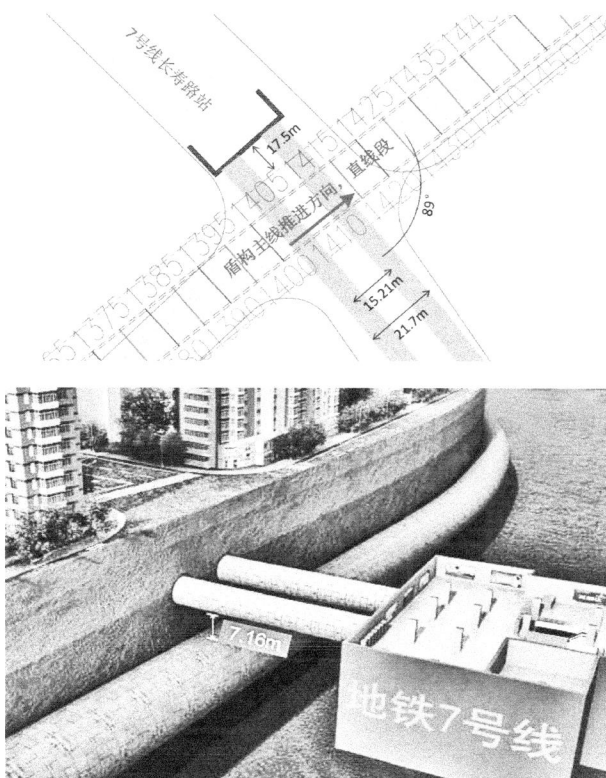

图 5-30 北横通道与 7 号线相对位置图

被穿越地铁为 7 号线昌平路—长寿路站区间，隧道外径 6.2m，管片厚 0.35m，环宽 1.2m，穿越节点中心距离长寿路车站端头井 17.5m，穿越信息见表 5-19。

穿越信息表　　　　　　　　　　　　　　　　　　　　　　　　　　表 5-19

序号	项目	北横通道下穿 7 号线	
		7 号线上行	7 号线下行
1	距径比（隧道净距与下穿隧道直径之比）	7.33/15 = 0.488	7.16/15 = 0.477
2	断面面积比（下穿隧道面积与轨道交通盾构隧道面积之比）	一次穿越，6.02	
3	隧道与轨道交通区间夹层内土层情况	⑤₁层土 2.30m ⑥层土 3.90m ⑦₁层土 1.13m	⑤₁层土 2.35m ⑥层土 3.90m ⑦₁层土 0.71m
4	下穿隧道线型	平面为直线段，竖向为 2.3% 直线段	

1. 穿越节点的地层条件

该节点处地铁 7 号线的覆土厚度为 16.3m，北横隧道的覆土厚度为 29m。北横隧道断面（盾构刀盘切割的范围）土层为⑦₁、⑦₂、⑧₁₋₁土，北横隧道顶部为⑤₁、⑥土；7 号线地铁隧道位于⑤₁层中，7 号线隧道上方依次为①₁、②₁、③、④土层。北横通道与 7 号线之间的穿越信息和地层的分布情况见图 5-31。

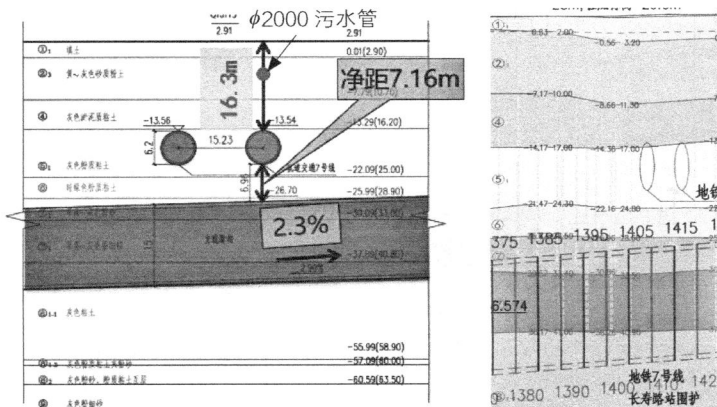

图 5-31　穿越节点平剖面图和地质断面图

2. 穿越节点的环境条件

（1）穿越区域的建筑物情况

北横通道隧道与轨交 7 号线于新会路与常德路交叉处相交，穿越区域主要建筑物为：下穿亚新生活广场办公楼（4 层，底层为商铺）、侧穿常德名园 1 号楼（混凝土结构 27 层，底层为商铺、楼上居民楼，水平净距 11.6m）、侧穿宝华大厦（混凝土结构 24 层，商务楼，水平净距 13.6m）和侧穿同德公寓 1 号楼（混凝土结构 24 层，底层为商铺，水平净距 8.7m）。具体位置示意及信息见图 5-32～图 5-36、表 5-20。

图 5-32　北横通道与轨道交通 7 号线平面图

图 5-33　亚新生活广场

图 5-34　常德名园

图 5-35　宝华大厦

图 5-36　同德公寓

周边建筑物信息表　　　　　　　　　　　　　　　　　　　　　　　　　　　　　表 5-20

项目	环号	地层	埋深	相对位置关系	基础情况
亚新生活广场办公楼	东线 1340-1370 环	⑦$_1$、⑦$_2$、⑧$_{1-1}$	隧道顶部覆土 35.3m	下穿，最小竖向净距 29.9m	条形基础，基础底埋深 2.0m，基础底标高 1.0m
常德名园 1 号楼	东线 1370-1402 环	⑦$_1$、⑦$_2$、⑧$_{1-1}$	隧道顶部覆土 34.45m	侧穿，最小水平净距 11.6m	PHC 管桩，ϕ400mm，桩长 28m，桩底标高 -29m
宝华大厦	东线 1390-1402 环	⑦$_1$、⑦$_2$、⑧$_{1-1}$	隧道顶部覆土 34.22m	侧穿，最小水平净距 13.6m	ϕ750mm 钻孔灌注桩，桩长 57.5m，桩底标高 -61.55m
同德公寓 1 号楼	东线 1423-1438 环	⑦$_1$、⑦$_2$、⑧$_{1-1}$	隧道顶部覆土 35.12m	侧穿，最小水平净距 8.7m	浅基础，顶标高为 3.3m，底标高为 1.8m

（2）穿越区域的管线情况

穿越区域内的管线主要集中在新会路与常德路上，管线情况见表5-21、表5-22。

沿新会路方向的管线统计 表5-21

序号	管线种类	管径	埋深（m）	材质
1	电力	1组	0.67	铜
2	上水	ϕ300mm	1.10	铸铁
3	雨水	ϕ500mm	1.90	混凝土
4	电信	18孔	1.05	铜
5	燃气	ϕ300mm	1.13	钢
6	信息	9孔	0.63	光纤
7	电力	1根	0.69	铜

沿常德路方向的管线统计 表5-22

序号	管线种类	管径	埋深（m）	材质
1	电力	1根	0.69	铜
2	电力	1组	0.70	铜
3	燃气	ϕ300mm	1.15	钢
4	燃气	ϕ300mm	1.25	钢
5	电信	18孔	1.10	铜
6	污水	ϕ2000mm	4.40	混凝土
7	上水	ϕ300mm	1.10	铸铁
8	不明管线		1.25	
9	信息	27孔	0.70	光纤
10	信息	25孔		光纤

ϕ2000污水管线位置如图5-37所示：

图5-37 ϕ2000污水管路图

（3）穿越区域的在建工地

穿越区域范围内 1425～1475 环有一在建工地，见图 5-38。

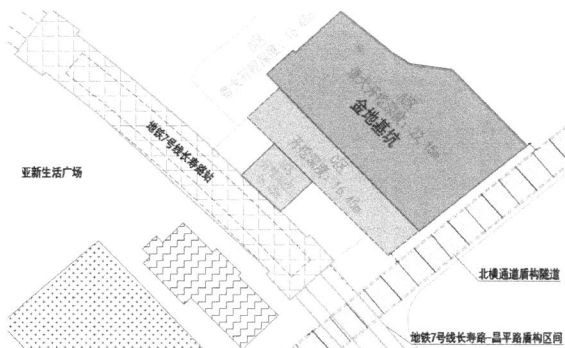

图 5-38 在建工地平面图

金地基坑位于地铁 7 号线长寿路站东侧，北邻长寿路，南邻常德路，基坑分 A 区、B 区、C 区和 D 区。其中 A 区和 C 区在北横隧道的影响范围内，且两工程施工存在相互影响问题。A 区基坑开挖完成，正在回筑结构；C 区维护施工完成，基坑尚未开挖，见表 5-23、图 5-39、图 5-40。

在建工地情况统计表　　　　　　　　　　　　　　　　　　　　　表 5-23

区域	面积（m²）	基坑深度（m）	地墙厚度（mm）	地墙深度（m）	地下层数
A 区	5396	21.65～22.15	1000	43.5	地下四层
B 区	283	16.45	800	30	地下三层
C 区	1640	16.45	800	30	地下三层
D 区	1202	16.45	800	30	地下三层

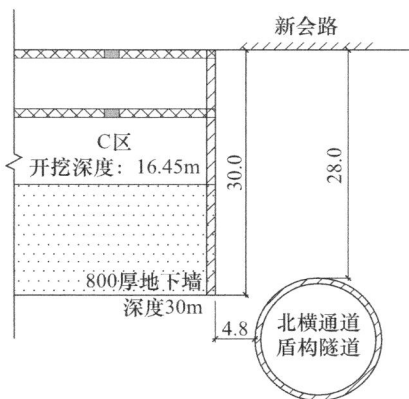

图 5-39 北横隧道与 C 区位置关系图　　　图 5-40 北横隧道与 A 区位置关系图

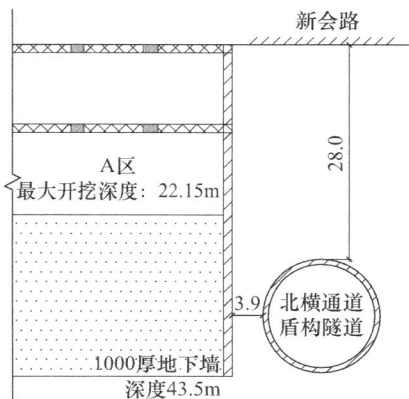

5.2.2　难点分析

本次穿越工程的地层与环境条件与穿越地铁 11 号线类似，工程的难点与特点与示范工程一相同，具体内容此处不再赘述。

5.2.3　重大市政工程政府专项保障工作

1．市北横通道工程建设指挥部

市政府召开北横通道一季度工程例会，重点听取北横通道穿越轨交 7 号线的准备情况和推进计划，要求加强市区相关职能部门的统筹协调。

2．市交通委

（1）组织架构

1）建立应急指挥体系

指挥：×××

副指挥：×××、×××、×××

成员：×××、×××、×××

全面负责、监督、指挥、协调。

2）成立现场应急指挥办公室

主任：×××

常务副主任：×××、×××

成员：×××、×××、×××

负责指导和协调；信息汇总和上报；接上级指令及下达指令。

工作小组：

① 工程实施工作小组

负责跟踪工程推进、汇总和上报突发情况信息，指导和协调现场各项应急措施的实施；市交通建设处全过程跟踪监督，牵头协调穿越期间突发事项的处置工作。

② 地面公交应急保障工作小组

牵头协调穿越期间突发情况时的地面公交应急处置工作；紧急预案启动后，运管处、建设处、市北横办和指挥中心协调，指导申通集团、久事公交集团处置大客流交通应急保障工作。

③ 社会宣传工作小组

负责社会宣传及监督工作，及时沟通各相关单位。需对外发布舆情信息时，把控对外宣传统一口径，同时做好媒体舆情接待等相关工作。

（2）专项推进

1）针对北横通道西段主线盾构穿越运行中的轨交 7 号线，市北横通道指挥部办公室高度重视，召开数十次专题会、协调会，督促、推进、各相关单位落实相关准备工作，协调解决难点问题，及时向市应急组织领导小组、市交通委应急指挥领导小组汇报。根据市区相关部门及轨交、公交运营单位意见，进一步研究深化应急交通保障预案，建立应急保障机制，相关文件见图 5-41。

北横通道新建工程主线盾构穿越轨道交通 7 号线应急机制的签报

一、穿越概况

北横通道新建工程西段隧道主线盾构自西向东掘进，将在常德路和新会路交叉口处，沿新会路下穿运营中的轨道交通 7 号线区间隧道（昌平路站～长寿路站），两隧道轴线夹角 89°，穿越段盾构区间为 **1402 环~1420 环**，共 19 环，38 米，地铁 7 号线隧道底标高为 **-19.8 米**，主线盾构隧道顶标高为 **-26.96m**,两层隧道的净距为 7.16m，盾构切削断面土层为⑦1、⑦2、⑧1-1 土，盾构上部为⑥土，下部为⑧1-1 土。

根据目前进展情况，同时避开 6 月 15、16 号中考时间，计划 6 月 21 日（周五）上午 10 点至 6 月 25 日（周二）下午完成穿越，穿越期间按 4~5 环/天的速度匀速推进。

二、与穿越 11 号线对比分析

1、两次穿越，周边环境和掘进土层 **基本相同**；

2、穿越 11 号线两轴线夹角为 68°，本次穿越 7 号线两轴线夹角为 89°，并沿新会路正下方 **直线** 穿越；

3、本次穿越设备（盾构机）存在一定的 **盾尾刷磨损**，发生过盾尾漏浆现象（已采用海绵条堵漏有效技术措施）。

三、市交通委应急指挥体系

北横通道工程建设指挥部办公室
工 作 专 报

2019—4

北横通道主线盾构下穿轨交 7 号线进展情况专报

按照 4 月 23 日市政府召开的北横通道一季度工程例会要求，及市交通委、市北横办多次召开的会议精神，现将主线盾构穿越轨交 7 号线进展情况汇报如下：

一、穿越工况

1、北横通道主线盾构自西向东掘进，将在新会路、常德路交叉口处，沿新会路直线下穿运营中的轨交 7 号线区间隧道（昌平路站～长寿路站），穿越段盾构区间为 **1402 环~1420 环**，共 19 环，38m。轨交 7 号线隧道底标高为 **-19.8m**，主线

北横通道工程建设指挥部办公室
工 作 专 报

关于北横通道主线盾构下穿轨道交通 7 号线
（昌平路-长寿路）区间情况的专报

一、工程概况

上海北横通道新建工程西段隧道主线盾构隧道段于 2018 年 6 月 10 日从中山公园工作井二次始发，向筛网厂工作井掘进施工，在 1402 环~1420 环间下穿运营中的轨道交通 7 号线 **昌平路-长寿路区间**。地面为亚新生活广场、宝华大厦、常德名园、同德公寓等房屋建筑。下穿区域 7 号线隧道底标高-19.8m，北横通道隧道顶标高为-26.96m,

图 5-41　市北横通道指挥部办公室关于盾构穿越轨交 7 号线相关工作发文

2）市交通委召开"北横通道主线盾构穿越轨道交通 7 号线专题会"，要求把穿越 7 号线作为重大风险节点，进一步深化方案，提高穿越标准。

3）市交通处召开"北横通道新建工程盾构下穿轨交7号线专题会"，听取穿越施工筹划及各相关部门单位准备工作落实情况，与会领导对监测、设备、应急保障体系等方面提出相关工作要求。

5.2.4 建设施工方保障方案

1. 建设方保障方案

建设方制定《北横通道新建工程一期东线盾构穿越轨道交通7号线施工管理办法》，相关目录见图5-42，保障盾构穿越轨交施工。

图5-42　建设方施工管理办法相关目录

（1）应急预防

在施工前采取各种主动应急预防措施，力争将发生事故的概率降到最低。

盾构推进施工前，对被穿越轨道交通线的情况进行详尽地摸排调查，穿越过程中列车振动对变形的影响情况进行数值模拟，根据数值模拟的结果，并结合被穿越地铁的实际情况制定详细、有针对性、可实施性强的盾构穿越施工方案。在盾构掘进初期，设立盾构推进试验段，通过试验段的推进，摸索出最合适的盾构推进参数设定值，为穿越段的参数设定提供依据。盾构推进施工前，对所有设备进行检修，确保所有设备能正常运行；施工中，加强对设备的维护保养，把设备发生故障的可能性降到最低。

（2）应急管理组织

由于本工程与工程一为同一项目的不同标段，故应急管理组织参照工程一。

2．施工方保障方案

施工方制定了《上海市北横通道新建工程Ⅱ标盾构穿越轨道交通 7 号线施工安全及保护专项方案》(编号：STEC-BHTD02-SGFA-DGD-079)，相关目录见图 5-43，指导穿越施工。

图 5-43　施工方施工管理办法相关目录

（1）盾构施工现状

"纵横号"盾构于 2016 年 12 月 26 日从中江路工作井始发后经过 1 年的掘进于 2017 年 12 月 28 日进入中山公园工作井，完成了 2781m 的掘进任务，实现了西段隧道贯通。在中山公园井内经过平移、维修保养后于 2018 年 6 月 10 日再次始发，开始东段隧道的掘进。截止 2018 年 12 月 31 日，完成了东段隧道前 600 环的掘进施工。

盾构在西线施工掘进过程中先后经历了浅覆土、急曲线转弯、不利地层、穿越建筑群等区段和运营轨道交通 3(4)号线。尤其是东线始发后的前 180 环，在浅覆土、急曲线等多种不利因素叠加的情况下成功穿越了兆丰别墅群（优秀历史保护建筑）、迅发公寓和华阳路 330 号，又在 380 环位置成功快速地下穿了运营轨道交通 11 号线。

在操作人员与盾构机默契配合下，顺利解决了各种阻碍，积累了丰富宝贵的经验，也充分验证了盾构装备及泥水处理系统的适应性与可靠性。这将为

"纵横号"盾构即将穿越运营的轨道交通7号线提供了基本的保证。

（2）穿越区间的隧道结构现状调查

穿越前，通过与申通集团运营单位沟通协调，会同业主、监理、设计等于2月28日晚长寿路站进行现场踏勘，并在3月6日形成会议纪要多方签字确认。

已经运营的7号线长寿路站—昌平路站区间隧道，穿越段对应环号为上行线389～479环及SK13＋703～SK13＋763车站区间，下行线389～479环及XK13＋703～XK13＋763车站区间。

该线隧道管片情况见表5-24、图5-44。

上行线7号线长寿路站—昌平路站区间隧道管片情况表　　　　　　　　表5-24

环号	管片情况	环号	管片情况
411	内侧邻结块缺角	432	外侧邻接块湿迹
421	内侧邻结块破损	452	外侧邻接块破损
425	外侧邻结块湿迹	454	内、外侧邻接块破损
426	外侧邻接块湿迹	455	封顶块缺角
427	外侧邻接块湿迹	462	内侧标准块开裂
428	外侧邻接块湿迹	476	内侧洞口湿迹
431	外侧邻接块湿迹		

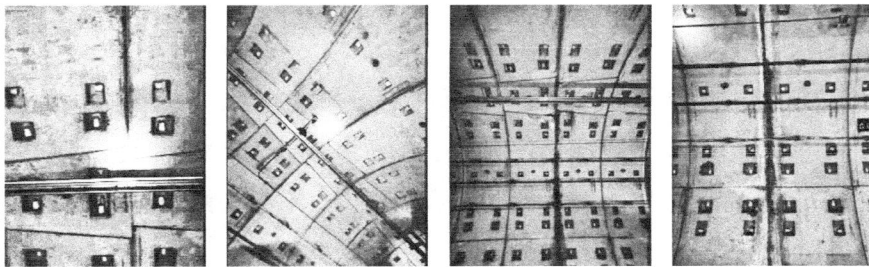

图5-44　上行线7号线长寿路站—昌平路站区间隧道情况图

该线隧道管片情况见表5-25、图5-45。

下行线7号线长寿路站—昌平路站区间隧道管片情况表　　　　　　　　表5-25

环号	管片情况	环号	管片情况
394	外侧邻结块缺角	411	内侧邻接块有修补痕迹
395	内侧邻结块有修补痕迹	416	内侧邻接块有修补痕迹
406	外侧邻结块有修补痕迹	421	封顶块有修补痕迹

续表

环号	管片情况	环号	管片情况
439	外侧邻接块有修补痕迹	455	外侧邻接块有修补痕迹
444	外侧邻接块有修补痕迹	457	封顶块有修补痕迹
445	封顶块有修补痕迹	460	封顶块及内侧邻结块 有修补痕迹
447	封顶块有修补痕迹	462	内侧邻接块有修补痕迹
448	封顶块有修补痕迹	463	内侧邻接块开裂
449	封顶块有修补痕迹	464	内侧邻接块有修补痕迹
451	封顶块有修补痕迹	465	内侧邻接块有修补痕迹
452	外侧邻接块缺角	467	内侧邻接块有修补痕迹
453	封顶块有修补痕迹	477	外侧邻接块有修补痕迹

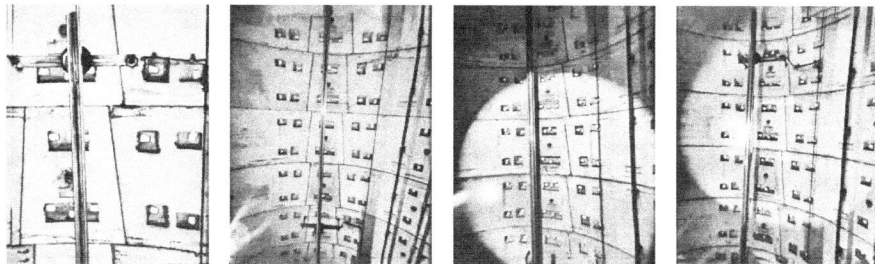

图 5-45　下行线 7 号线长寿路站—昌平路站区间隧道情况图

监测点情况：X25 监测点有湿迹，X22 号监测点有湿迹，见图 5-46、图 5-47。

图 5-46　监测点 X25　　　图 5-47　监测点 X22

（3）总体穿越施工方案

本穿越施工方案也是参照北横盾构穿越 11 号线制定，主要原则及指标如下：

1）采取"盾构限速运行、盾构匀速穿越"的总体方案。

2）地铁隧道的变形控制标准 −20～＋20mm。

3）穿越施工的时间窗口选择在某个双休日。

从几何位置上看，地铁 7 号线投影面积的范围对应北横隧道 1407～1418
环。考虑"纵横号"盾体的长度约为 14m，盾构在掘进拼装第 1402 环时，刀
盘已经进入到投影面正下方，掘进至 1420 环时盾尾才完全离开投影范围，所
以本次穿越范围为 1402～1420 环，共 19 环 38m。

参考北横通道穿越 11 号线的经验，本次穿越 7 号线施工将划分为 3 个阶段，
见图 5-50。

第 1 阶段：盾构刀盘切口到达前 15 环（30m），即 1387～1401 环。

第 2 阶段：盾构穿越投影范围，从刀盘进入到盾尾离开，共 19 环 38m，
对应环号 1402～1420 环。

第 3 阶段：盾尾离开后 15 环，1421～1435 环。

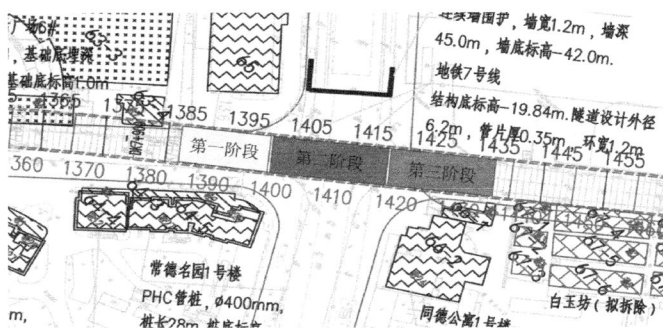

图 5-48　穿越范围与环号的对应关系

（4）穿越时间节点选择与进度安排

根据当前推进时间节点推算，北横通道盾构预计 2019 年 5 月初，利用劳
动节假期穿越运营轨道交通 7 号线。穿越期间按 6 环 / 天的进度均衡匀速通过，
具体计划见表 5-26：

盾构穿越轨交 7 号线计划表　　　　　　　　　　　　　　　　　　　　表 5-26

序号	施工阶段	对应环号范围	盾构掘进情况		
			日期	完成环数	盾构与地铁位置关系
1	刀盘进入投影范围前	1384～1401	5 月 14 日	1384～1389	刀盘离开上行线 40～28m
			5 月 15 日	1390～1395	刀盘离开上行线 26～14m
			5 月 16 日	1396～1401	刀盘离开上行线 12～0m

续表

序号	施工阶段	对应环号范围	盾构掘进情况		
			日期	完成环数	盾构与地铁位置关系
2	盾构穿越投影范围（从刀盘进入到盾尾离开）	1402～1426	5 月 17 日	1402～1407	刀盘进入上行线 2～14m
			5 月 18 日	1408～1413	盾体穿越上行线
			5 月 19 日	1414～1420	盾体穿越下行线
			5 月 20 日	1421～1426	盾尾离开下行线 0～12m
3	盾尾离开投影范围后	1427～1438	5 月 21 日	1427～1432	盾尾离开下行线 14～26m
			5 月 22 日	1433～1438	盾尾离开下行线 28～40m

（5）暂停部分隧道内部结构施工

在盾构穿越地铁 7 号线施工期间将暂停部分隧道内部结构施工，主要包括：中板以下的混凝土浇筑、侧墙和中板的相关施工作业，主要基于以下两方面考虑：

1）将隧道内的运输通行车辆降到最少，确保盾构后勤补给畅通高效。

2）减少工作面，降低交叉作业施工的风险，同时项目管理资源向盾构穿越施工的工作面聚焦。

（6）施工准备

1）现场踏勘及资料收集

在本工程开始建设前，对盾构欲穿越的轨道交通进行检测评定，了解现场的工况条件。施工前与申通集团运营管理方取得联系，掌握轨道交通现状情况，争取取得该线路沉降监测数据和轨面标高，进一步修正轨道交通与北横通道的相互关系。目前现场踏勘工作已经完成，隧道变形的初始值将在盾构机穿越前 1 个月完成。

2）建立联系网络

与管理单位建立联系，取得进入轨道交通的权利，便于施工中的监测和突发事件的应急处理。同时，在施工中互通信息，保证盾构顺利施工和轨道交通的安全。

3）技术准备和设备管理

① 人员配置

在现场配备监测人员，在值班室配备值班人员。现场监测人员和值班室值班人员保持联络，值班人员及时将信息进行汇总并将指令传达给施工班组，指导盾构推进施工。现场另安排总公司、项管部、分公司各级领导值班，确保现场第一时间发现问题能及时解决。

② 测量核准里程

在盾构穿越施工前，再次复核测量盾构机里程，确认盾构与轨道交通相对位置，同时明确盾构穿越时各个部位的位置，以便采取相应的技术措施。

③ 技术交底

为确保盾构顺利穿越轨道交通，在盾构穿越前，对所有施工人员进行技术交底。使每一个参加施工的工作人员清楚了解盾构隧道与轨道交通之间的相对位置，以及盾构穿越时的施工流程。在盾构机操作室张贴相关技术交底、盾构穿越时的施工流程及重点控制措施。此外，使全体施工人员了解相关的应急预案以及发生突发事件时的处理方法，便于在发生突发事件时，各施工人员能迅速采取相应的措施，将危害控制在可控范围内。

④ 施工参数优化

在盾构穿越前的施工过程中，及时总结出盾构所穿越土层的地质条件，掌握这种地质条件下泥水气压平衡盾构推进施工的方法，掌握盾构推进施工参数和同步压浆量的变化对地面沉降的影响程度，并且通过实践不断地对其进行优化，以求达到盾构以最合理的施工参数穿越轨道交通。

（7）地铁隧道的变形监测

根据现有资料和现场勘察，北横通道主线盾构隧道下穿越 7 号线长寿路站—昌平路站盾构区间隧道。穿越施工过程需要对地铁隧道的位移与变形进行监测，采用人工和自动化两种手段进行监测，范围如下：

1）人工监测

监测内容包含垂直位移、水平位移和直径收敛等。以北横通道主线隧道与 7 号线区间隧道投影区域为中心，向 7 号线长寿路站延伸 122m，向昌平路站方向延伸 122m。共计 244m，上、下行线一致。

2）自动化监测

监测内容包含电水平尺沉降、激光直径收敛自动化监测。以北横通道主线隧道与 7 号线区间隧道投影区域为中心，向 7 号线长寿路站方向延伸 84m，向昌平路站方向延伸 84m，共计 168m，上、下行线一致，见图 5-49、图 5-50。

（8）常规施工监测

1）隧道轴线测量

本工程盾构采用自动化测量设备测量隧道轴线。当盾构穿越轨道交通时，可根据实际情况适当提高盾构姿态人工复测的测量频率，从而根据测量数据有效地制定相应措施，确保盾构轴线与设计轴线相符。

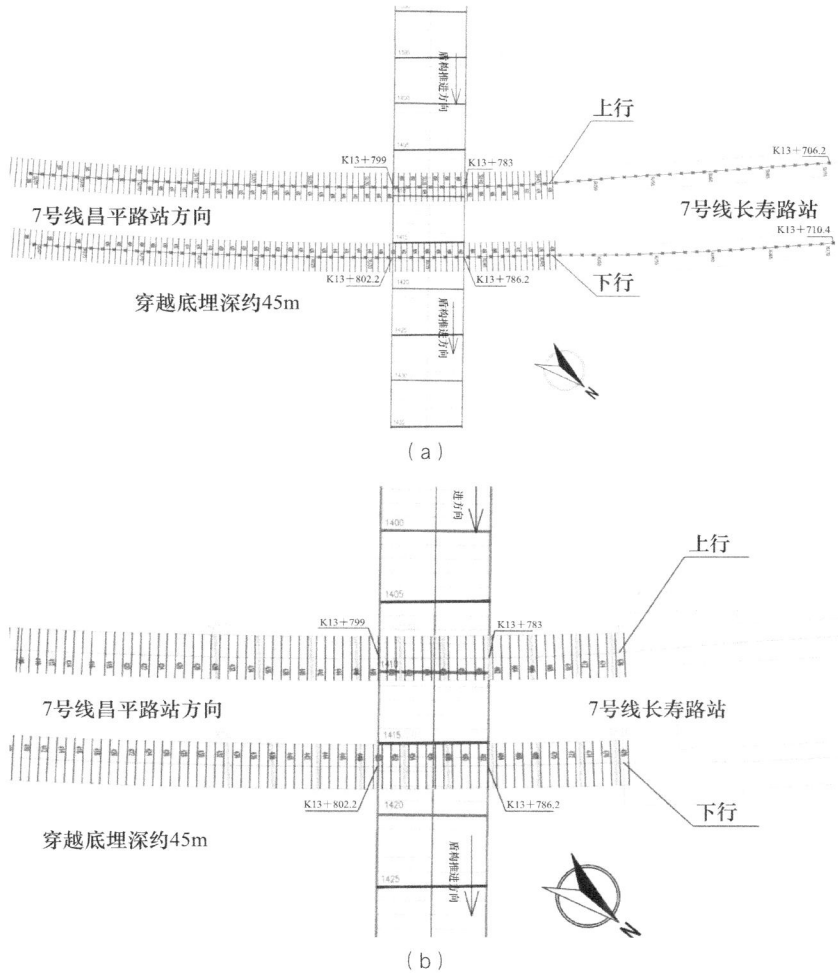

（a）

（b）

图 5-49　地铁隧道自动化监测布点图

（a）电水平尺沉降监测布点图；（b）直径收敛监测布点图

图 5-50　地铁隧道自动化监测点布设

2）隧道沉降监测

在隧道推进试验段就开始加强对隧道沉降变形的监测。取隧道管片上固定点为隧道沉降观测点，在穿越轨道交通的过程中，每3环为一点。监测范围为穿越段及其前后15环，监测频率为从拼装工作面后4环开始，每天监测一次，直至隧道稳定，再改为一般隧道沉降监测。

3）地面变形监测

盾构穿越轨道交通的地段较为繁忙，对地面变形的控制要求较高，因此必须合理布置地面变形监测点和制定监测频率。

对穿越区域地面监测点进行加密布置，在穿越前后各50m范围内每隔10m布置一横向断面，轴线上1点，左右3m、4m、6m、9m、12m，各5点，共10点。施工时，注意加强对测点的保护，并根据施工实际情况适当增加监测断面。

4）临近建筑物管线变形监测

盾构穿越轨道交通7号线为路口相交处，该区域建筑物较多，在盾构推进时需预先对建筑物布设监测点，提前实施监测，并在盾构穿越时适当加密监测频率，以确保该建筑的安全。

对穿越区上方临近的各类管线的监测，在设点原则上尽量利用现有管道设备点（阀门与窨井），对重要管道在条件允许下开挖布设直接监测点，测点布设数量根据现场复核确定。

（9）主要应急措施

与示范工程一类似，具体内容不再赘述。

5.2.5　运营方保障方案

1．轨道交通运营方

运营方针对盾构穿越轨交7号线，制定了《北横通道下穿上海轨道交通7号线工程应对保障方案》，相关目录见图5-51。

（1）运营应对策略

为保证上海轨道交通7号线运营安全、降低北横通道穿越期间施工风险、控制社会影响，经与建设方、施工方反复研究，形成如下运营调整方案和应急措施：

7号线所有列车限速25km/h通过昌平路站至长寿路站上下行穿越区段，以减小列车振动对盾构施工影响，一旦发生险情，即刻中断运营，组织抢修，启动行车调整应急预案。

图 5-51　运营方保障方案目录

施工期间，开启 7 号线长寿路站至昌平路站上下行区间照明，列车司机加强线路瞭望，发现异常情况及时向 OCC 汇报，OCC 通知维保单位派员登乘确认现场情况。

各行车岗位作业人员加强对《上海申通地铁集团有限公司区间疏散应急处置专项预案》的学习，熟练掌握作业流程和处置要求。

（2）限速运行方案

列车按 ATO 模式限速 25km/h 通过限速区段。如遇非工作日，7 号线载客列车的驾驶模式由 ATP 手动转为 ATO 模式。

具体区段为：北横通道挖掘投影公里标两侧加 80m 防护设置限速，并加上防护长度后，需限速的范围为：7 号线长寿路至昌平路上行 SK13＋768～SK14＋062；下行 XK13＋622～XK14＋056。

中央 ATS 限速对应的轨道区段为：上行 T226（294m）；下行 T255、T256（434m）。

限速影响：经测算，按时速 25km/h 限速上行延误 29.4s，下行将延误 25s。

为提示司机限速行车，两块限速牌分别安装于 SK13＋768、XK14＋056；两块限速取消牌分别安装于 SK14＋062、XK13＋622。

（3）行车组织方案

1）行车方案调整原则

当险情发生在运营期间时，由运营调度员对全线列车进行调整。当故障影响次日运营时，自次日运营起至故障修复为止，7号线实施专项列车运行图。

险情发生时的前30min内，7号线全线车站将实施只出不进措施。

2）抢修行车方案

需中断运营组织抢修时，交路调整为北段（美兰湖站—岚皋站）、南段（静安寺站—花木路站）独立运营，见图5-52。

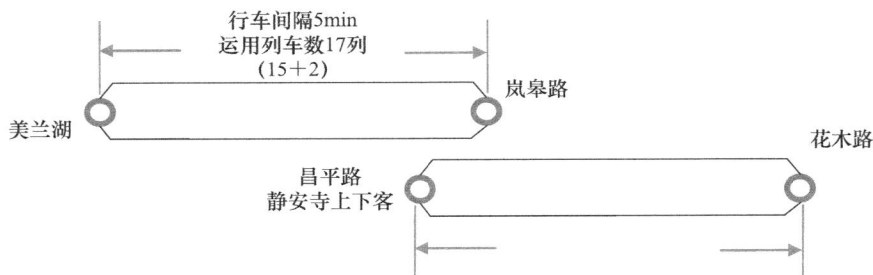

图5-52　抢修行车示意图

北段行车方案

开行美兰湖站—岚皋路站单一交路，行车间隔为5min，运用列车数17列（15＋2）。

安排2列备车停于美兰湖下行站台及上大路折返线做备车，用于应急调整。

南段行车方案

开行静安寺站（昌平路折返）—花木路站单一交路，行车间隔为6min，运用列车数13列。

列车在静安寺站下行清客后，司机以ATP手动模式经昌平路存车线运行至昌平路上行站外指定位置停车，并通知昌平路站车站值班员办理换端作业。换端完毕后根据信号机显示及速度码运行至静安寺站上行后投入载客运营。

由昌平路站车站值班员负责昌平路站上行站外停准列车的取消进路操作及列车换端完毕后的进路办理操作，由运营调度做好列车运行情况的监控。

3）特殊场景

若极端情况下需中断运营抢险时，运用列车数不满足北段17列或南段13列的基本要求，OCC根据实际列车数进行调整行车间隔。

（4）客运组织方案

由于本工程与工程一为同一项目的不同标段，客运组织方案与工程一类似。

（5）客运调整方案

1）准备工作

① 常态限速运行，遇无法施工等突发情况必须立即实施 7 号线岚皋路至静安寺站临时停运方案，立即启动停运联络机制，加强各换乘站联络。

② 在 7 号线昌平路站增设 1 名重点岗位人员，且通过平行增援或提前申请方式增配车站站务助理。

③ 对车站重点岗位、司机需做提前培训，确保停运方案的落实和线路运行安全。

④ 在限速方案转换为停运初期，7 号线全线将执行只出不进，全线车站将关闭所有自动售票机（TVM）和进站闸机（GATE）。线路重点车站可能面临大客流，需随时准备好启动大客流响应。

⑤ 提前申请调整方案所需限流栏杆及相关物资，申请停运方案所需的临时导向，规范人工广播用语。

2）司机乘务

增派保驾司机在昌平路下行车头、长寿路上行车头保驾提醒。乘务组长在该区段添乘检查列车运营情况。驻调司机每隔 30min 提示司机长寿路至昌平路区段的限速信息。全体列车司机密切关注列车在该区段运行过程中的异声与列车晃动（常态弯道晃动除外）；发现异常立即与 OCC 联系。如遇列车 ATO 故障需 ATPM 手动驾驶时，驻调司机与乘务组长同时联控值乘司机，严格按照限速要求执行。

3）常态限速客运调整

① 上行远端限流方案：根据客流情况，在 7 号线美兰湖至岚皋路区段工作日早高峰进站客流较大的刘行站、顾村公园站、上大路站、行知路站、大场镇站等站，配合拥堵区段对车站进行限流。

② 下行远端限流方案：根据客流情况，在 7 号线花木路至杨高南路区段工作日早高峰进站客流较大的花木路站、龙阳路站、芳华路站等站，配合拥堵区段对车站进行限流。

（6）抢修客运调整

1）岚皋路站

① 在出站闸机处安排本站应急人员及保洁员，引导乘客从 3 号、5 号口出

站。安排警务人员引导乘客 3 号、5 号口只出不进。

② 增派应急人员在下行站台南北端自动扶梯附近处；利用"便携式扬声器"进行广播宣传，疏导下行站台乘客分散候车，有序下客。确保下行列车正常关门发车，确保自动扶梯不发生客流对冲，确保站台乘客不发生拥挤。

③ 通知警务站在站台、站厅客服中心维持秩序，保持信息互通。

④ 在站厅楼梯口设置隔离栏杆，视情况拉起，阻止乘客进入站台。

⑤ 需启用公交预案，值班站长应及时安排车站应急引导人员，将客流向 3 号口、5 号口引导，出站至应急公交站点。（3 号口为上行、5 号口为下行公交疏散点）。

⑥ 线路管理部根据职工家庭住址情况，组建应急救援队伍。当岚皋路站发生大客流爆满等突发事件，管理部可联系休班人员来站协助应急。

⑦ 站区可向线路管理部申请应急支援。由线路管理部在接到申请后，通知其他站区应急救援队伍至车站进行支援，配合本车站做好现场疏导等各项客运组织工作。

⑧ 与车站社区或周边单位联动，组成应急疏散志愿者队伍，一旦发生大客流爆满等突发事件，配合车站进行现场疏导工作。

⑨ 四长联动：对停运方案做提前联系，加强地面引导配合。

2）昌平路站

① 行车保驾：7 号线昌平路站增设重点岗位行车人员，与调度所进行互控，做好手动排列折返进路及应急手摇道岔准备；对 7 号线岚皋路折返列车进行监控工作。

② 岔区防护：7 号线昌平路下行 2 号道岔外方增设临时停车牌；行车值班员与司机做好列车折返车调联控。

③ 停运公告：在出入口卷帘门旁张贴告示。

④ 值班员关闭所有自动售票设备，释放所有自动检票机三杆。

⑤ 人员安排：对出入口乘客进行引导及解释工作，发放温馨提示卡片（地面走行路线引导）。

⑥ 四长联动：对停运方案做提前联系，加强地面引导配合。

3）静安寺站

① 行车作业：行车值班员利用人工广播及出入口 LED 屏告知乘客故障信息并对乘客进行疏导，告知乘客 7 号线发生故障，有急事的乘客请改乘地面其他交通，并与二号线做好信息沟通工作。

② 停运公告：车站四个出入口公告栏内提前张贴。

③ 站务助理：车站另申请增加 7 名站务助理，遇客流较大时，在换乘通道中部限流门处安排 1 名站务助理及 1 名车站站务员、协警、民警利用通道内两边隔离栏杆门进行限流引导工作。

④ 客运组织：关闭下行尾部 5 号，6 号自动扶梯、站台中部 2 号自动扶梯、上行尾部 1 号自动扶梯，确保列车正常关门发车，确保楼梯口不发生客流对冲，确保站台乘客不发生拥挤。

⑤ 换乘限流：关闭 2 号线换乘 7 号线侧换乘通道限流门（实行间歇性放行），做好 2 号线换乘 7 号线客流的限流或间接性截流工作，并安排人员在限流门处利用"便携式扬声器"做好乘客的宣传解释及安抚工作。

⑥ 通知警务站民警至车站乘客堆积滞留点进行疏导及控制，维持车站秩序，保持信息互通。

⑦ 需要启用公交预案，值班站长应及时安排车站人员及民警带好相应公交预案配套设施，引导乘客至车站 8 号口及 9 号口，出站至应急公交站点（8 号口为下行、9 号口为上行公交疏散点）。

⑧ 四长联动：对停运方案做提前联系，加强地面引导配合。与车站商铺、周边单位联动，组成应急疏散志愿者队伍，一旦发生大客流爆满等突发事件，配合车站进行现场疏导工作。

（7）行车应急预案

1）临时限速方案

每日运行开始前调度应该确认通号设置的临时限速有效，列车限速 25km/h。

OCC 调度应掌握列车驶离限速区段后列车晚点情况，对于晚点情况采取如下措施：

① 对于晚点列车调度应利用备车进行调整，确保运行秩序平稳。

② 晚点 2min 以上的，可调整列车运行等级。

③ 晚点接近 5min 时，应采取跳停措施。

运营过程中发生列车在该区段需要以 RMF 或切除 ATP 模式运行，ATS 临时限速设置功能将会无效，调度员需发布在百米标（上行 137-141、下行 136-141）的口头限速命令运行。

2）临时中断的应急处置方案

① OCC 接报（工务调度）运营中断的信息后立即汇报 COCC。

② 立刻安排故障区段内的列车驶离至下一站待命。

③ 安排全线列车扣车，安排在站列车扣车，区间内的列车位移至车站，确保长寿路站至昌平路站上下行不再允许列车进入。

④ 根据预案启动美兰湖站—岚皋路站、静安寺站—花木路站运行交路，列车运行至静安寺站下行清客后，空驶至昌平路站折返，静安寺站上行恢复载客。满足美兰湖站—岚皋站（5min）、静安寺站—花木路站（6min）的间隔，多余车底数则安排回库；对两段小交路运行列车安排调度员专人盯控。

⑤ 当抢修单位需要抢修时，运营调度应当及时配合抢修人员从长寿路车站进入故障区间。

⑥ 临时中断的应急处置主要根据《上海轨道交通 7 号线运营调度细则》执行，若临时中断抢修时叠加发生其他设施设备故障应急处置方案参见后续道岔故障、列车救援、触网中断与线路中断的预案。

2. 地面公交运营方

北横通道穿越 7 号线长寿路站至昌平路站区间，盾构位置距长寿路至昌平路区间最近处仅 7.15m。为配合施工期间行车方案调整，制定了《北横通道穿越施工期间 7 号线配套公交短驳方案》。

（1）公交短驳方案（镇坪路站至昌平路站运营中断。）

1）公交配套方案

7 号线岚皋路站至轨交 3、4 号线镇坪路站折返段，双向驳运直达，沿途不停靠。

停靠站点：7 号线岚皋路站，3、4 号线镇坪路站。

停靠位置：见表 5-27。

短驳公交停车位置表 表 5-27

地铁站	行驶方向	
	下客点	上客点
岚皋路站	岚皋路桥辅道东侧，轨道交通 7 号线岚皋路站 1 号口，往西 200m	岚皋路桥辅道西侧，礼泉路路口向北 50m
镇坪路站	镇坪路 177 弄门口（镇坪路上）	镇坪路 177 弄南门（中山北路上）

2）车辆配置

岚皋路—镇坪路双向接驳，常备 30 辆 / 天。

断面客流：见表 5-28。

区间断面客流量表　　　　　　　　　　　　　　　　　　　　　　表 5-28

区段	上行方向		下行方向	
	工作日	双休日	工作日	双休日
新村路—岚皋路	48772	13323	32807	10362
岚皋路—镇坪路	50224	13780	33685	11179
镇坪路—长寿路	45586	11848	30607	10028
长寿路—昌平路	40205	10725	27452	9634
昌平路—静安寺	40059	10716	27493	9958
静安寺—常熟路	26081	7785	18198	8093

（2）限速运行公告：长寿路站—昌平路站限速运行

公　告

为配合市政工程建设，2019 年 6 月 21 日 10：00 起至 6 月 25 日运营结束止，7 号线长寿路站—昌平路站区段列车限速运行。给乘客出行带来不便，敬请谅解！

现予公告！

加盖站印章

2019 年 × 月 × 日

（3）临时中断运营公告：岚皋路站至静安寺站停运

公　告

因外部施工，停运抢修，2019 年 × 月 × 日即时起至另行通知止，7 号线镇坪路站—昌平路站区段停运，其他区段美兰湖站—岚皋路站、静安寺站—花木路站正常运营。

请乘客们及时调整出行方案，通过路网轨道交通其他线路绕行或换乘地面公共交通。同时，中断运营区段提供岚皋路站—镇坪路站双向公交应急接驳线路。给乘客出行带来不便，敬请谅解！

现予公告！

加盖站印章

2019 年 × 月 × 日

5.2.6　监测方保障方案

1. 工程周边环境监测方

监测方案主要内容有：（1）监测目的；（2）监测实施原则；（3）基准点的

布设;(4)监测点的布设;(5)监测点的保护;(7)报警机制;(8)监测频率;
(9)监测资料整理提交;(10)监测仪器设备;(11)监测项目组人员组成;
(12)风险点与监测应急措施。具体内容与示范工程一类似,此处不再赘述。

2.隧道监测方

对现场采取视频监控、人工监测、自动化监测相结合的方案,视频图像传
至车控室、项目中控室、COCC,自动化监测数据传至项目中控室。

(1)视频监控

高清摄像机安装在区间隧道,将隧道内的状态24h实时传输到地面,反馈
给监护相关部门,以便根据监控的信息评估影响范围内运营中的7号线隧道状
态,为信息化施工及必要时的施工措施提供数据,见表5-29。

监控范围表　　　　　　　　　　　　　　　　　　　　　　　　表5-29

对应区间隧道环号	高清视频监控
上行线安装里程 SK13＋775～SK13＋801,环号 429-476,电源箱 SK13＋787,环号 440 环;下行里程 XK13＋778.2～XK13＋804.2,环号 431-478,电源箱 XK13＋789,环号 440 环	上、下行各安装 4 个云台监控,以及上、下行各一个电源箱

上、下行隧道内两侧各安装4台云台高清摄像机(镜头可伸缩、旋转)。
摄像机通过6类双给绞线连接到设备箱。从设备箱拉光纤到地铁车站通号信号
机房(需要220V电源),并且与通号信号传输系统相连接,共传输三处,长
寿路车站车控室一路,地铁恒通大厦监控室一路,另一路安装无线网络传输设
备监控图象通过互联网传输到施工监控办公室。

安装位置:上下行各4台云台高清摄像机,安装于穿越正投影区域以及外
延伸各20环范围内,作用为全方位监控,其中正投影区域1台,正投影区域
往长寿路车站1台,正投影区域往昌平路方向外延伸范围2台,见图5-53。

(2)人工监测

1)隧道垂直位移监测

① 监测目的

盾构隧道推进施工中,因超挖、纠偏等因素引起周围地层移动,致使土
体中轨道交通运营隧道产生沉降,如沉降较大或不均匀沉降过大,导致运营地
铁隧道管片环缝张开等潜在风险,影响正常的运营。根据监测数据,为盾构
参数的调整、后期注浆施工调整及运营地铁线路的状态评估和保护提供基础
数据。

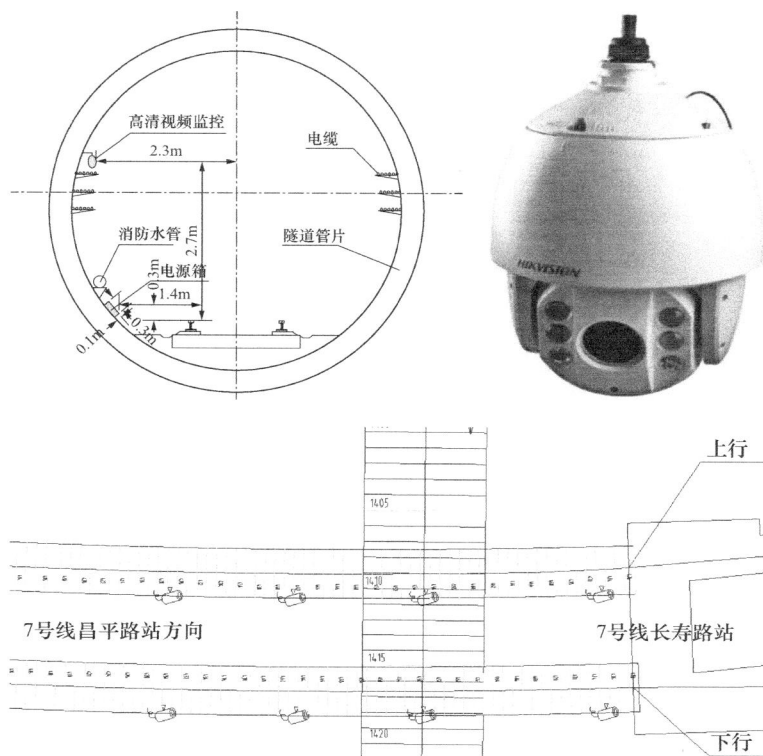

图 5-53　高清视频监控安装位置示意图

② 仪器

徕卡 NA2 型水准仪＋GPM3 平板测微器，合金标尺；标称精度：±0.5mm/km。

③ 布设方法与位置

与北横通道投影重叠的 7 号线上、下行线 16m 及向两侧方向 80m 内以 5m 间距布设测点，两侧外扩的 40m 区域内以 10m 间距布设测点。

注意：测点布设时，如遇变形缝、伸缩缝、车站与隧道的连接处等情况，需在其两侧均加设测点。

测点分布在监测里程内的隧道结构上，用冲击钻或射钉枪在测点位置处钻孔后埋入（或打入）顶部为光滑凸球状的测钉，测钉与混凝土体间不应有松动，测点处有明显的测量标记。应尽量利用长期监护测量已布设的、满足观测要求的标志。

④ 测量方法

根据二级沉降监测要求，采用水准仪对与基准点形成附合水准线路的各测点进行测量（通过计算得到测点相应高程），其高程变化量即为垂直位移，见图 5-54。

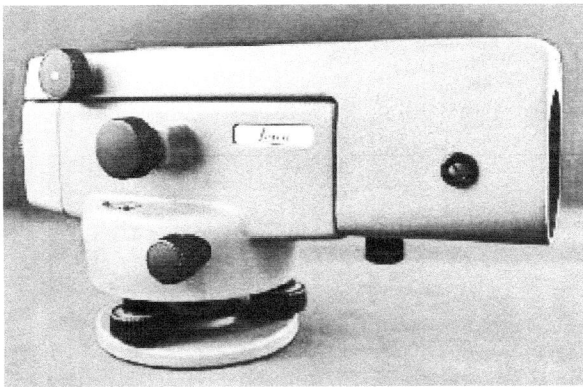

图 5-54　徕卡 NA2 型水准仪＋GPM3 平板测微器

⑤ 数据处理

若有一个已知高程（或假定高程）的 A 点，首先测出 A 点到 B 点的高低之差 h_{AB}，则 B 点的高程 H_B 为：

$$H_B = H_A + h_{AB}$$

以此计算出 B 点的高程。

⑥ 测点编号

7 号线上行线 SC1—SC42；7 号线下行线 XC1—XC42，共计 84 点。二级监测网主要技术指标见表 5-30。

二级监测网主要技术指标　　　　　　　　　　　　　　　　　　　　　　表 5-30

序号	技术指标	精度要求
1	监测点测站高差中误差	0.5mm
2	闭合差（附和差、往返较差）	$1.0\sqrt{n}$ mm（n 为测站数）
3	视线长度	50m
4	基本分划、辅助分划读数较差	0.5mm
5	基本分划、辅助分划所测高差较差	0.7mm
6	视线离地面高度	0.2m
7	水准仪 i 角	15″

2）隧道水平位移监测

① 监测目的

盾构隧道推进施工中，因超挖、纠偏等因素引起周围地层移动，致使土体中轨道交通运营隧道产生变形。尤其在建盾构隧道近距离穿越运营隧道，盾构施工中运营隧道侧向土压力的变化导致运营隧道产生潜在的水平位移。根据监测数据，为盾构参数的调整、后期注浆施工调整提供基础数据。

② 仪器

徕卡 TCRA1201 型全站仪；标称精度：±2″、（ 2＋2ppm×D ）。

③ 布设方法与位置

在 7 号线上、下行监测范围隧道内以 5m 间距各布置 8 个监测点。

在各监测断面内的隧道路基上，将带有十字标记的测点，采用冲击钻埋入（或打入）测点位置处，测点与混凝土体间不应有松动，测点处有明显的测量标记。

④ 监测方法

采用坐标法测定位移。根据现场条件，通过观测端点（全站仪测站点），观测测点（棱镜或反光片）坐标的变化来计算隧道水平位移值。水平位移监测采用基准线法进行测量。水平位移监测精度：变形点的点位中误差≤±3.0mm（横向误差为±2.1mm）。

⑤ 数据处理

数据处理采用基于自编软件进行计算。水平位移测量的内业计算和成果应符合以下规定：水平位移测量计算前应对基准点的稳定性进行检验，选用稳定的控制点；视准线法、小角度法、自由设站基准线法通过比较历次观测点与基准线的垂距计算水平位移量；其他方法通过比较历次观测点的坐标计算水平位移量。

⑥ 监测数量

7 号线上行线 SW01—SW08；7 号线下行线 XW01—XW08，共计 16 点。

3）隧道直径收敛监测

① 原理

采用全站仪无定向自由设站进行直径（收敛）测量（测站点是架设观测仪器的位置，应该在待测水平直径所在的垂直平面内，近似隧道内两钢轨的中间位置上）。隧道内采用全站仪测量时，仅需整平仪器，无需对中和定向，只需注意要提高瞄准精度即可。数据采集过程为：一次设站测量观测环上两边直径点（B 和 B' 点）的三维空间坐标（X，Y，Z），根据此三维坐标可以计算任意两点直径，即为隧道直径收敛值。与施工前所测初始值相比较，所得差值即为隧道直径收敛累计变化量。

② 仪器

徕卡 TCRA1201 型全站仪；标称精度：±2″、（ 2＋2ppm×D ）。

③ 测点布设（该处隧道为通缝隧道，测点布设如下）

标准部分的轨道交通圆形隧道的每环隧道管片由 6 块管片拼装而成。其中，接缝宽度约为 1cm。按圆形隧道拼装理论计算，自腰部接缝沿隧道向下量弦长 0.813m，端点即为圆形隧道水平向直径之端点。因此，测量圆形隧道直径的关键在于确定所测直径两端点的位置，按上述方法，参照隧道腰部拼装缝位置，可以比较准确地确定直径端点位置，即测点位置（B 和 B' 点），找出并粘贴反射片。

④ 数据处理

数据处理采用基于自编软件进行计算。

⑤ 测点布设原则

与北横通道投影重叠的 7 号线上、下行线 16m 内逐环布设测点，外扩的 20m 区域内以 5 环间距布设测点。

监测数量：共计布置 50 组监测断面（每组 2 个测点），累计 100 个测点。

测点编号：7 号线上行线 SL1—SL25；7 号线下行线 XL1—XL25。

（3）隧道纵向剖面电水平尺垂直位移自动化监测

1）原理

利用测量隧道倾斜的仪器电水平尺，将它们多个连用，以监测隧道的竖向位移。

2）特殊性

由于受 7 号线地铁运营的限制，很难长时间进行连续的人工测量，为确保其安全，确定在监测范围内采用美国 SLOPE INDICATOR 公司的电水平尺及相应的 CR 系列数据自动采集器组成的竖向位移自动监测系统，进行实时监控。

3）传感器构造

EL BEAM 是美国 SLOPE INDICATOR 公司推出的测量物体倾斜（即两点间高差）的仪器。

电水平尺的核心部分是一个电解质倾斜传感器。它是利用电解质来进行水平偏差（即倾斜角）测量的仪器，显著特点是测角的灵敏度很高，可达 1s（相当于在 1m 的直尺上由于两端有 5μm 高差形成的倾角），而且有极好的稳定性。

将上述电解质倾斜传感器（组件）安装在一支空心的刚性直尺内，就构成了电水平尺（EL Beam）。使用时电水平尺可以单支安装，也可以将多支电水平尺的首尾相连，形成一个"尺链"，在监测区段内沿待测方向展开安装。

4）工作原理

电水平尺的核心部分是一个电解质倾斜传感器，其测量倾斜角的灵敏度高达 1 秒。将上述电解质倾斜传感器安装在一支空心的直尺内，就构成了电水平尺（EL BeamSensor）。尺身长 2～4m，用锚栓安装在隧道道床（结构物）上。将倾角传感器调零，并锁定在该位置。道床（结构物）的沉降会改变梁的倾角，沉降量（d）可按公式"$L(\sin1-\sin0)$"算出。此处，L 是梁的长度；1 是现时倾角值；0 是初始倾角值。若将一系列电水平尺首尾相接地安装在隧道纵向上的隧道结构上，形成上述的所谓"尺链"，就可得出"尺链"范围内的竖向位移曲线。

5）自动采集

电水平尺中的电解质倾斜传感器能根据倾角的变化输出相应比例的电压信号。将"尺链"上各个电解质倾斜传感器输出的信号均接到一台 CR 系列数据自动采集器上，就可按设定的时间间隔（可调整的范围为几秒到几小时，一般可取 1 小时）对所有接入的传感器进行一次采样读数。每次采样读数所得的数据暂存在采集器内供定期处理，还可通过电缆直接从采集器输送到一台计算机中，在计算机内按预先设定的程序将电压信号换算成倾角角度，再根据尺体的长度（L）计算出沉降量 d_i（"i"表示尺链中第 i 支尺），利用矢量相加的方法可以得到尺链范围内的实时竖向位移曲线。

6）监测系统的组成

竖向位移自动监测系统由设在隧道纵向结构上的电水平尺和随电水平尺就近安装在隧道侧壁上的 CR 系列数据自动采集器，以及设在最近工地办公室内主控计算机组成。

各支电水平尺的输出信号用电缆接到就近的数据采集器上，数据采集器用一根 RS232 接口的信号电缆与主控计算机相连。主控计算机设在就近的工地办公室内（根据现场条件确定）。沉降自动监测系统一经设定可以自动工作，但亦可在任何时间由操作人员改成手动控制。

主控计算机内装有专门的控制软件，完成数据的传输、整理计算、存盘和实时显示监测图形等功能。

系统工作时数据的采集时间间隔可以在主控计算机上控制和修改。实际中可采用 60 分钟的间隔，自动对所有电水平尺进行一次数据采集就可以满足要求。每采集一次数据，就立刻计算处理，并把采集的结果用图形或表格在屏幕上显示出来。主控计算机设在工地办公室中。

若通过社会公共传输网络,主控计算机中的数据和图形可以传送到终端上,实时得到与主控机上一致的结果,以便根据地铁隧道的位置变化随时调整施工进度和技术参数。

7)监测软件

为实现监测的自动化,专门为此类工程项目编制了一个监测软件,该监测软件完成数据的传输、整理计算、存盘和实时显示监测图形的功能,操作人员还可以在控制软件的界面,实行对隧道内的数据采集器进行采集间隔等工作参数的设定或修改。监测软件还有报警功能,一旦采集到的数据达到或超过预先设定的"报警值",计算机就会以色彩或音响发出报警信息;"报警值"的大小可以由具备一定操作权限的人员在控制软件的界面上设定或修改。

8)测点布置

在监测范围中部 168m 的隧道内,以 7 号线长寿路站内测点作为第一个测点起算沿轨道交通 7 号上、下行线路纵向 168m 范围内,由 2.4m 长电水平尺 70 支首尾相连构成总长 168m 监测线(70 支×2.4m/ 支= 168m)。

测点编号:7 号线上行线纵向 SU0—SU70;7 号线下行线纵向 XU0—XU70。

(4)监测点汇总(表 5-31)

监测点汇总表 表 5-31

序号	监测项目	单位	数量	仪器设备
1	隧道垂直位移监测	点	84	徕卡 NA2 型水准仪加 GPM3 平板测微器,合金尺
2	隧道水平位移监测	点	16	徕卡 TCRA1201 型全站仪
3	隧道直径收敛监测	点	50 组(100 点)	徕卡 TCRA1201 型全站仪
4	隧道纵向沉降剖面自动化监测	2.4m/ 把	140	电水平尺纵向 70 把、CR1000 采集器,电脑两台,无线传输设备两套
5	隧道直径收敛激光自动化监测	只	20	共计 20 只激光测距仪
6	隧道高清视频监控	台	8	8 台高清视频监控

(5)观测频率

1)人工监测:监测频率见表 5-32。

人工监测频率 表 5-32

监测项目＼施工阶段	施工前	盾构穿越中	后期监测（注浆期）	后期监测（稳定期）
垂直位移	2 次初始值	1 次／天	1 次／周	2 次／月
水平位移	2 次初始值	1 次／天	1 次／月	—
直径收敛	2 次初始值	1 次／天	1 次／周	2 次／月

2）自动化监测

隧道纵／横向剖面电水平尺垂直位移自动化监测和激光收敛自动化监测进行定时观测，取 5min 采样间隔，根据人工监测频次出"数据报表"，必要时按委托方要求实时向委托方报告数据。

注：监测频率可根据数据变化情况作调整；当测量数据报警或有突变时应加密测试频率。

3）监测次数（总计划工期 12 个月）：见表 5-33。

人工监测次数 表 5-33

施工阶段	工期（月）	监测内容	线路结构（点）		
			沉降	水平位移	直径收敛
			84	16	（50 组）100
初读数	—	初读数	2	2	2
盾构穿越中	0.3	监测频率	1 次／天	1 次／天	1 次／天
		监测次数	10	10	10
后期监测（注浆期）	6	监测频率	1 次／周	1 次／月	1 次／周
		监测次数	24	6	24
后期监测（稳定期）	5	监测频率	2 次／月	—	2 次／月
		监测次数	10	—	10
总工期	12	总次数	46	18	46

自动化监测工期按照 7 个月计算

（6）报警值

控制指标与示范工程一类似，具体内容不再赘述。

（7）监测异常情况下及报警的监测措施

与示范工程一类似，具体内容不再赘述。

5.2.7 协同工作

本次穿越施工是继北横盾构成功穿越地铁 11 号线之后的再次穿越施工，是同一个标段中的两个不同节点，项目参与各方以及采用的装备等情况较为相近，相关单位协同保障工作与穿越 11 号线基本一致。

5.2.8 穿越过程控制与变形分析

1．穿越过程控制

整个穿越施工过程情况汇总见表 5-34，相关的施工过程参数见图 5-55。

盾构穿越地铁 7 号线区间隧道施工情况汇总 表 5-34

序号	施工阶段	主要影响因素	对应环号范围	盾构掘进情况			地铁 7 号线隧道变形情况
				日期	完成环数（环）	盾构与地铁位置关系	
1	刀盘进入投影范围前	① 切口压力	1393～1401	6 月 18 日（二）	1.0（1393）	刀盘离开上行线 22～20m	① 上行线：对应北横轴线处下沉小于 2mm ② 下行线：对应北横轴线处下沉小于 1mm
				6 月 19 日（三）	5.0（1394～1398）	刀盘离开上行线 18～8m	
				6 月 20 日（四）	3.0（1399～1401）	刀盘离开上行线 6～0m	
2	盾构穿越投影范围（从刀盘进入到盾尾离开）	① 切口压力 ② 盾构锥度 ③ 盾尾注浆	1402～1421	6 月 21 日（五）	5.0（1402～1406）	刀盘进入上行线 2～10m	① 上行线：从局部下沉 -3.84mm 到最大上抬为 8.22mm ② 下行线：局部下沉 -3.30mm 到最大上抬为 +5.62mm
				6 月 22 日（六）	7.0（1407～1413）	盾体穿越上行线	
				6 月 23 日（日）	6.0（1414～1419）	盾体穿越下行线	
				6 月 24 日（一）	2.0（1420～1421）	盾尾离开下行线 0～4m	
3	盾尾离开投影范围后	① 盾尾注浆	1422～1442	6 月 25 日（二）	1.0（1422～1427）	盾尾离开下行线 6～8m	① 上行线：逐渐回落至 +4.59mm； ② 下行线：开始回落至 +4.40mm
				6 月 26 日（三）	5.0（1428～1432）	盾尾离开下行线 10～20m	
				6 月 27 日（四）	5.0（1433～1437）	盾尾离开下行线 22～32m	
				6 月 28 日（五）	5.0（1438～1442）	盾尾离开下行线 34～44m	

推进速度 (mm/min)

第一阶段　刀盘进入投影范围前　　第二阶段　盾构穿越投影范围　　第三阶段　盾尾离开投影范围后

切口压力 (bar)

图表区

第一阶段　刀盘进入投影范围前　　第二阶段　盾构穿越投影范围　　第三阶段　盾尾离开投影范围后

推力 (kN)

第一阶段　刀盘进入投影范围前　　第二阶段　盾构穿越投影范围　　第三阶段　盾尾离开投影范围后

刀盘扭矩 (MN·m)

第一阶段　刀盘进入投影范围前　　第二阶段　盾构穿越投影范围　　第三阶段　盾尾离开投影范围后

注浆量 (m³)

第一阶段　刀盘进入投影范围前　　第二阶段　盾构穿越投影范围　　第三阶段　盾尾离开投影范围后

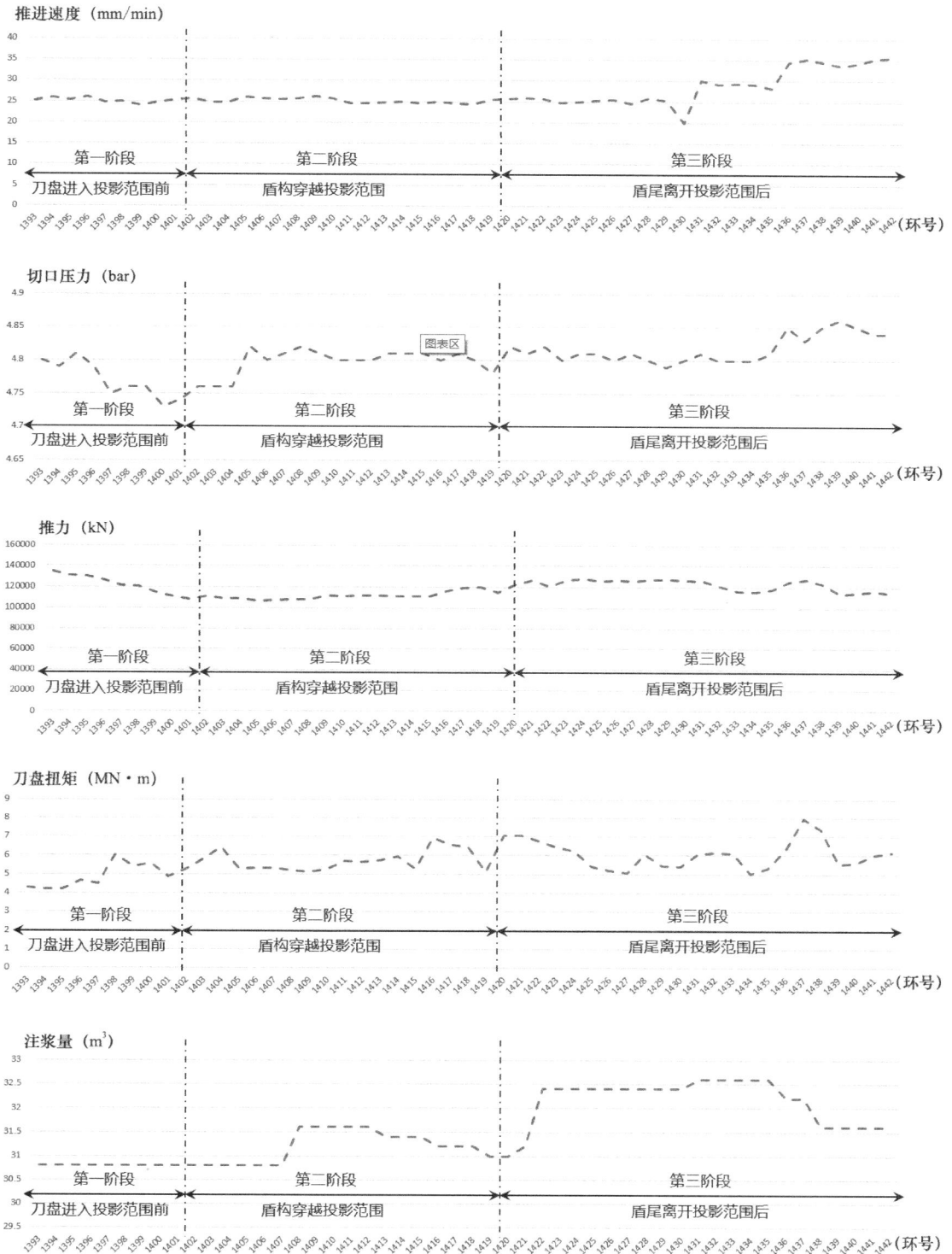

图 5-55　施工参数曲线图

2．隧道的位移与变形分析

（1）隧道位移分析

自盾构进入 7 号线影响范围内开始，距离穿越区域较近的上行线表现为隆起趋势，在 1395 环推进时，隆起量为 1.5mm；随着盾构继续推进，当盾构切口推进至 7 号线隧道正下方时，出现下沉趋势，最大下沉量为 −4.49mm，随着盾构的一直推进，7 号线上行线开始隆起，最大隆起量为 8.39mm，盾尾远离上行线后，上行线也随后开始下沉，隆起量为 5.99mm。下行线趋势与上行线趋势基本一致，下行线在穿越过程中最大下沉量为 −3.51mm，盾尾离开下行线后，最大隆起量达到 7.14mm，随着盾构机的远离，下行线也逐渐开始下沉至 4.92mm，见图 5-56、图 5-57。

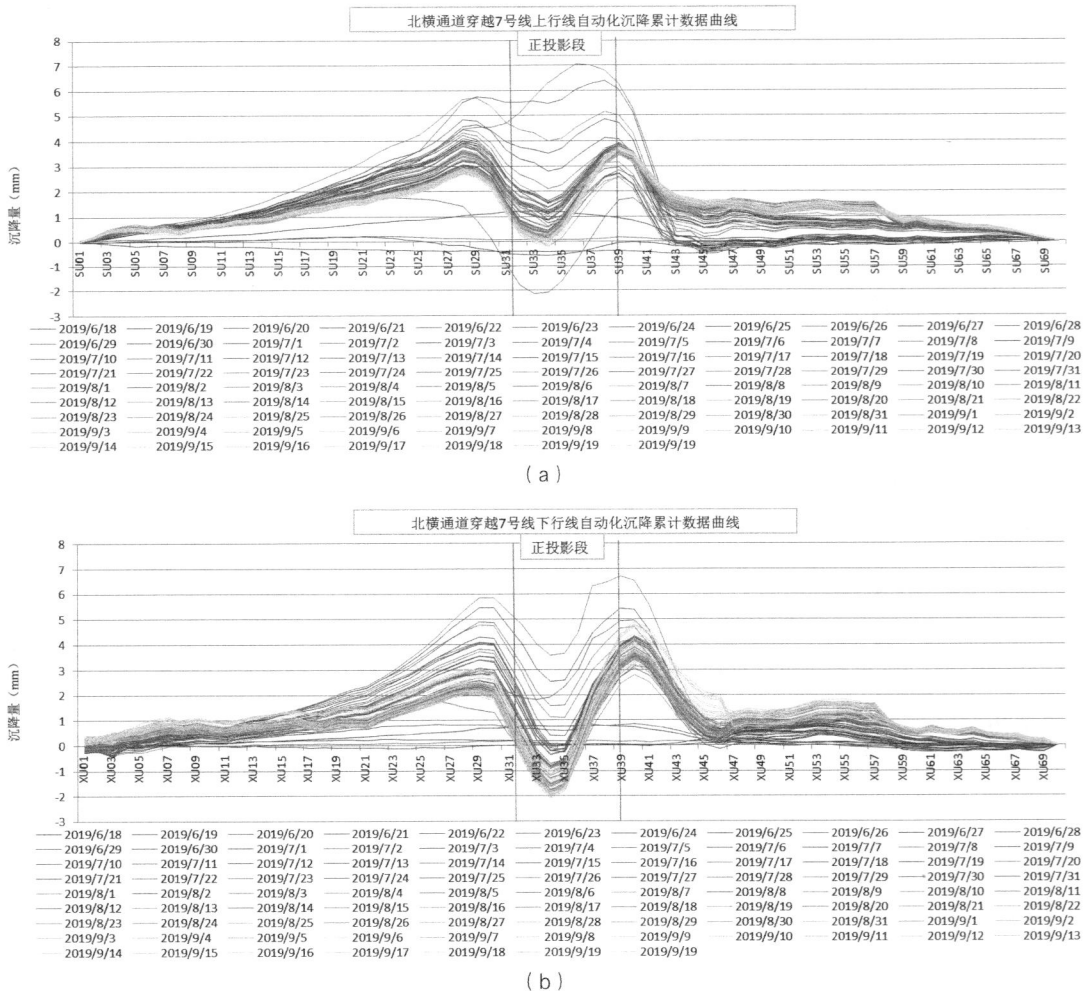

（a）

（b）

图 5-56 地铁隧道位移自动化监测曲线

（a）上行线；（b）下行线

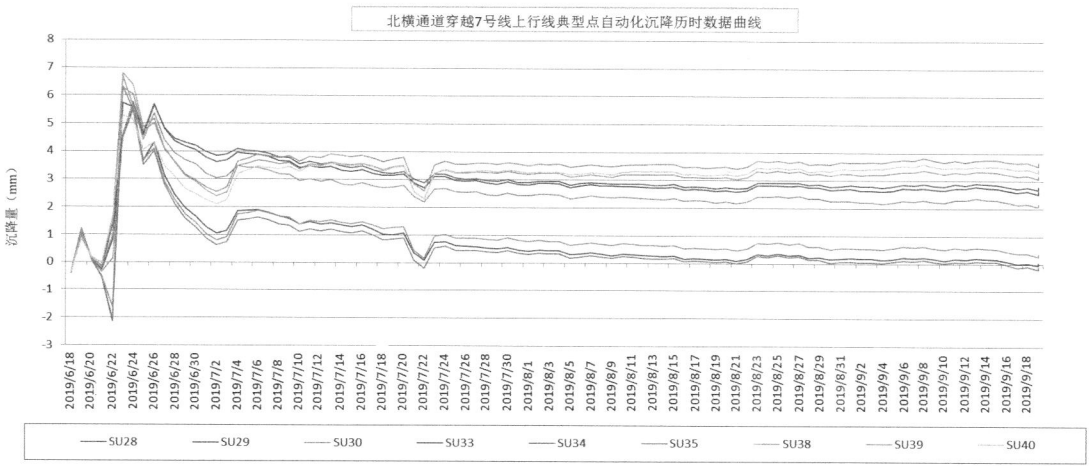

（a）

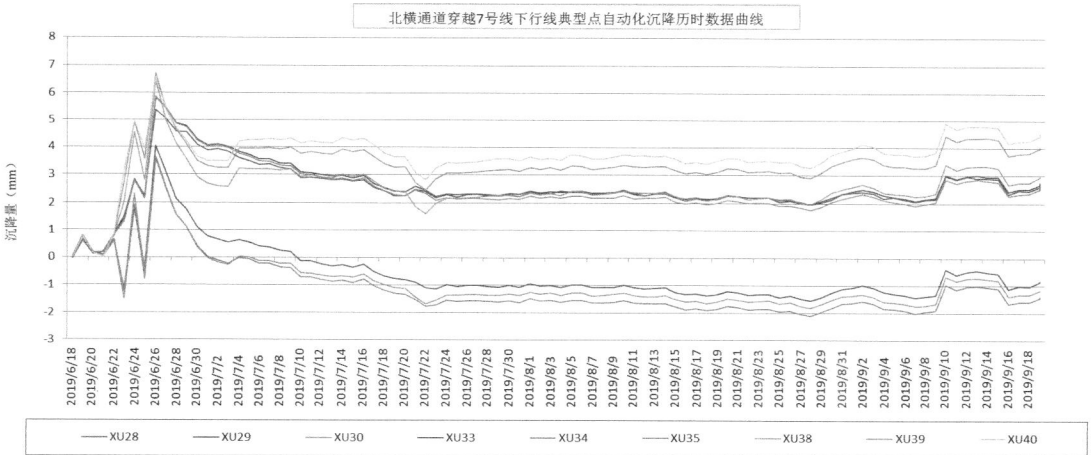

（b）

图 5-57　特征点位移时程曲线

（a）上行线；（b）下行线

（2）隧道变形分析

在盾构推进过程中收敛变化表现为先增大后减小，穿越过程中上行线特征点 SU33、SU36 收敛值最大变化量约 3mm，穿越后收敛平均值又减小为＜1mm；下行线特征点穿越过程中收敛最大变化量约 2mm，穿越后收敛平均值又减小为＜1mm。

5.2.9　小结

1. 总体筹划

确定的 −20～＋20mm 的控制标准是合理的，整个穿越施工过程中变形控制在＋9mm 内，没有触发报警。

采取了"连续快速穿越"的策略，充分利用 2 天双休日（平均每天 6 环）快速掘进通过，最大限度地减小了列车限速对工作日客运高峰时段旅客疏散的压力。

2．施工参数与过程控制

在保证盾构轴线和姿态合理的情况下，采用匀速慢速穿越，降低对 7 号线上、下行线的影响，推进速度控制在 25mm/min 左右，并通过不断调整注浆量和克泥效压注量来确保 7 号线、地面、地面建筑物和管线沉降数据的稳定。

通过地铁隧道变形监测结果表明，盾构切口压力、注浆总量和克泥效压注量是控制地铁隧道隆沉的主要因素，过程中根据监测数据对参数进行了及时调整，但调整的幅度较小，保证了整个穿越施工过程平稳。

3．地铁 7 号线变形控制

北横盾构切口到达前，地铁隧道变形控制在 ±2mm 以内，影响可以忽略不计。隆沉数据明显表现在切口进入上行线后，先是上行线出现下沉趋势，盾体穿越上行线时，上行线出现隆起趋势，盾尾离开上行线后，上行线隆起数据明显，最大隆起量为 8.39mm，下调注浆量后开始逐渐收敛；切口进入下行线时，同样先是下沉后开始隆起，下行线穿越过程中（推进方向）投影区域左侧隆起数据较为突出，后对注浆孔位的注浆量进行调整，下行线在盾尾离开投影范围后隆起趋势明显，最大隆起量为 7.14mm，盾尾远离投影范围后，下行线数据开始收敛，最终穿越阶段隆沉控制在标准范围内。

4．周边环境控制

轴线沉降：－16.01～0.21mm（警戒值 －30～10mm）

管线沉降：－5.38～3.68mm（警戒值 ±10mm）

房屋沉降：－2.14～1.1mm（警戒值 ±20mm）

通过沉降监测数据表明，周边环境控制均在标准范围内。

盾构离开影响范围后地铁隧道逐步回落，因此需要进行长期观察并采取针对性措施确保地铁 7 号线隧道和北横通道的安全与稳定。

5.3　工程三：上海北横通道盾构穿越轨道交通 10 号线

5.3.1　工程背景

政府机构：上海市北横通道工程建设指挥部

建设单位：上海公路投资建设发展有限公司

设计单位：上海市隧道工程轨道交通设计研究院

监理单位：上海市合流工程监理有限公司

施工单位：上海建工集团股份有限公司

根据设计在（K12＋313.82 河南北路附近）距出洞约 270m 处盾构将穿越地铁 10 号线四川北路—天潼路区间，穿越长度约 38m，平面位置关系如图 5-60 所示。穿越处拟建隧道与地铁 10 号线隧道呈 76° 斜交，隧道与地铁下行线垂直距离最小仅为 7.5m，上行线垂直距离最小仅为 8.1m。

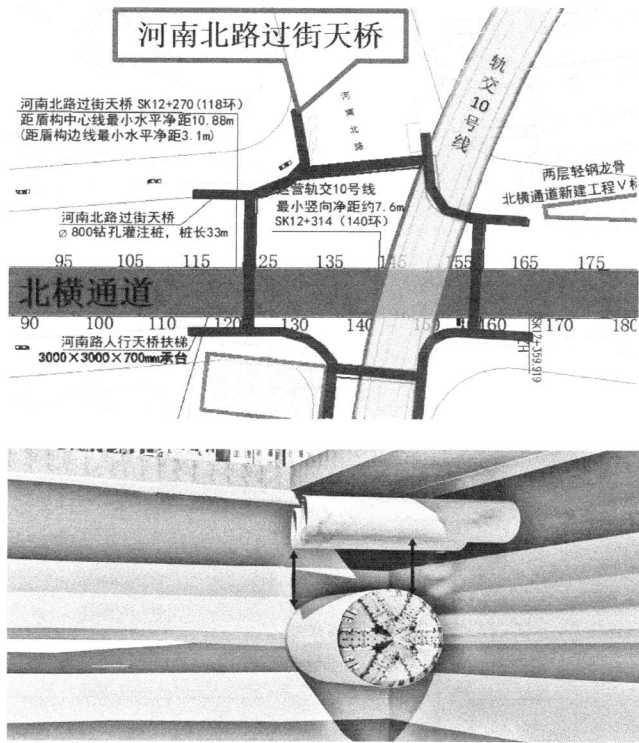

图 5-58　北横通道与 10 号线相对位置图

被穿越的地铁 10 号线隧道外径 6.2m，管片厚 0.35m，环宽 1.2m。上行线与下行线管片边到边距离为 18.14m，最近段距离为 5.74m

1．穿越节点的地层条件

穿越段北横隧道所处土层上部为⑤₁ 灰色黏土，下部⑦₂ 草黄—灰色粉细砂，北横隧道主要位于⑤₃₁、⑤₄，黏土层和⑦₁ 粉土层，已建 10 号线上部为①₁ 人工填土，下部⑤₁ 灰色黏土，主要位于②₃ 砂质粉土层。各地层特性详见表 5-35。

下穿地铁 10 号线地层特性表 表 5-35

层号	土层描述
②₃ 灰色砂质粉土	遍布，松散—稍密，欠均匀，局部为黏质粉土，中压缩性。该层渗透能力较强，在一定的动水压力下易产生流砂现象，对基坑开挖存在不利影响；同时该层为液化土层，对桩基、基坑支护开挖和盾构掘进施工亦存在一定的不利因素
⑤₁ 层为灰色黏土	软塑为主，高—中压缩性，具有一定的软土特性
⑤₃ 层灰色粉质黏土	B 区广泛分布，软塑状，中偏高压缩性，该层工程性质一般，具有一定的软土特性
⑤₄ 层灰绿色粉质黏土	B 区广泛分布，可塑状，中压缩性，土性相对较好
⑦₁ 层草黄色砂质粉土	局部缺失，呈中密—密实状，平均实测标贯击数为 29.1 击，平均 P_s 值为 8.17MPa，强度较高，中压缩性；该层土性较好
⑦₂ 层草黄—灰色粉细砂	遍布，呈密实状，平均实测标贯击数为 43.6 击，静探 P_s 平均值为 12.53MPa，强度高，中偏低压缩性；该层土性好，可作为高架段桥梁桩基持力层的比选层位。同时⑦（含⑦₁和⑦₂）层为上海地区第一承压含水层

2．穿越节点的环境条件

（1）穿越区域的建筑物情况

盾构穿越地铁 10 号线处位于河南北路海宁路，出福建北路井由西向东附近主要建（构）筑物有河南路过街天桥。

（2）穿越区域的管线情况

盾构穿越地铁 10 号线处位于河南北路与海宁路路口，管线情况见表 5-36、表 5-37。

沿海宁路方向的管线统计表 表 5-36

序号	种类	材质	规格（mm）	埋深（m）
1	煤气	铁	$\phi300$	1
2	信息 24 孔	缆		0.9
3	给水	铁	$\phi300$	1
4	电力 2 孔	缆		0.3
5	信息	缆		0.8
6	电力 18 孔	铜		1
7	给水	铁	$\phi800$	1.9
8	雨水	混凝土	$\phi1500$	3.2
9	给水	PVC	$\phi50$	0.4

续表

序号	种类	材质	规格（mm）	埋深（m）
10	雨水	混凝土	$\phi 1000$	2.8
11	给水	铁	$\phi 150$	0.7
12	信息	缆		0.6
13	给水	铁	$\phi 500$	0.7
14	电力	缆		0.9
15	信息	缆		0.5
16	煤气	铁	$\phi 300$	0.9
17	煤气	铁	$\phi 150$	1
18	给水	铁	$\phi 300$	0.8
19	电力	缆		0.4
20	电力	铜		1.1
21	信息	缆		0.3
22	信息	缆		0.6
23	电力	铜		0.6

沿河南北路方向的管线统计表 表 5-37

序号	种类	材质	规格（mm）	埋深（m）
1	电力 1 组	铜		0.3
2	电力 24 孔	铜		1.5
3	电力 1 孔	铜		0.3
4	信息 8 孔	缆		0.6
5	给水	铁	$\phi 300$	1
6	信息 33 孔	缆		1.1
7	给水	铁	$\phi 500$	1.3
8	给水	铁	$\phi 300$	1.1
9	雨水	混凝土	$\phi 800$	2.3
10	信息 2 孔	缆		1.1
11	电力 1 组	铜		1.2
12	煤气	铁	$\phi 700$	1.4
13	煤气	铁	$\phi 300$	1.5
14	煤气	铁	$\phi 300$	1.0
15	电力 1 孔	铜		1.1

续表

序号	种类	材质	规格（mm）	埋深（m）
16	雨水	混凝土	$\phi1050$	3.7
17	给水	铁	$\phi300$	1.1
18	信息3孔	缆		1.3
19	信息2孔	缆		1.2
20	信息12孔	缆		1.3
21	给水	铁	$\phi150$	0.7
22	电力1孔	铜		0.4
23	电力1根	铜		0.8

5.3.2 难点分析

1. 隧道近距离穿越运营隧道

本工程福建北路井—梧州路井区间隧道里程 SK12＋302～SK12＋342
（环号136～150）位置处需要近距离下穿轨道交通10号线（天潼路—四川北
路）运营隧道。运营隧道10号线所处地层为②₃层砂质粉土层，对拟建隧道穿
越过程中引起的地层变形极为敏感，且北横通道离地铁下行线垂直距离最小仅
为7.5m，上行线垂直距离最小仅为8.1m，属于近距离穿越运行轨交，控制要
求高。

2. 首次施工直径15m级以上盾构（下穿10号线时距离洞口较近）

本项目为上海建工集团首次施工15m级以上的盾构项目，且为该集团目
前为止承接的最大直径的盾构隧道工程。下穿10号线位置为盾构刚出洞270m
处，对于本区间盾构机性能及区间土层特性尚在摸索阶段，这更增加了下穿控
制的难度。

3. 盾构机下穿地铁10号线土体性质差

穿越段地铁10号线位于②₃土层中，该土层灵敏度高，受扰动后变化快；
北横通道与地铁10号线之间相隔⑤₁土层，厚度为7.57m，而北横通道西段盾
构下穿地铁段隔离土层为⑥土层，厚度为7.06m，⑤₁土层相比于⑥土层黏聚
力差，不利于北横通道施工对运营地铁扰动隔离。相比于北横西段下穿轨道交
通，受到两种不利土层叠加因素，增大了本次下穿轨交10号线对于轨交衬
砌结构本体沉降控制的难度。

4. 盾构机下穿地铁10号线为大纵坡下坡趋势

北横隧道下穿地铁10号线阶段盾构线性为大纵坡下降阶段，下穿下行线

时隧道竖向曲线为 55‰ 下坡阶段，下穿上行线时隧道竖向轴线为 $R=2500\mathrm{m}$ 的圆曲线上，下穿过程中切口压力逐渐变大，且在下穿过程中，模拟段盾构掘进土层为 ⑤₁、⑤₃₁、⑤₄ 和 ⑦₁ 土层，随着盾构向前掘进，土层改变为 ⑤₃₁、⑤₄、⑦₁ 和 ⑦₂ 土层，土层变化量大，则对推进时各种参数控制要求和对切口压力实时调整要求极高，同时还需要保证切口水压的误差范围极小，减小对地铁 10 号线和周边土地的扰动，这是本次下穿地铁 10 号线的一大难点。

5. 穿越区范围上方分布有众多地下管线

河南北路海宁路交叉口煤气管线 6 根，信息管线 10 根，给水管线 11 根，雨水 4 根和电力 11 根，管线颇多。最近的雨水管位于 10 号线隧道顶约 6m，如下穿参数控制不当造成管线破坏，将造成较大的社会影响。

6. 穿越位置位于交通繁忙的十字路口

盾构穿越地铁 10 号线位于河南北路海宁路十字路口，车流量大，监测周围环境难度大，需避开车流量。同时地处闹市区一旦发生险情社会影响大，且不利于抢险工作的展开。

5.3.3　重大市政工程政府专项保障工作

1. 建立领导小组

指挥：×××

副指挥：×××、×××、×××

成员：×××、×××

全面负责、监督、指挥、协调。

2. 成立工作实施小组，全过程跟踪、监督、牵头、协调穿越期间突发事项的处置。

3. 成立联合保障小组，全程监测，正确研判，及时上报。

4. 成立地面短驳应急小组，全面协调地面公交短驳应急处置。

5. 社会宣传小组，负责社会宣传，统一口径。

5.3.4　建设施工方保障方案

1. 建设方保障方案

建设方制定了《北横通道新建工程Ⅶ标段盾构穿越地铁 10 号线施工管理办法》，相关目录见图 5-59。

图 5-59 建设方《北横通道新建工程Ⅶ标段盾构穿越地铁 10 号线施工管理办法》目录

方案主要内容为：风险管控组织机构、职责分工和监督检查；应急管理组织；信息化管理措施；应急预防及响应；主要应急措施；应急物资与设备。具体内容与示范工程一类似，此处不再赘述。

2. 施工方保障方案

施工方制定了《北横通道新建工程Ⅶ标段盾构穿越地铁 10 号线专项施工方案》，相关目录见图 5-60，指导穿越施工。

目 录

1 编制

目录

图 5-60 施工方《北横通道新建工程Ⅶ标段盾构穿越地铁 10 号线专项施工方案》目录

（1）盾构机主要参数

本工程采用全新的德国海瑞克复合泥水平衡盾构机，盾构机刀盘直径15.56m，长0.755m。前盾直径15.53m，长4.11m。中盾直径15.50，长4.59m。盾尾直径15.47m，长4.42m。盾构机长14.12m。排泥管采用规格 DN529mm，流量可达2900m³/h，进浆管采用规格 DN630mm，流量可达2400m³/h，参数见表5-38。

盾构机参数表 表5-38

管片外径	15000mm	刀盘	15560mm
管片内径	13700mm	总推力	203066 kN
开挖面积	190.2m²	油缸数量	57 个
体积 / 环	380.3m³	电机功率	350kW
最大工作压力	8.0bar	电机数量	13
盾构机直径（前盾）	15530mm	排泥管	DN529mm
最大掘进速度	50mm/min	进浆管	DN630mm
额定扭矩	34911kN·m	排泥管流量	2900m³/h
最大扭矩	40148kN·m	进浆管流量	2400m³/h
脱困扭矩	45385kN·m		

（2）穿越区间的隧道结构现状调查

2021年7月9日凌晨，随建设单位及地铁监护人员进入10号线天潼路－四川北路区间对穿越段隧道结构进行实地观察。根据里程核对穿越中心为下行线355环、上行线275环，过程对穿越段中左右各75m范围（下行线420～290环，上行线340～210环）隧道结构进行观察，穿越中心处主要为浮置板道床，穿越段现场隧道结构总体良好。封顶块一处存在滴漏，局部顶板有破碎修补，局部环缝存在湿迹。

（3）穿越施工控制区划分

根据本工程盾构穿越地铁10号线的工况特点，按盾构穿越前、穿越段、穿越后划分为三个施工控制阶段，即控制段（一区）、穿越段（二区）、穿越后段（三区），盾构切口开始穿越地铁10号线下行线和盾尾穿出地铁10号线上行线为控制二区，控制二区前15环为控制一区，控制二区后15环为控制三区（见图5-61）。控制区的施工控制要求与穿越区相同。

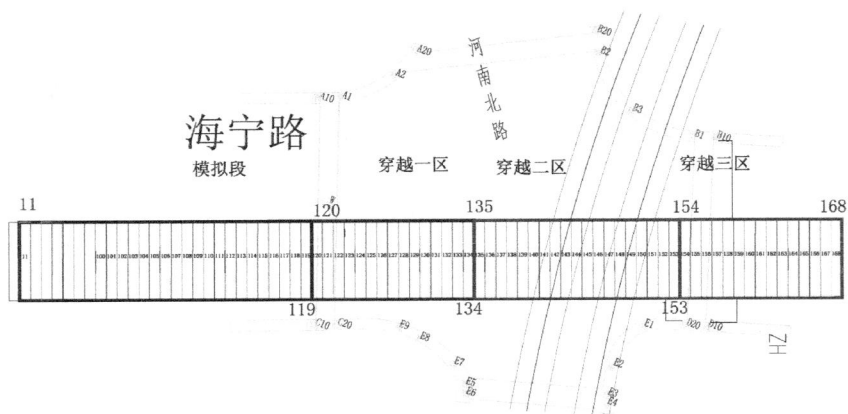

图 5-61 施工控制区段划分图

（4）穿越各区控制要点

1）穿越一区特点及控制措施

此段施工时主要控制推进速度，由正常推进速度逐步减小为 20mm/min 并保持不变，受下穿地铁 10 号线下行线的影响，切口水压值增加缓慢，保证 10 号线隧道隆起 2～3mm；推进时加强注浆工序的管理，根据监测反馈的情况实时调整注浆量和注浆压力，注浆应充填充足，使盾尾后部地表发生微小的隆起。同时在推进控制一区时当壳体上方沉降超过 5mm 时需开启盾构径向注浆孔进行克泥效注浆，其作用为通过径向注浆验证克泥效注浆的有效性，并通过一区施工摸索出合理注浆方量及注浆压力，另外通过前期克泥效注浆浆液的特性在开挖断面形成泥膜，有效地减少同步注浆的浆液向土层中渗透量，保证控制区的同步注浆质量。

2）穿越二区特点及控制措施

穿越段二区的特点是盾构机进入已运营地铁隧道结构正下方。此段施工时控制推进速度在 20mm/min，盾构穿越下行线时竖向曲线处于 5.5% 的下坡阶段，切口水压逐渐增加，盾构下穿上行线时竖向曲线处于 $R = 2500$ 的缓和曲线下坡阶段，切口水压较下行线增加缓慢，施工工程中使切口出地铁 10 号线隧道保持隆起 2～3mm。当推进 141 环时同步注浆对先穿越隧道已有一定影响，需严格控制同步注浆量、注浆压力和浆液质量。二区施工时壳体进入 10 号线投影下方时，当 10 号线结构沉降超过 5mm，根据具体沉降位置开启相应位置的径向注浆孔进行克泥效注浆。

3）穿越三区特点及控制措施

此段施工时推进速度由 20mm/min 提升至正常模式推进速度，可根据监测数据显示关闭径向注浆。该区段施工时重点控制注浆工序，根据地铁运营线隧道的沉降变化情况调整同步注浆压力及方量，保持地铁 10 号线隧道隆起 2～3mm。同时需根据隧道内电水平监测数据开启二次注浆施工。

（5）穿越施工计划安排

9 月底盾构从福建北路始发，掘进至 135 环时切口到达 10 号线下行线正下方，掘进至 153 环时盾尾脱出 10 号线上行线下方。按正常掘进速度预计"建功号"盾构将于 11 月下旬到达该节点。

根据申通集团提供的信息，以往的历史客流数据表明在周末假期间平均客流量比正常工作日有大幅度减少，且没有早晚高峰时段，客运压力相对较小。基于此，定于 11 月 26 日（周五）早上 10 点开始穿越此节点，空制于 11 月 29 日（周一）凌晨 5 点完成穿越二区施工。

下穿二区推进速度控制 20mm/min，推进一环时间控制为 1.7h，管片拼装 1.3h，单环施工时间 3h。理论每天施工环数为 8 环，下穿时控制每日施工 6～7 环。

穿越期间具体计划如下：

12 月 31 日白：135～136 环

12 月 31 日晚：137～139 环

01 月 01 日白：140～142 环

01 月 02 日晚：143～146 环

01 月 02 日白：147～149 环

01 月 02 日晚：150～153 环

（6）施工准备

1）组织及人员准备

① 针对下穿工作，上海建工集团成立穿越施工领导小组。

② 成立以上海建工集团总承包部牵头的穿越技术管理小组，负责在穿越过程中提供技术指导，对穿越过程中技术方案和技术措施的实施进行监督，对重大的技术措施作出决策。

③ 成立应急领导小组，负责对险情的上报以及现场的应急联络和处理，应急领导小组网络详见应急预案。

④ 建立盾构穿越期间领导值班制度。

⑤ 抽调有丰富经验的操作人员进行盾构穿越 10 号线施工。

⑥ 大盾构推进成立专家小组，指导推进下穿施工的各项参数设置。

2）技术准备和设备管理

① 相关案例分析借鉴

西段隧道曾下穿地铁 11 号线和 7 号线，本次使用的海瑞克盾构机为北横西段盾构机升级版，因此借鉴"纵横号"穿越地铁 11 号线和 7 号线取得的经验将对本次穿越施工具有很强的指导意义。

② 设备管理

盾构在进入穿越区施工前对盾构机、泥水设备、行车、双头车、平板车、注浆设备等进行彻底检修清理，排除盾构机上存在的各种故障及隐患，保证穿越期间设备正常运转，防止盾构在穿越过程中出现故障停机；选派对设备性能和状况熟悉，有丰富修理经验的修理工在现场值班，以备出现故障时以最快的速度抢修；现场针对盾构机、泥水分离设备、压滤设备等大型设备配置专业工程师。其中盾构机方面配置海瑞克电器工程师、机械工程师；泥水分离设备配置康明克斯机械工程师、尔速压滤设备配置厂家人员。这些工程师在下穿段均常驻现场从事设备保驾、维修等工作。

5.3.5　运营方保障方案

1. 轨道交通运营方

运营方针对盾构穿越轨交 10 号线，制定了《北横通道下穿上海轨道交通 10 号线工程应对保障方案》，相关目录见图 5-62。

方案主要内容由限速运行方案、行车组织方案、客运组织方案、客运调整方案、抢修客运调整方案和行车应急预案组成，具体内容在示范工程一、示范工程二中均有详细描述，此处不再赘述。

2. 地面公交运营方

为了保障施工期间可能出现的因地铁 10 号线限速、停运等突发情况，按市交通委的统一部署，制定了《北横通道穿越施工期间 10 号线配套公交短驳方案》。

（1）保障区段：

陕西南路站（5：49～23：18）—海伦路站（5：47～23：10）。

（2）保障单位：

巴士一公司、巴士四公司。

（3）保障时间：

12 月 31 日～1 月 3 日 6：00～23：00。

图 5-62　运营方《北横通道下穿上海轨道交通 10 号线工程应对保障方案》目录

（4）营运组织方案：

1）配车数量

30 辆（常备），每车 2 人 / 天。

2）线路长度

9km。

3）线路走向

巴士一公司、巴士四公司双向对开。

往海伦路站方向：巴士四公司自淮海中路、马当路、自忠路、西藏南路、复兴东路、河南南路、河南中路、河南北路、海宁路、四川北路、武进路、吴淞路、四平路。

往陕西南路站方向：巴士一公司自四平路、吴淞路、武进路、河南北路、河南中路、河南南路、复兴东路、重庆南路、至淮海中路。

4）上下客位置（表 5-39）

上下客位置表 表5-39

站点	临时停靠点	
	向港城路站方向	向虹桥火车站站方向
海伦路站	四平路146号与910路并	四平路95号与123路并
四川北路站	四川北路（近武进路）	四川北路（近武进路）
天潼路站	河南北路（过天潼路）与929路并	河南北路（过天潼路）与929路并
南京东路站	河南中路（近天津路）与929路并	河南中路（近天津路）与929路并
豫园站	河南南路（近福佑路）与929路并	河南南路（近福佑路）与929路并
老西门站	复兴东路与23路并	复兴东路与24路并
新天地站	马当路（近复兴路）与146路并	复兴中路（近黄陂路）与24路并
陕西南路站	淮海中路（近陕西南路）与926路并	淮海中路（近陕西南路）与926路并

5）蓄车位置

重庆南路停车场蓄15辆（巴士四公司负责）。

（5）相关措施

1）做好预案准备

做好预案的学习和演练，组织驾驶员、管理人员培训和现场踏勘熟悉路线。做好车辆常规例行检查，确保应急车辆性能正常。充分预想，细化和完善现场处置方案，提高现场人员的应急处置水平。

2）加强现场管理

为便于掌握保障区域人流流向，加强支援时现场管理和确保及时疏运，在相应短驳线上下客点位安排观察哨岗位，及时汇报客流情况。要落实现场管理措施，严格执行三级调度责任制，选派有管理经验的人员进行现场指挥。应急保障期间密切关注轨交10号线沿线常规公交线路客流动态，一旦发现客流激增，应及时启动相应的大客流处置预案。

3）明确任务流程

集团营运监控指挥中心在接到市交委指挥中心指令后，立即向各有关公司下达实施《北横通道下穿10号线期间公交配套短驳方案》的指令，相关公司保障力量应迅速响应，同时应在30min内调取备车抵达指定地点，向轨道交通运营单位现场管理人员领取标识，组织营运。撤岗和收车应听从市交通委统一指令。

（6）需协调事项

1）请地铁运营方提供保障车辆统一标志、标识及停靠站点标识，组织人力疏导乘客换乘地铁，维护现场秩序。并做好支援短驳车辆数、班次数的记录和确认，以便核对。

2）请地铁运营方协助解决公交保障人员饮水、如厕等需求，开放轨交休息和卫生设施。

3）需与交警部门协调，允许接驳轨交站点周边保障车辆占路停靠，维持现场交通秩序。

5.3.6 监测方保障方案

1．工程周边环境监测方

具体内容与工程一类似，此处不再赘述。

2．隧道监测方

对现场采取视频监控、人工监测、自动化监测相结合的方案，视频图像传至车控室、项目中控室、COCC，自动化监测数据传至项目中控室，具体内容已经在示范工程一、示范工程二中进行了详细描述，此处不再赘述。

5.3.7 协同工作

本次穿越施工是继北横盾构成功穿越地铁 11 号线和 7 号线之后的再次穿越施工，项目参与方以及采用的装备等情况较为相近，相关单位协同保障工作与前文基本相同，故此处不再赘述。

5.3.8 穿越过程控制与变形分析

1．穿越过程控制

整个穿越施工过程情况汇总见表 5-40，相关的施工过程参数见图 5-63。

盾构穿越地铁 10 号线区间隧道施工情况汇总　　　　　　　　　　　　　　表 5-40

序号	施工阶段	主要影响因素	对应环号范围	盾构掘进情况			地铁 10 号线隧道变形情况
				日期	完成环数（环）	盾构与地铁位置关系	
1	刀盘进入投影范围前	① 切口压力	129～135	12 月 30 日（周四）	3（129～131）	刀盘距离下行线 8～12m	① 下行线：对应北横轴线处最大隆起 +1.69mm；② 上行线：对应北横轴线处最大隆起 +0.95mm
				12 月 31 日（周五）	4（132～135）	刀盘距离下行线 0～6m	
2	盾构穿越投影范围（从刀盘进入到盾尾离开）	① 切口压力；② 盾构锥度；③ 盾尾注浆	136～151	12 月 31 日（周五）	1（136）	刀盘进入下行线 2～0m	① 下行线：从 +1.69mm 上抬到最大隆起 +13.68mm；② 上行线：从 +0.95mm 上抬到最大隆起 +2.57mm
				1 月 1 日（周六）	7（137～143）	盾体位于双线隧道下方	

续表

序号	施工阶段	主要影响因素	对应环号范围	盾构掘进情况			地铁10号线隧道变形情况
				日期	完成环数（环）	盾构与地铁位置关系	
2	盾构穿越投影范围（从刀盘进入到盾尾离开）	① 切口压力；② 盾构锥度；③ 盾尾注浆	136～151	1月2日（周日）	6（144～149）	盾体位于上行线下方	① 下行线：从＋1.69mm上抬到最大隆起＋13.68mm；② 上行线：从＋0.95mm上抬到最大隆起＋2.57mm
				1月3日（周一）	2（150～151）	盾尾位于上行线下方	
3	盾尾离开投影范围后	① 盾尾注浆	152～155	1月3日（周一）	4（152～155）	盾尾离开上行线0～6m	① 下行线：从＋13.68mm略微回落到最大隆起＋12.75mm；② 上行线：从＋2.57mm上抬到最大隆起＋11.43mm

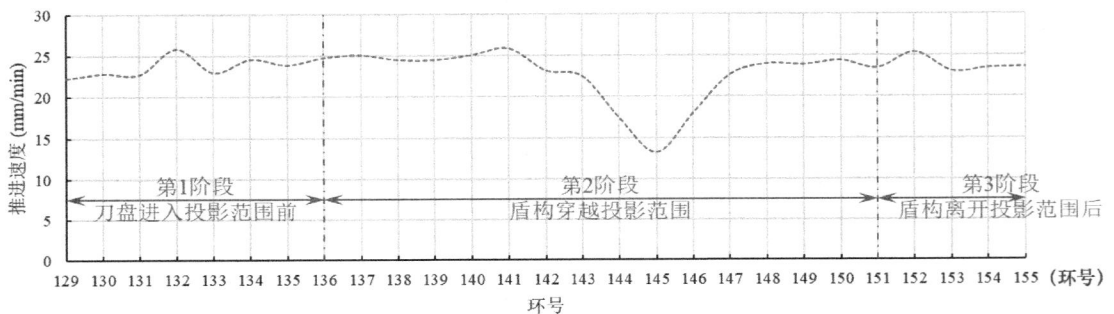

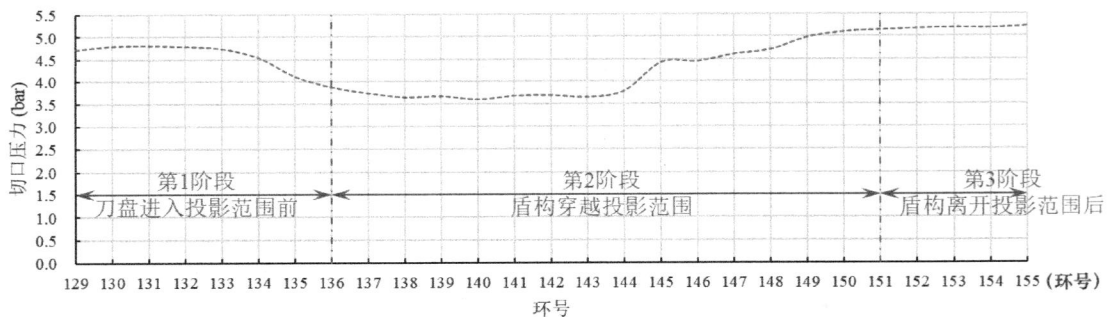

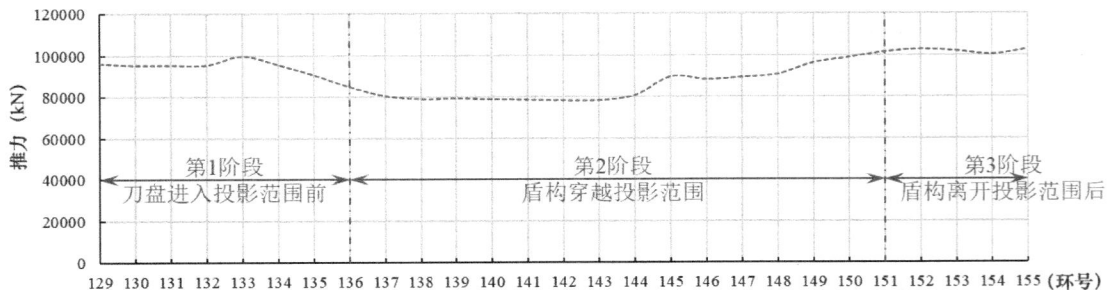

图 5-63　施工参数曲线图（一）

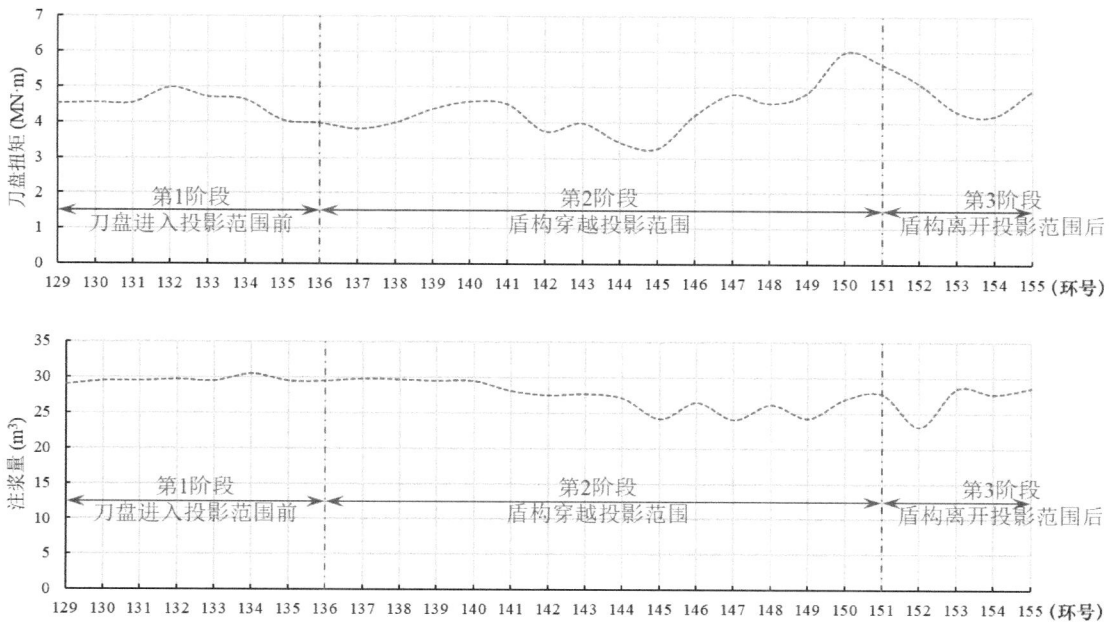

图 5-63 施工参数曲线图（二）

2．隧道的位移与变形分析

（1）隧道位移分析

自盾构进入 10 号线影响范围内开始，上行线表现为隆起趋势，在 123 环推进时隆起量为 3mm 左右；随着盾构继续推进，当盾构切口推进至 10 号线隧道正下方时，出现下沉趋势，最大下沉量为 1mm 左右，随着盾构的一直推进，10 号线上行线开始隆起，最大隆起量为 10mm 左右，盾尾远离上行线后，上行线的隆起量逐渐减小。下行线趋势与上行线趋势基本一致，但当盾构切口推进至 10 号线隧道正下方时，下行线最大隆起量为 14mm 左右，盾尾离开下行线后，最大隆起量达到 7.14mm，随着盾构机的远离，下行线也逐渐开始下沉至 3mm 左右，见图 5-64。

（2）隧道变形分析

在盾构推进过程中收敛变化表现为先增大后减小，穿越过程中上行线特征点 SU36 收敛值最大变化量约 2mm，穿越后收敛平均值又减小为＜1mm；下行线特征点穿越过程中收敛最大变化量约 3mm，穿越后收敛平均值又减小为＜1mm，见图 5-65。

（a）

（b）

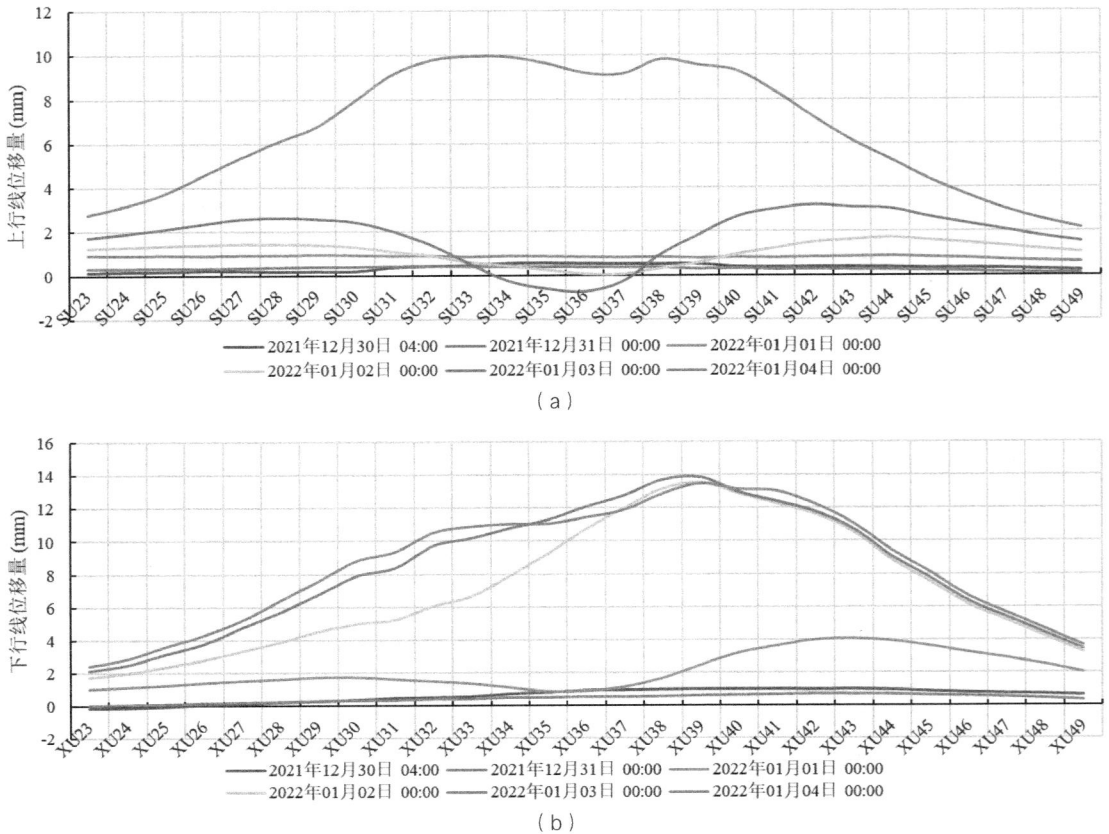

图 5-64　地铁隧道位移自动化监测曲线

（a）上行线；（b）下行线

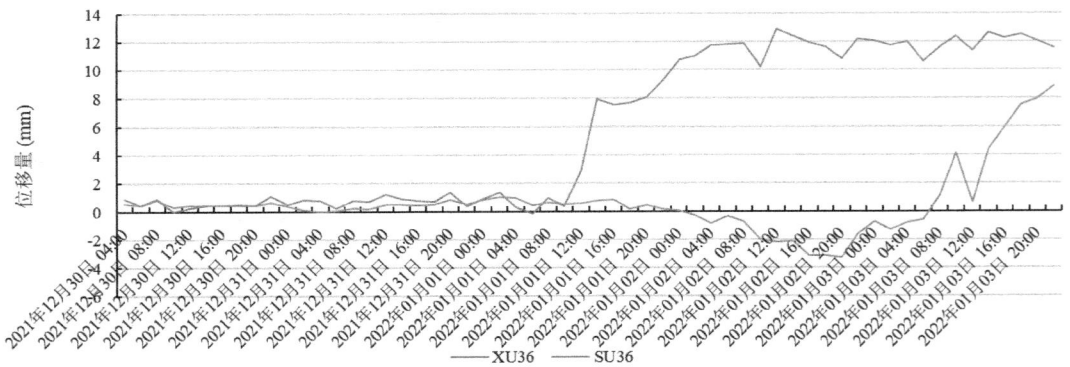

图 5-65　特征点位移时程曲线

5.3.9　小结

在直径 15m 级盾构下穿运营地铁隧道鲜有先例的情况下，通过多方案比
选、制定合理控制标准、实施自动化监测以及实时动态优化与调整施工参数等

多种手段与措施，最终实现了安全平稳穿越，地铁位移控制在规定范围内。此次"建功号"盾构成功穿越轨道交通 10 号线，是北横通道东段建设中首次高难度穿越施工，也为后续施工及穿越其他轨交线路提供了宝贵经验，进一步完善了对 15m 级超大直径盾构近距离穿越运营中轨道交通技术的掌握及应急响应保障机制。主要结论如下：

1. "建功号"盾构具备下穿运营中轨道交通隧道的能力。确定 −20～＋20mm 的地铁隧道变形控制标准是合理的，既符合当前超大盾构施工控制的实际水平，也满足运营地铁隧道安全保障要求。制定的"列车限速运行，盾构连续穿越"的总体方案便于施工组织，缩短穿越时间，减小扰动，方案科学合理。

2. 对地铁隧道位移及变形进行了实时监测，穿越过程中根据监测数据对施工参数进行及时调整与优化，严格控制参数的调整幅度，确保整个穿越施工过程安全平稳。

3. 盾构切口到达前，由于超大直径盾构影响范围较大，应提前 8m（4 环）降低切口中心压力，使切口中心侧向土压力系数调整至约 0.72。

4. 盾构穿越投影范围期间，地铁隧道总体上抬，通过控制掘进速度和注浆总量最终将上浮量控制在＋13.68mm，整个穿越阶段地铁位移及变形控制均在规定范围内。

5. 同步浆液超量填充（大于 100%）能够有效控制被穿越轨道交通隧道的工后沉降量。采取了"连续快速穿越"的策略，充分利用 2 天双休日（平均每天 6～7 环）快速掘进通过，最大限度地减小了列车限速对工作日客运高峰时段旅客疏散的压力。

第6章 总结与展望

随着城市建设与发展的需要，超大断面盾构法隧道也由跨江越海逐步拓展应用到城市交通中。在轨道交通路网越织越密的情况下，超大断面盾构机穿越运行的轨道交通区间隧道将不可避免，甚至成为常态。超大直径盾构下穿运营地铁隧道面临的技术难题与挑战主要包括：运营地铁隧道保护标准高、同类工程案例与经验少、应急响应与组织十分复杂困难等。

上海北横通道工程西段建设过程中在没有同类工程案例的情况下首开先河，直径 15.56m 的超大直径盾构 2 次成功下穿运营的地铁隧道，对运营地铁隧道的扰动及风险防控均达到预期目的。通过对两次穿越进行系统总结、分析，形成技术报告、施工指南等固化的成果，便于后续成果的复制推广，具有十分重要意义。

6.1 总结

根据上海北横盾构下穿运营轨道交通 11 号线、7 号线和 10 号线的工程实践，围绕超大直径盾构下穿运营轨道交通的风险管控组织、风险管控应急响应工作和管理措施及关键技术进行了系统研究，具体总结如下：

（1）建立风险管控框架。超大直径盾构穿越运营轨道交通线施工可能对运营轨道交通线产生影响，存在严重时可能造成运营轨道交通线路停运等极端风险情况。为对该风险进行管控，需建立由市级层面参与组织的风险管控框架体系，充分调动建设、轨道交通运营及相关各区等相关部门、单位，建立总体协调、整体联动的应急响应机制，充分共享信息及数据，共同将总体风险控制在轨道交通安全运营的范围内。

（2）建立完善的应急预案。为应对超大直径盾构穿越运营轨道交通产生极端风险时的情况，应充分预估穿越施工可能产生的各种情况，包括可能的结构变形、地铁运营调整、临时大客流组织等，以在极端风险情况出现时按既定应急预案组织相关措施，将相关社会影响降至最低，最大限度保障社会公共交通运能。

（3）穿越净距的控制。根据相关规范，超大直径盾构隧道穿越既有轨道交通隧道竖向净距按不小于 $0.4D$（D 为穿越盾构隧道外径）控制，可满足运营轨道交通安全保护的要求，但在确定具体控制距离时，还需结合工程地质条件、地铁隧道现状情况调查、穿越隧道的实施情况等条件，经与主管部门沟通、专家评审意见等进一步研究确定。

（4）运营地铁隧道的保护标准。隧道保护标准关系到整个穿越方案及应急预案的制定，应本着"既满足运营地铁隧道安全保障要求，又符合当前超大盾构施工控制的实际水平"的原则确定。应结合地铁隧道的现状、下穿隧道的客观条件、两者的位置关系等具体情况，通过多方会商专题论证确定。根据北横通道实施经验，采用 $-20 \sim +20mm$ 的地铁隧道变形控制标准是合理的，同时该标准还需结合具体运营轨道交通隧道的情况进一步研究论证。

（5）穿越窗口的确定。盾构穿越阶段是指从盾构刀盘进入地铁隧道投影面到盾尾离开投影面 $20 \sim 25$ 环，按照 $6 \sim 8$ 环/天需要 $3 \sim 4$ 天。为确保顺利穿越，同时穿越施工对运营地铁影响最小，穿越施工窗口应首选国庆、春节等长假期间，其次可选择双休日，同时要避开高考、大型展会等特殊时点。如果必须经历工作日，要通过优化施工安排，尽可能减少对高峰时段的影响。

（6）穿越方式与施工组织。穿越施工组织应优先考虑在地铁隧道不停运的条件下匀速穿越，可以最大限度缩短穿越窗口时间，减小扰动，有利于风险防控。同时为了降低运营地铁穿越风险，并降低列车振动对盾构开挖面稳定的影响，在穿越期间建议地铁采用局部减速运行的运营模式。

（7）信息化施工。穿越施工期间需要对地铁隧道的位移、变形进行监测。通常采取自动化监测（点水平尺＋激光收敛仪）和人工监测相结合的方式。监测数据应实现实时察看，并与环境监测、盾构推进数据以及其他重要工程数据一并汇总至数据中心，供专家团队综合研判，并对盾构掘进参数进行实时动态调整与优化，实现信息化施工。

（8）后期沉降控制。长期监测数据表明，盾尾离开后地铁隧道开始缓慢回落，而且持续时间较长，因此后期需要对地铁隧道的沉降情况进行长期观测。当绝对沉降量达到 10mm，需要通过微扰动注浆进行控制。

6.2　展望

（1）随着市中主城区超大直径盾构隧道工程日益增多，穿越运营轨道交通的情况也将进一步增多，风险将随着穿越点数量的增加进一步增大，如何控制穿越时轨道交通的安全是今后工程实施需要解决的问题。由于穿越施工的风险管控涉及超大直径盾构隧道建设单位、轨道交通运营单位及相关各区等众多委办局和单位，需要建立市级层面的组织协调机构。对于今后穿越点日益增多的情况，需要形成市级层面的规范流程，建立标准，以便今后各项目可按流程开展相关工作，确保总体风险可控。

（2）穿越节点顺利实施的关键是轨道交通结构安全，只要轨道交通结构不发生大的变形，不影响地铁列车的运营，总体穿越实施就可以正常进行。因此如何界定轨道交通安全状况，既可保证穿越施工的正常进行，又可确保地铁运营，是需要总体考量的。目前综合相关规范、经验及地铁区间结构情况，确定了变形不超过 20mm 的标准，按已成功实施的经验来看是合适的。在后续穿越节点实施前，需要进一步根据具体穿越节点情况，进一步研究既有地铁区间隧道的结构状况，对穿越标准进行细化，进一步确保穿越节点实施安全。

参考文献

［1］中华人民共和国住房和城乡建设部. 城市轨道交通结构安全保护技术规范
（CJJ/T 202—2013）［S］. 中国建筑工业出版社，2014.

［2］上海市住房和城乡建设管理委员会. 道路隧道设计标准（DG/TJ 08-
2033-2017）［S］. 同济大学出版社，2017.

［3］北京市规划委员会，北京市质量技术监督局. 城市轨道交通土建工程设计
安全风险评估规范（DB11/1067—2014）［S］. 2014.

［4］广东省住房和城乡建设厅. 城市轨道交通既有结构保护技术规范（DBJ/T
15-120-2017）［S］. 2017.

［5］浙江省住房和城乡建设厅. 城市轨道交通结构安全保护技术规程
（DB33/T 1139—2017）［S］. 2017.

［6］天津市住房和城乡建设委员会. 城市轨道交通结构安全保护技术规程
（DB/T 29-279-2020）［S］. 2020.

［7］广西壮族自治区住房城乡建设厅. 城市轨道交通结构安全防护技术规程
（DBJ/T 45-072-2018）［S］. 2018.

［8］仇文革. 地下工程近接施工力学原理与对策的研究［D］. 成都：西南交通
大学，2003.

［9］王明年，张晓军，苟明中，等. 盾构隧道掘进全过程三维模拟方法及重叠
段近接分区研究［J］. 岩土力学，2012，33（1）：273-279.

［10］丁智，吴云双，张霄，等. 软土盾构隧道近距离穿越既有地铁影响数值
分析［J］. 中南大学学报（自然科学版），2018，49（3）：663-671.

［11］张琼方，林存刚，丁智，等. 盾构近距离下穿引起已建地铁隧道纵向变
形理论研究［J］. 岩土力学，2015，36（增刊1）：568-572.

［12］白雪峰，王梦恕. 双线隧道开挖对邻近隧道影响的两阶段分析方法［J］.
土木工程学报，2016，49（10）：123-128.

［13］可文海，管凌霄，刘东海，等. 盾构隧道下穿管道施工引起的管-土相
互作用研究［J］. 岩土力学，2020，41（1）：221-228，234.

［14］房明，刘镇，周翠英，等. 新建隧道盾构下穿施工对既有隧道影响的三
维数值模拟［J］. 铁道科学与工程学报，2011，8（1）：67-72.

［15］张海波，殷宗泽，朱俊高. 近距离叠交隧道盾构施工对老隧道影响的数

值模拟 [J]. 岩土力学，2006，26（2）：282-286.

[16] 廖少明，杨宇恒. 盾构上下夹穿运营地铁的变形控制与实测分析 [J].
岩土工程学报，2012，34（5）：812-818.

[17] 李磊，张孟喜，吴惠明，王永佳. 近距离多线叠交盾构施工对既有隧道
变形的影响研究 [J]. 岩土工程学报，2014，36（6）：1036-1043.

[18] 王占生，王梦恕. 盾构施工对周围建筑物的安全影响及处理措施 [J].
中国安全科学学报，2002，12（2）：45-49.

[19] 谢雄耀，黄炎，赵铭睿. 基于激光扫描的盾构隧道断面提取与变形研究
[J]. 地下空间与工程学报，2020，16（3）：873-881.

[20] 魏新江，张默爆，丁智，张霄. 盾构穿越对既有地铁隧道影响研究现状
与展望 [J]. 岩土力学，2020（S2）：1-20.

[21] 王如路，张冬梅. 超载作用下软土盾构隧道横向变形机理及控制指标研究
[J]. 岩土工程学报，2013，35（6）：1092-1101.

[22] 来弘鹏，赵鑫，康佐. 黄土地区新建地铁隧道下穿时既有地铁线路沉降
控制标准 [J]. 交通运输工程学报，2018，18（4）：63-71.

[23] Building department of the government of HKSAR.APP-24 Practice
note for authorized persons, registeredstructural engineers and
registered geotechnicalengineers [S]. Hongkong: 2013.

[24] Development & Building Control Department, LandTransport Authority,
Singapore. Code of practice forrailway protection [S]. Singapore: [s.n.],
2000.

[25] 王如路. 上海地铁盾构隧道纵向变形分析 [J]. 地下工程与隧道，2009,
4：1-6，56.

[26] 王如路. 上海轨道交通隧道结构安全性分析 [J]. 地下工程与隧道,
2011，4：37-43，61.

[27] 徐永福. 盾构推进引起地面变形的分析 [J]. 地下工程与隧道，2000,
1（5）：21-25.

[28] 邵华，黄宏伟，王如路. 上海运营地铁盾构隧道收敛变形规律研究 [J].
地下空间与工程学报，2020，16（4）：1183-1191.

[29] 柳献，张雨蒙，王如路. 地铁盾构隧道衬砌结构变形及破坏探讨 [J].
土木工程学报，2020，53（5）：118-128.

[30] 闫静雅，王如路. 上海软土地铁隧道沉降及横向收敛变形的原因分析及

典型特征［J］. 自然灾害学报，2018，27（4）：178-187.

［31］叶耀东，朱合华，王如路. 软土地铁运营隧道病害现状及成因分析［J］.
地下空间与工程学报，2007，1：157-160，166.

［32］中华人民共和国住房和城乡建设部. 混凝土结构设计规范 GB/50010—
2010［S］. 北京：中国建筑工业出版社，2010.

［33］中华人民共和国住房和城乡建设部. 盾构法隧道施工及验收规范
GB 50446—2017［S］. 北京：中国建筑工业出版社，2017.